新型研发机构发展报告

2022

科学技术部火炬高技术产业开发中心　编

科学技术文献出版社
SCIENTIFIC AND TECHNICAL DOCUMENTATION PRESS
·北京·

图书在版编目（CIP）数据

新型研发机构发展报告. 2022 / 科学技术部火炬高技术产业开发中心编. —北京：科学技术文献出版社，2023.7

ISBN 978-7-5235-0377-5

Ⅰ.①新… Ⅱ.①科… Ⅲ.①科学研究组织机构—研究报告—中国—2022 Ⅳ.① G322.2

中国国家版本馆 CIP 数据核字（2023）第 109563 号

新型研发机构发展报告2022

策划编辑：胡　群　责任编辑：李晓晨　侯依林　责任校对：张永霞　责任出版：张志平

出　版　者　科学技术文献出版社
地　　　址　北京市复兴路15号　邮编　100038
编　务　部　（010）58882938，58882087（传真）
发　行　部　（010）58882868，58882870（传真）
邮　购　部　（010）58882873
官 方 网 址　www.stdp.com.cn
发　行　者　科学技术文献出版社发行　全国各地新华书店经销
印　刷　者　北京时尚印佳彩色印刷有限公司
版　　　次　2023 年 7 月第 1 版　2023 年 7 月第 1 次印刷
开　　　本　889×1194　1/16
字　　　数　565千
印　　　张　20.75
书　　　号　ISBN 978-7-5235-0377-5
定　　　价　88.00元

编写委员会

前　言

FOREWORD

为深入贯彻《中华人民共和国科学技术进步法》《中华人民共和国国民经济和社会发展第十四个五年规划和2035年远景目标纲要》等法律法规、国家规划关于建设世界科技强国、完善国家创新体系和推动新型研发机构发展的决策部署，落实《科技部印发〈关于促进新型研发机构发展的指导意见〉的通知》(国科发政〔2019〕313号)“开展新型研发机构跟踪评价，建设新型研发机构数据库，发布新型研发机构年度报告”的工作任务，受科技部政策法规与创新体系建设司委托，科学技术部火炬高技术产业开发中心组织编写组开展了《新型研发机构发展报告》年度编制工作。

编写组以全国31个省（自治区、直辖市）和5个计划单列市的新型研发机构统计调查数据信息为基础，研究编制了《新型研发机构发展报告2022》。报告旨在全面梳理我国新型研发机构发展现状与成效，系统展示我国新型研发机构发展状态与特征，为相关部门及地方政策制定和工作推进提供参考和支撑。

《新型研发机构发展报告2022》正文共分为6章。其中，第一章为新型研发机构总体情况分析，展示了我国新型研发机构发展的基本概况与典型特征。第二章至第五章为新型研发机构的专项发展情况分析，分别从人才队伍、经营发展、研发活动和产业化活动等4个方面，系统介绍新型研发机构发展状态。第六章为新型研发机构的区域发展情况分析，分别对四大区域、三大重点城市群和省（区、市）、计划单列市新型研发机构的发展情况进行了对比分析。另外，报告附件部分对中央层面、国家部委、地方政府层面支持新型研发机构发展的政策文件进行了汇编。

目 录

CONTENTS

图片目录

表格目录

第一章　新型研发机构总体情况

一、基本概况

近年来，按照中央关于推动新型研发机构发展的部署要求，适应新时代经济社会高质量发展对产业技术创新和基础性、公益性研究的需求，各地积极培育建设新型研发机构，不断完善管理制度和运行机制。我国新型研发机构整体展现出良好发展态势，成为国家和区域创新体系中不可忽视的一支新生力量。

（一）机构数量稳步增长

监测统计数据显示，全国新型研发机构数量逐年增长，群体规模持续壮大。截至 2021 年底，我国新型研发机构共计 2412 家[①]，较 2020 年增加 272 家，同比增长 12.71%（图 1-1）。

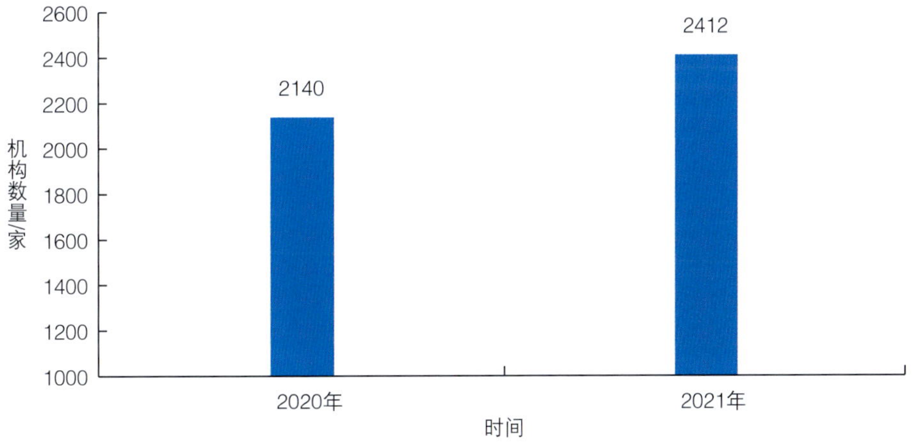

图1-1　全国新型研发机构数量统计情况

① 本次调查采取机构自主填报，各省份科技厅（委、局）审核的形式进行。最后纳入全国新型研发机构调查统计的机构均为各省份科技厅（委、局）审核通过的机构，未审核通过的机构不纳入最终统计。调查区域不含香港、澳门和台湾。

（二）设立时间相对集中

开展监测统计的新型研发机构中，“十三五”以来注册成立的机构有 1415 家，占我国新型研发机构总量的 58.67%（图 1-2、图 1-3）。其中，2019 年注册成立的机构数量最多，达到 326 家，占新型研发机构总量的 13.52%；其次是 2018 年和 2020 年，分别注册成立 307 家和 262 家，占新型研发机构总量的 12.73% 和 10.86%。

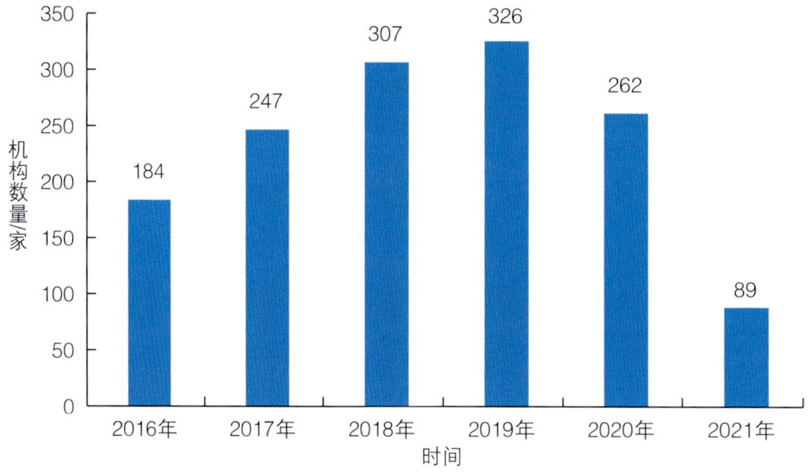

图1-2　全国新型研发机构注册时间分布（2016年及之后）

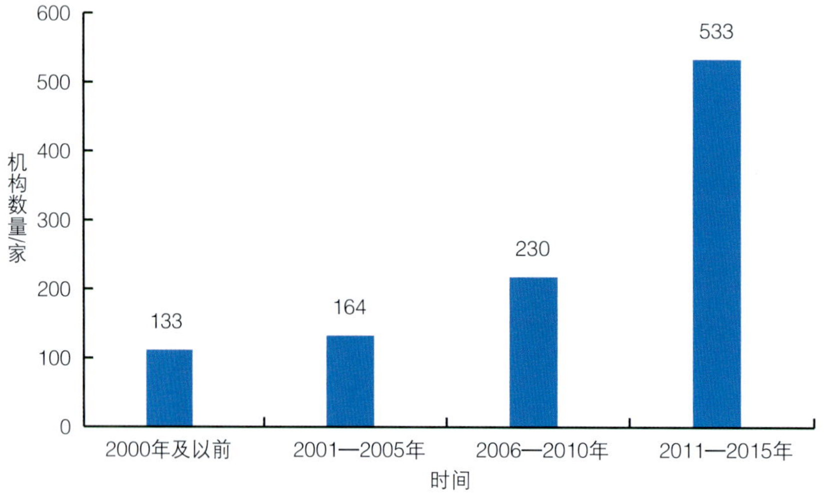

图1-3　全国新型研发机构注册时间分布（2016年之前）

（三）企业类型占比较高

根据《科技部印发〈关于促进新型研发机构发展的指导意见〉的通知》（国科发政〔2019〕313 号），新型研发机构可以注册为社会服务机构（科技类民办非企业单位）（简称“社会服务机构”）、事业单位和企业 3 种法人类型。数据显示，截至 2021 年底，企业法人性质的新型研发机构为 1736 家，较 2020 年增加 272 家，占全国新型研发机构总量的 71.97%；事业单位法人性质的新型研发机构为 498 家，较 2020 年增加 26 家，占全国新型研发机构总量的 20.65%；社会服务机构法人性质的新型研发机构为 178 家，较 2020 年减少 26 家，占全国新型研发机构总量的 7.38%（图 1–4）。

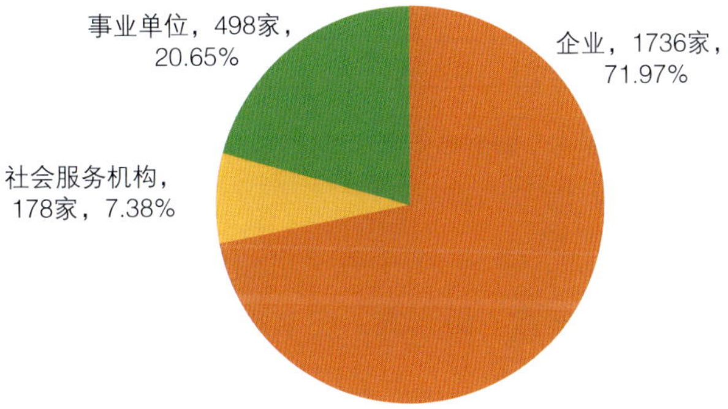

图1–4　2021年新型研发机构法人性质构成情况

（四）地域分布较为集中

从四大区域分布看，我国新型研发机构主要集中分布于东部地区。截至 2021 年底，东部地区新型研发机构数量为 1445 家，占新型研发机构总量的 59.91%，占比与 2020 年（60.05%）基本持平；中部和西部地区新型研发机构数量分别为 553 家和 331 家，占比为 22.93% 和 13.72%；东北地区新型研发机构数量为 83 家，占比为 3.44%。另外，与 2020 年相比，四大区域新型研发机构数量均有增长，其中东部地区新型研发机构数量增长最多，增长 160 家（图 1–5）。

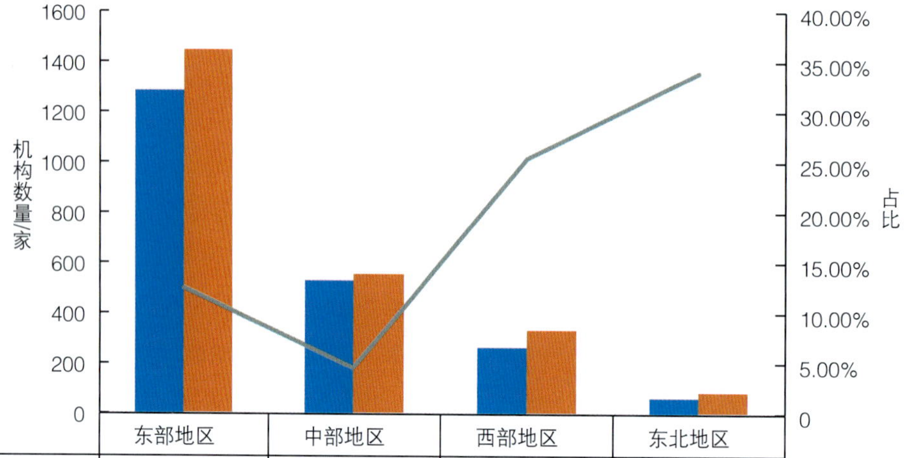

	东部地区	中部地区	西部地区	东北地区
2020年	1285	529	264	62
2021年	1445	553	331	83
数量增加百分比	12.45%	4.54%	25.38%	33.87%

图1-5　新型研发机构区域分布情况对比

从地区分布看，截至2021年底，全国31个省（自治区、直辖市）[简称“省（区、市）”]和5个计划单列市中，江苏省、山东省、湖北省、广东省和重庆市新型研发机构数量位列全国前五，5省市新型研发机构数量共计1553家[①]，占全国新型研发机构总量的64.39%。其中，江苏省新型研发机构数量最多，达到555家，占全国新型研发机构总量的23.01%；山东省、湖北省、广东省和重庆市新型研发机构数量分别为335家、292家、228家和143家，分别占全国新型研发机构总量的13.89%、12.11%、9.45%和5.93%（图1-6）。湖北省、广东省、江苏省、福建省和山东省新型研发机构从业人员数量位列全国前五，5省新型研发机构从业人员数量共计13.61万人，占全国新型研发机构总量的61.35%（图1-7）。

---

① 各省份新型研发机构数量包含计划单列市的机构数量。

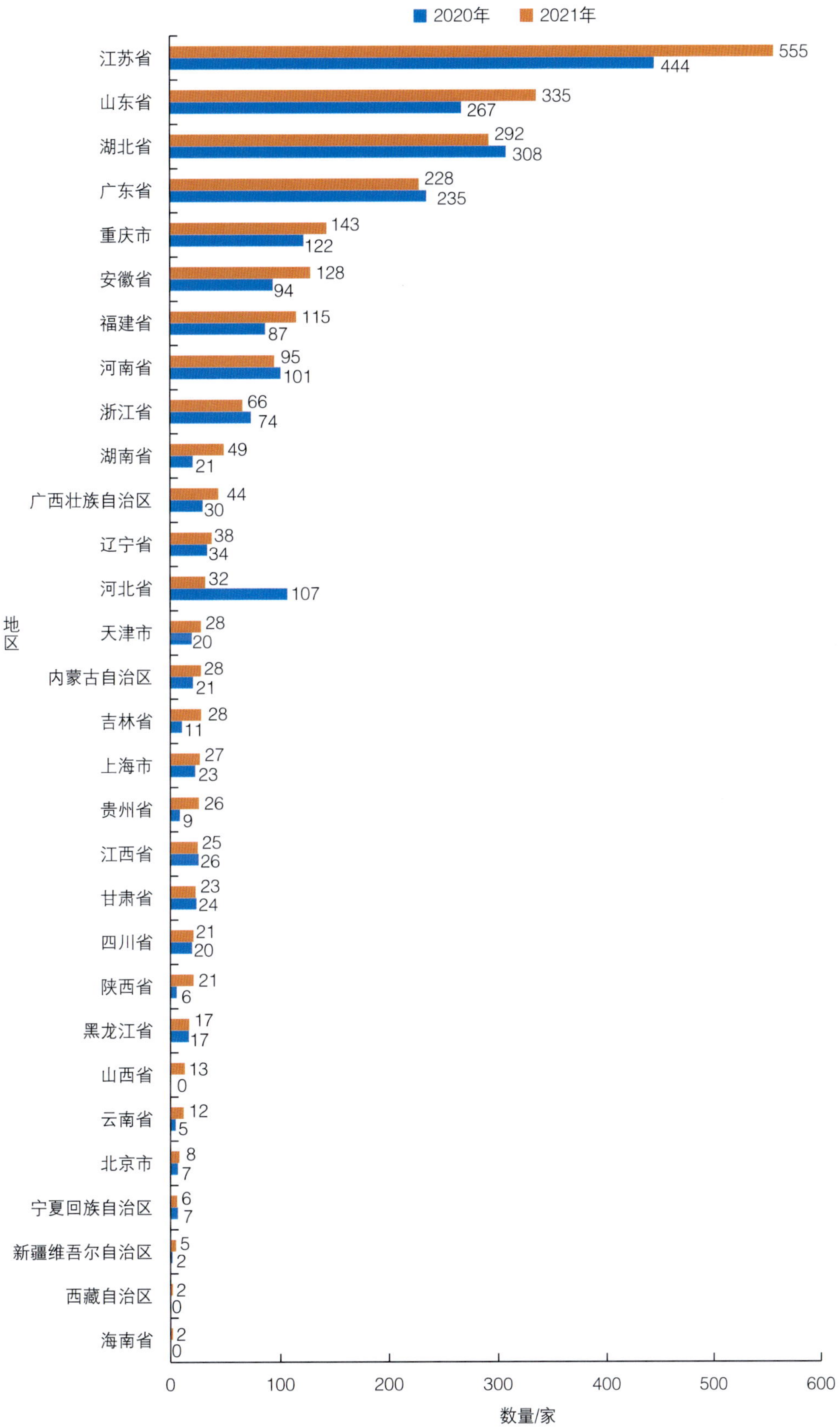

图1-6　新型研发机构地区分布情况

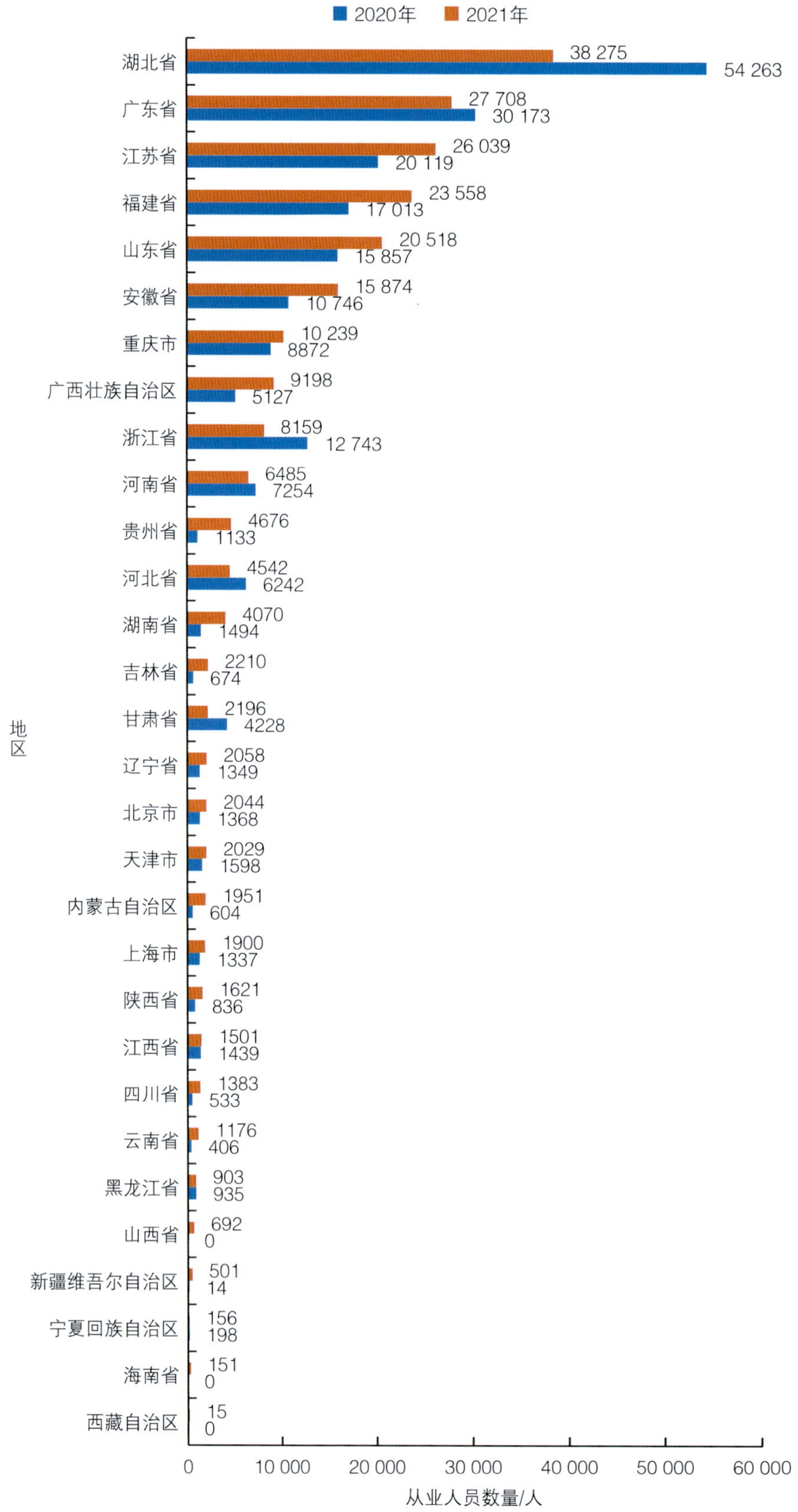

图1-7 新型研发机构从业人员地区分布情况

从城市群分布看，长三角城市群新型研发机构数量规模最大。截至 2021 年底，长三角城市群新型研发机构数量为 544 家，占全国新型研发机构总量的 22.55%。此外，长江中游城市群、山东半岛城市群、珠三角城市群、成渝城市群、粤闽浙沿海城市群和中原城市群也拥有较大规模的新型研发机构群体，机构数量均超过 100 家（图 1-8）。各城市群中，长江中游城市群、山东半岛城市群、成渝城市群、粤闽浙沿海城市群等拥有的新型研发机构数量较 2020 年增幅明显。

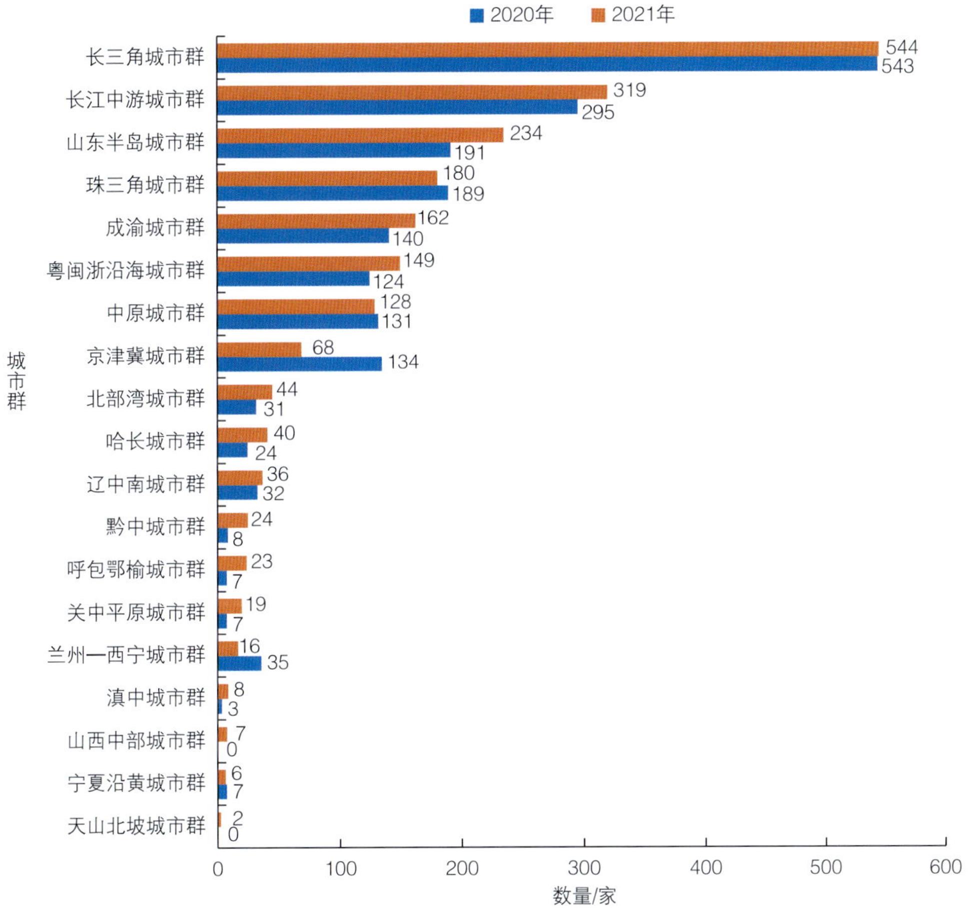

图1-8　新型研发机构主要城市群分布情况

从园区分布看，国家高新区是我国新型研发机构聚集和成长的重要载体。截至 2021 年底，我国国家高新区中有 125 家园区内注册有新型研发机构。位于国家高新区的新型研发机构数量达到 850 家，占全国新型研发机构总量的 35.24%，比重较 2020 年提高了 0.66 个百分点。其中，南京高新技术产业开发区、合肥高新技术产业开发区、广州高新技术产业开发区、苏州工业园区、济南高新技术产业开发区等 27 家国家高新区内的新型研发机构数量均在 10 家及以上（图 1-9）。机构数量排名前五的国家高新区中，合肥高新技术产业开发区机构总量较 2020 年增加 12 家，苏州工业园区机构总量较 2020 年增加 9 家。

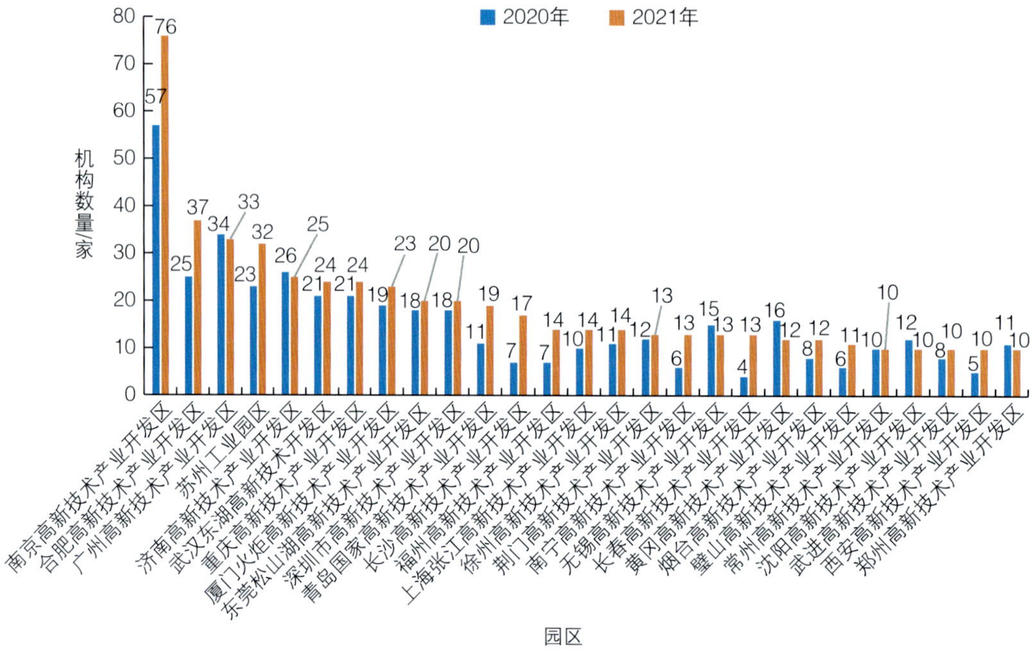

图1–9　新型研发机构数量排名前列的国家高新区

（五）产业领域覆盖广泛

监测统计数据显示，我国新型研发机构中涉及新一代信息技术产业领域的机构占比最高，达 33.15%，较 2020 年提升 13.41%；其次为高端装备制造产业领域和新材料产业领域，机构数量占比分别为 25.62% 和 25.37%，较 2020 年增加 7.39% 和 7.08%（图 1–10）。同时，新型研发机构具有跨多个产业领域开展研发活动的特征，其中 24.41% 的新型研发机构研发活动涉及 2 个产业领域，有 11.77% 的新型研发机构研发活动涉及 3 个产业领域（图 1–11）。

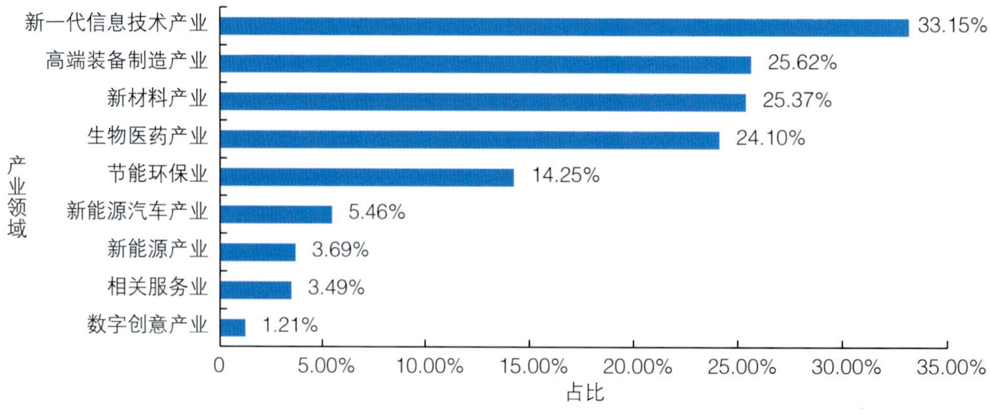

图1–10　2021年新型研发机构产业领域分布情况

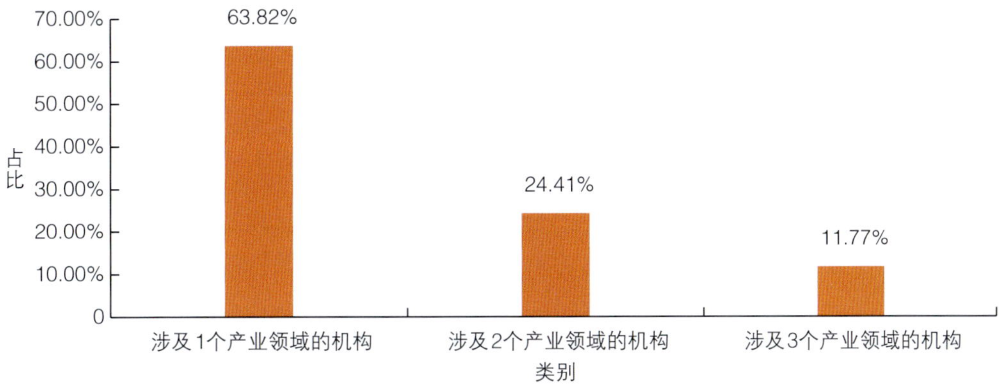

图1-11　2021年新型研发机构研发活动涉及产业领域情况

二、典型特征

《中华人民共和国科学技术进步法》和《中华人民共和国国民经济和社会发展第十四个五年规划和 2035 年远景目标纲要》提出新型研发机构要完善“投入主体多元化、管理制度现代化、运行机制市场化、用人机制灵活化”的发展模式。基于统计调查数据我们可以看到，近年来新型研发机构在改革探索中呈现了以下特征。

（一）投入主体多元化

统计数据显示，我国新型研发机构的建设投入主体包含了地方政府、高校 / 院所、企业等多种类型。其中，投入主体包含企业、高校 / 院所两类主体的新型研发机构占全国新型研发机构总量的比例为 10.59%；投入主体包含地方政府、企业两类主体的新型研发机构占比为 6.70%；投入主体包含地方政府、高校 / 院所两类主体的新型研发机构占比为 7.71%；投入主体包含地方政府、高校 / 院所、企业三类主体的新型研发机构占比为 2.32%（图 1-12）。

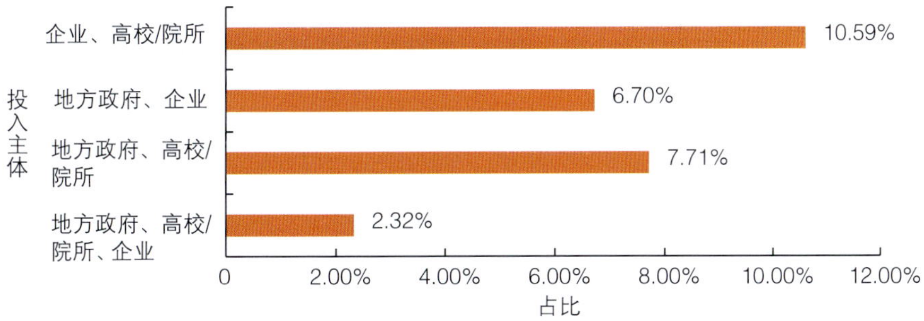

图1-12　2021年新型研发机构建设投入主体类型构成情况

共有 39.22% 的新型研发机构的投入主体涉及 2 种类型，7.77% 的机构投入主体涉及 3 种类型及以上（图 1-13）。地方政府、高校 / 院所、企业等多元主体投入共建，为新型研发机构整合利用多方资源开展业务奠定了基础。

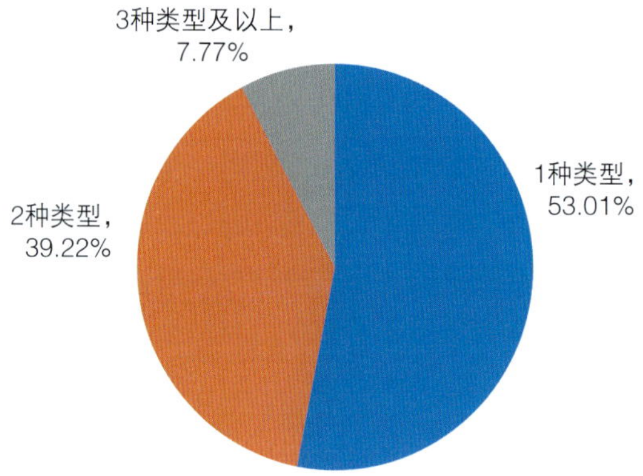

图1-13　2021年新型研发机构建设投入主体涉及类型构成情况

同时，基于统计数据可以观察到，不同法人类型新型研发机构的建设投入主体具有差异性。事业单位类新型研发机构投入主体的多元化程度最高，有 59.39% 的事业单位类新型研发机构涉及 2 种类型及以上投入主体，高于企业类的 46.58% 和社会服务机构类的 32.35%（图 1-14）。

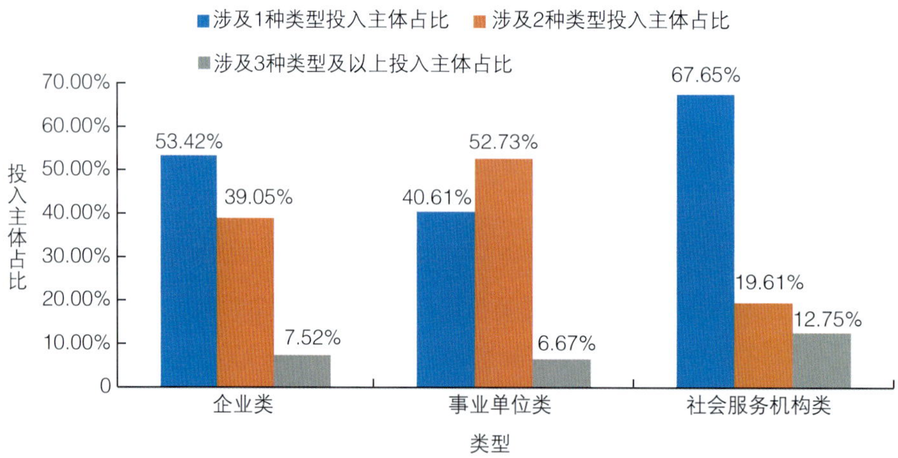

图1-14　2021年三类法人新型研发机构建设涉及投入主体类型构成情况

（二）管理制度现代化

截至 2021 年底，已建立理事会（董事会）决策机制的新型研发机构为 2067 家，占新型研发机构总量的 85.70%，占比较 2020 年增长了 9.13%。其中，建立董事会的新型研发机构为 1601 家，占新型研发机构总量的 66.38%；建立理事会的新型研发机构为 466 家，占新型研发机构总量的 19.32%（图 1-15）。理事会（董事会）机制为新型研发机构独立决策，面向产业和市场开展运营奠定了基础。

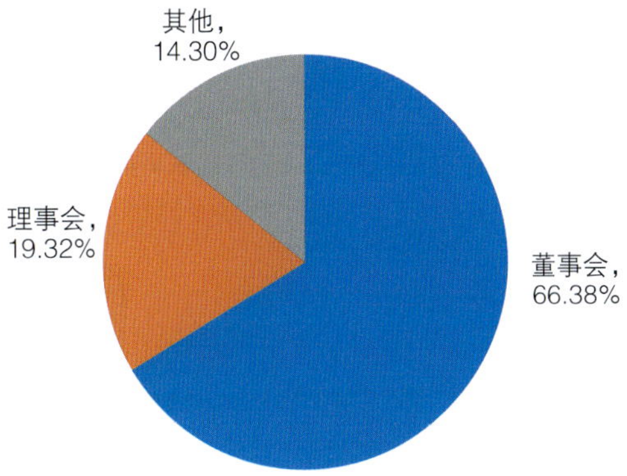

图1-15　2021年新型研发机构决策机制构成情况

具体来看，不同法人性质的新型研发机构的理事会（董事会）决策机制建设推进程度不同。其中，99.38% 的企业类新型研发机构建立了董事会决策机制；68.24% 的事业单位类新型研发机构建立了理事会决策机制；83.15% 的社会服务机构类新型研发机构建立了理事会决策机制。

（三）用人机制灵活化

新型研发机构在引人才、用人才和激励人才等方面积极开展探索，不断加强人才队伍建设。

在人才引进和使用方面，根据统计数据，2021 年我国有 54.85%（1323 家）的新型研发机构采用了柔性引人用人机制，较 2020 年（1241 家）增长了 6.61%。2021 年新型研发机构外聘流动研发人员数量达到 17 505 人，占全国新型研发机构从业人员总量的 7.89%，占全国新型研发机构研发人员总量的 12.22%。其中，事业单位类新型研发机构外聘流动研发人员占该类机构研发人员的比例为 20.81%；企业类新型研发机构外聘流动研发人员占该类机构研发人员的比例为 8.30%；社会服务机构类新型研发机构外聘流动研发人员占该类机构研发人员的比例为 21.95%。说明我国新型研发机构在保持人才团队稳定性基础，通过柔性用人机制，实现了更大范围和更高层次人才资源的整合。

在人才评价和激励方面，新型研发机构积极探索有效激励机制。例如，中国科学院深圳先进技术研究院以创新与贡献为导向，打造灵活的人才评价制度、考核制度，完善人才晋升体系；深圳清华大学研究院探索了无事业编制、全员聘用的用人机制，形成了研发团队分享技术股权、管理团队合法持有股权的激励机制。

（四）运行机制市场化

我国新型研发机构积极探索市场化运行机制，在通过市场化机制为企业提供研发服务并获取长期收入方面进行了探索。2021 年新型研发机构获得的竞争性经费收入[①]占总收入的比重为

① 竞争性经费收入 = 竞争性科研项目收入 + 来自企业的非捐赠收入。

61.34%，来自企业的收入占新型研发机构总收入的比重为 58.91%（图 1-16）。数据表明，新型研发机构构建了较好的面向产业和市场的运行机制。

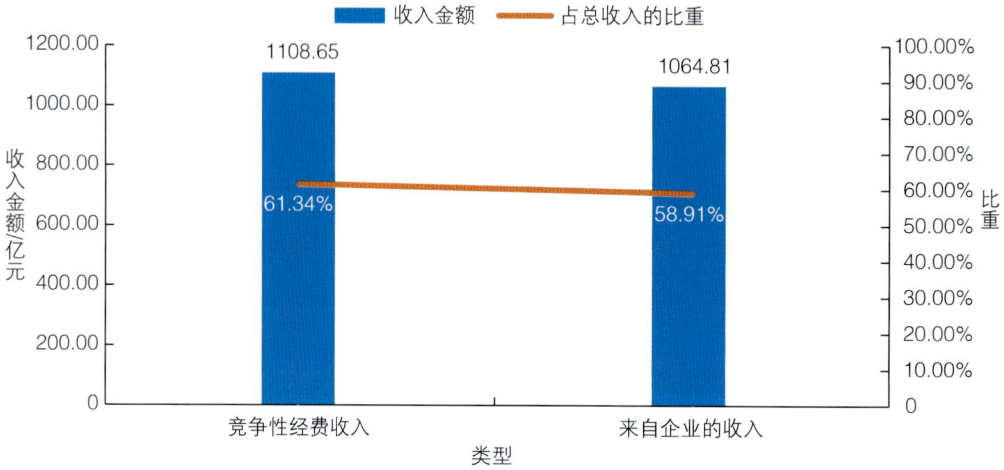

图1-16　2021年新型研发机构竞争性经费收入和来自企业的收入金额及占比情况

（五）围绕科技创新全链条布局业务

截至 2021 年底，我国开展基础研究、应用研究①、产业技术开发、科技成果转化、科技创业孵化和其他研发服务的新型研发机构数量分别为 693 家、1677 家、988 家、1748 家、1308 家和 861 家（图 1-17）。其中，同时开展科学研究②、产业技术开发、转化孵化和研发服务③的机构数量为 590 家，占我国新型研发机构总量的 24.46%。新型研发机构围绕创新链开展多元业务布局，有效推动了科技与经济融合。

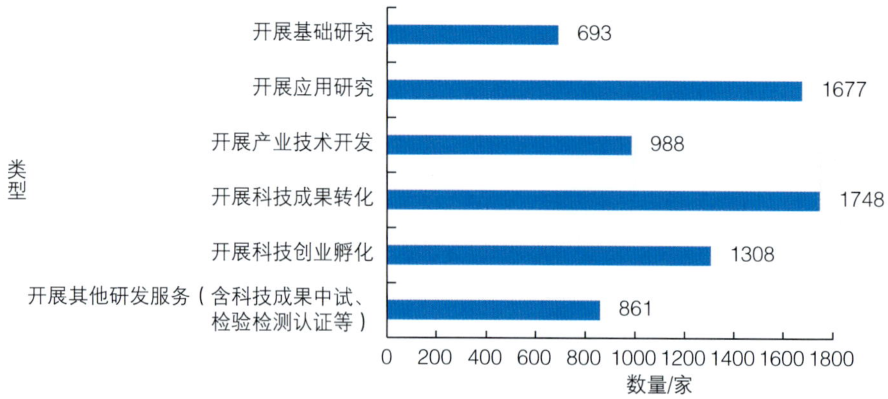

图1-17　2021年新型研发机构业务构成情况

① 含应用基础研究，下文同此。

② 科学研究包括基础研究和应用研究活动。

③ 转化孵化和研发服务包括科技成果转化服务、科技创业孵化服务和其他研发服务活动。

第二章　新型研发机构人才队伍情况

我国新型研发机构积极开展人才队伍建设，构建起一支以研发人员为核心，结构合理且规模体量较大的人才队伍。

一、从业人员队伍发展壮大

（一）规模总量提升

截至 2021 年底，我国新型研发机构从业人员数量达到 22.18 万人，较 2020 年增加 1.40 万人（图 2-1），同比增长 6.76%。其中，企业类新型研发机构从业人员为 16.39 万人，较 2020 年增加 1.20 万人；事业单位类新型研发机构从业人员 5.04 万人，较 2020 年增加 0.31 万人；社会服务机构类新型研发机构从业人员 0.75 万人，较 2020 年减少 0.11 万人。

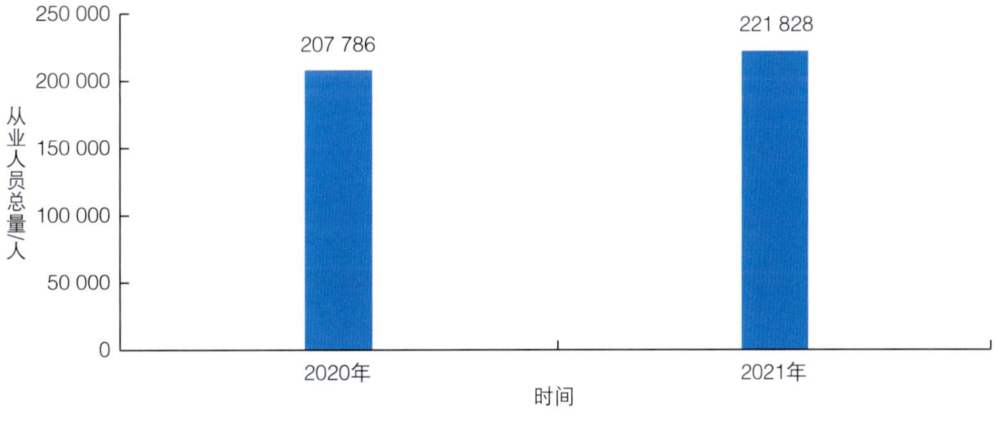

图2-1　新型研发机构从业人员总量情况

新型研发机构从业人员总量的提升主要源于机构数量的增长。从平均从业人员数量来看，2021 年新型研发机构平均从业人员为 91.97 人 / 家，较 2020 年减少 5.13 人。其中，事业单位类机构从业人员均值最高，达到 101.21 人 / 家，高于企业类机构的 94.43 人 / 家和社会服务机构类新型研发机构的 42.08 人 / 家（图 2-2）。

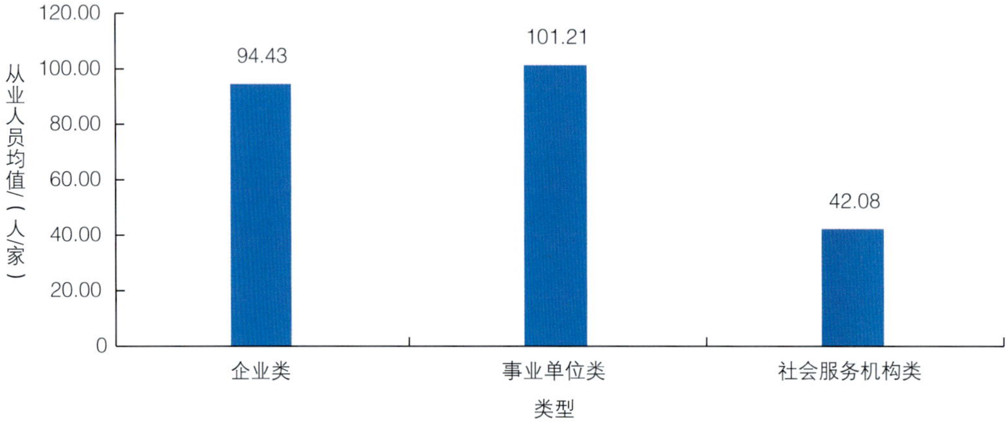

图2-2　2021年新型研发机构从业人员均值情况

我国新型研发机构从业人员规模多在 20 ～ 100 人。其中，从业人员数量在 20 ～ 49 人的新型研发机构数量占比为 38.93%，从业人员数量在 50 ～ 99 人的机构数量占比为 22.47%。同时，还有 16.96% 的新型研发机构从业人员规模在 100 ～ 499 人，有 2.61% 的新型研发机构从业人员规模在 500 人及以上（图 2-3）。

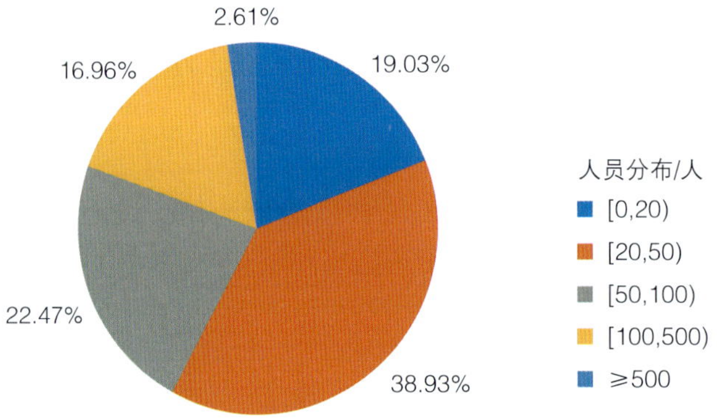

图2-3　2021年新型研发机构从业人员规模分布情况

（二）结构不断优化

从人员的岗位结构看，我国新型研发机构围绕主责主业逐步形成以研发人员为主体的人员结构。截至 2021 年底，我国新型研发机构研发人员达到 14.33 万人，同比增长 7.57%，占新型研发机构从业人员总量的 64.60%，比 2020 年提高了 0.49 个百分点（图 2-4）；新型研发机构研发人员均值为 59.41 人，比 2020 年降低了 2.84 人 / 家。

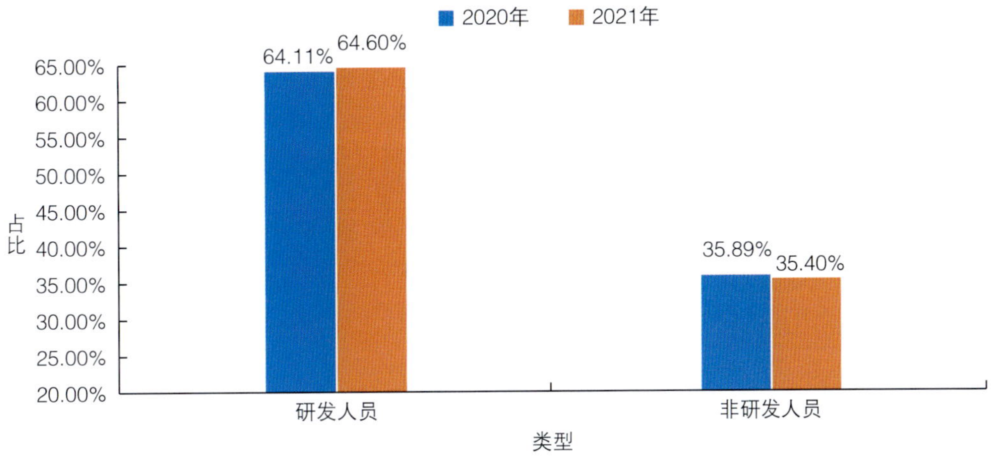

图2-4 新型研发机构从业人员类别构成情况

从人员的层次结构看，新型研发机构积极构建人才梯队。一是新型研发机构着力吸纳行业领军人才，以领军人才带动人才集聚和资源集聚，促进业务发展。截至 2021 年底，30.27% 的新型研发机构拥有两院院士、长江学者等领军人才。二是新型研发机构积极招引骨干人才，为人才团队搭建核心支撑，引进和培育了一批既了解科研活动，又深入理解产业发展的高质量人才。三是新型研发机构积极设置科研助理岗位，聘用大学生作为科研助理，培育后备人才。2021 年我国共有 1297 家新型研发机构设置了科研助理岗位，岗位人数达到 9577 人，比 2020 年增长了 1081 人，同比增长 12.72%；科研助理岗位占新型研发机构从业人员的比重达到 4.32%，同比增长 0.23%。

二、研发人员队伍加快建设发展

（一）学历结构持续改善

截至 2021 年底，我国新型研发机构研发人员中具有研究生学历（位）的人员数量为 6.32 万人，较 2020 年增长 0.28 万人；大学本科学历（位）的人员数量为 6.02 万人，较 2020 年增长 0.83 万人；具有本科及以上学历（位）的研发人员占全国新型研发机构研发人员的比例达到 86.13%，较 2020 年提高了 1.83 个百分点（图 2-5）。其中，企业类、事业单位类和社会服务机构类新型研发机构研发人员中研究生学历（位）人员占比分别为 36.04%、62.74% 和 58.53%（图 2-6）。

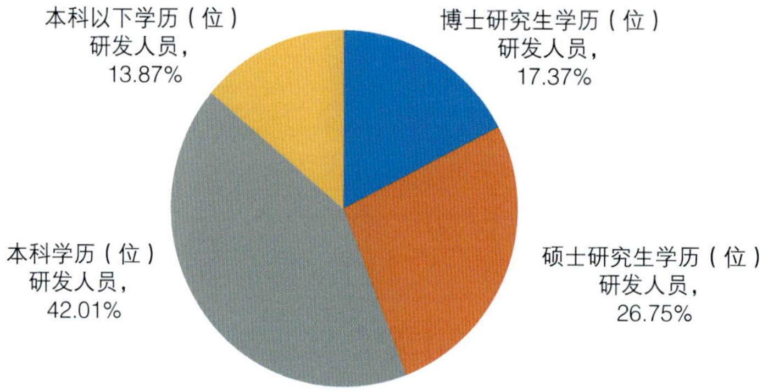

图2-5　2021年新型研发机构研发人员学历（位）构成情况

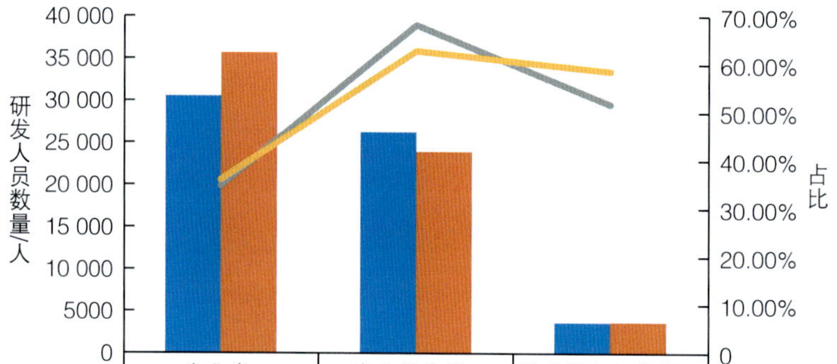

	企业类	事业单位类	社会服务机构类
2020年研究生学历（位）研发人员数量	30 536	26 213	3638
2021年研究生学历（位）研发人员数量	35 654	23 898	3671
2020年研究生学历（位）研发人员占比	34.81%	68.14%	51.72%
2021年研究生学历（位）研发人员占比	36.04%	62.74%	58.53%

图2-6　三类法人新型研发机构研发人员中研究生学历（位）人员数量和占比情况

（二）高级职称人员规模不断扩大

截至 2021 年底，我国新型研发机构研发人员中拥有高级职称的人员为 2.70 万人，较 2020 年（2.60 万人）增加了 0.10 万人（图 2-7）；占全国新型研发机构研发人员的比重为 18.87%，比 2020 年提高了 6.34 个百分点。其中，社会服务机构类新型研发机构具有高级职称的研发人员占比最高，达到 26.59%，高于事业单位类新型研发机构的 24.82% 和企业类新型研发机构的 16.01%（图 2-8）。

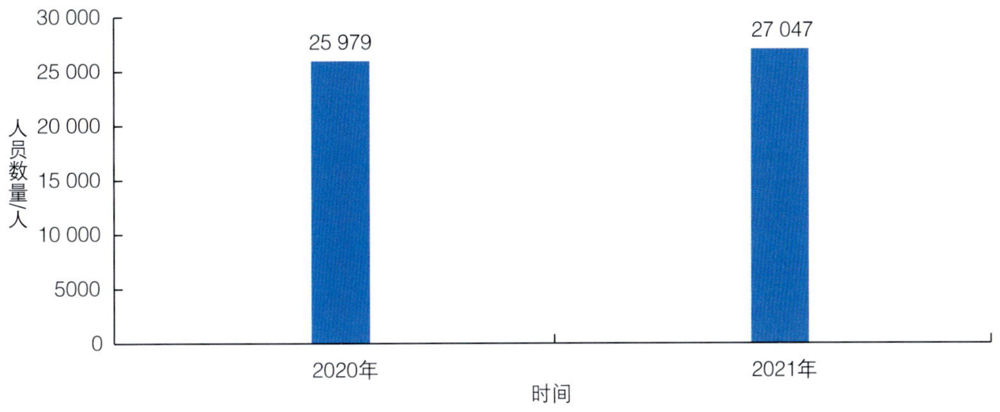

图2-7　新型研发机构拥有高级职称研发人员数量情况

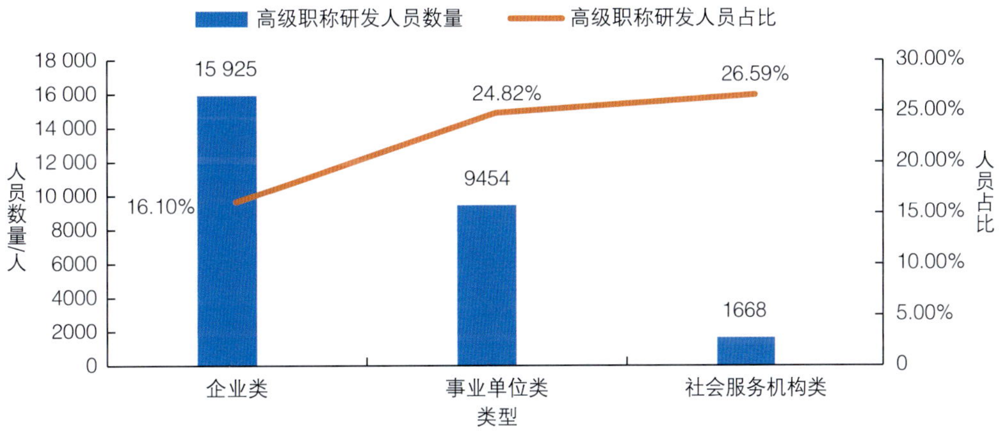

图2-8　2021年三类法人新型研发机构拥有高级职称研发人员数量和占比情况

（三）国际化人才逐步增加

截至 2021 年底，我国新型研发机构共吸纳留学归国和外籍常驻研发人员 6705 人，占全国新型研发机构从业人员的比重为 3.02%。拥有留学归国和外籍常驻研发人员的新型研发机构共有 991 家，较 2020 年增加 26 家，占新型研发机构总量的 41.09%。其中，事业单位类和社会服务机构类新型研发机构研发人员中留学归国和外籍常驻人员的比重较高，分别为 9.11% 和 9.68%，高于企业类新型研发机构的 2.66%（图 2–9）。

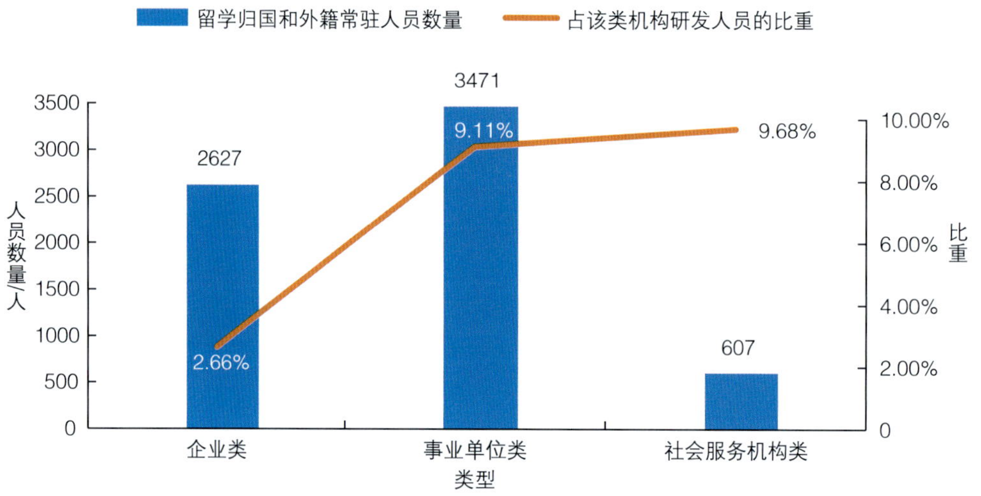

图2-9　2021年三类法人新型研发机构拥有留学归国和外籍常驻研发人员数量和占比情况

三、人才培养工作取得积极进展

新型研发机构积极探索面向产业的应用研究人才培养模式，并将人才培养作为机构人才队伍建设中新生力量的重要来源。

截至 2021 年底，我国共有 814 家新型研发机构开展了研究生人才培养工作，占全国新型研发机构总量的 33.75%。全国新型研发机构培养的研究生累计已毕业 6.23 万人，另有在读研究生 1.40 万人。

第三章　新型研发机构经营发展情况

新型研发机构积极完善经营发展条件，优化收入结构，提升可持续发展能力水平。

一、经营支撑条件良好

（一）经营资本支撑到位

从机构注册资本（开办资金）规模来看，我国新型研发机构注册资本（开办资金）以1000万元及以上为主，占比达到57.42%。截至2021年底，注册资本（开办资金）在1000万元及以上的新型研发机构有1385家，占机构总量的57.42%，较2020年增加169家，占比上升0.6个百分点（图3-1）。注册资本（开办资金）最大值为50亿元。

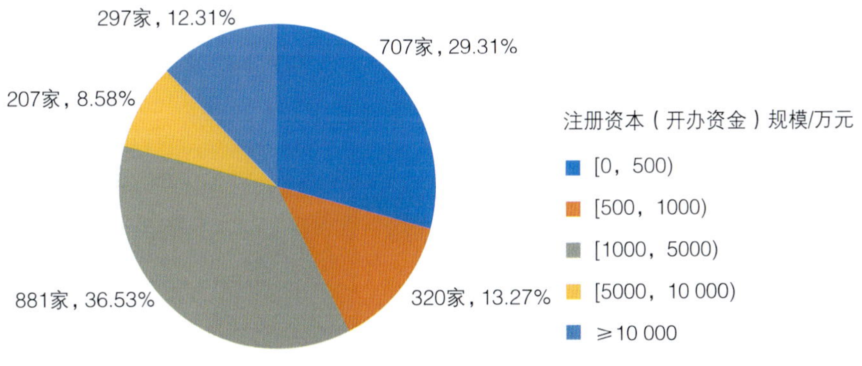

图3-1　2021年新型研发机构注册资本（开办资金）规模分布情况

从机构注册资本（开办资金）均值看，新型研发机构注册资本（开办资金）均值为5641.41万元/家。其中，企业类新型研发机构注册资本（开办资金）均值最高，为6423.46万元/家，高于事业单位类机构（4363.77万元/家）和社会服务机构类机构（1588.84万元/家）（图3-2）。

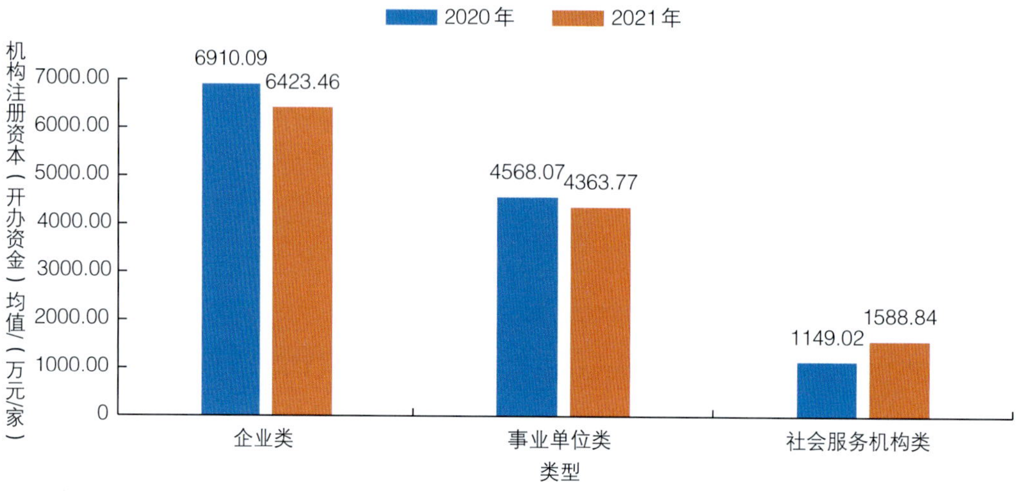

图3-2　三类法人新型研发机构注册资本（开办资金）均值情况

（二）办公场所条件完善

从办公和科研场所面积来看，2021 年全国新型研发机构办公和科研场所面积中位数为 3527.25 平方米（包括自有和租借），办公和科研场所面积均值为 17 308.67 平方米 / 家，人均办公和科研场所面积为 188.18 平方米。

从拥有自有产权办公和科研场所的机构数量来看，有 32.96%（795 家）的新型研发机构拥有自有产权办公和科研场所。其中，27.28% 为企业类新型研发机构，4.39% 为事业单位类新型研发机构，1.29% 为社会服务机构类新型研发机构（图 3–3）。

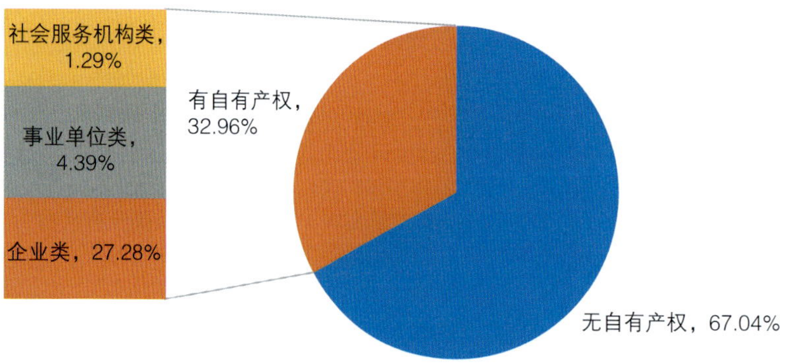

图3–3　2021年各类法人新型研发机构拥有自有产权办公场所情况

二、经营收入整体稳定

（一）总收入规模小幅下降

2021 年，受到国际经济形势影响，我国新型研发机构实现总收入 1807.39 亿元，同比下降 6.53%，但总体表现出了应对压力的韧性。

从年度总收入规模看，78.90% 的新型研发机构 2021 年度总收入在 5000 万元以下，数量达到 1903 家。21.10% 的新型研发机构总收入在 5000 万元及以上，数量达到 509 家（图 3-4）。

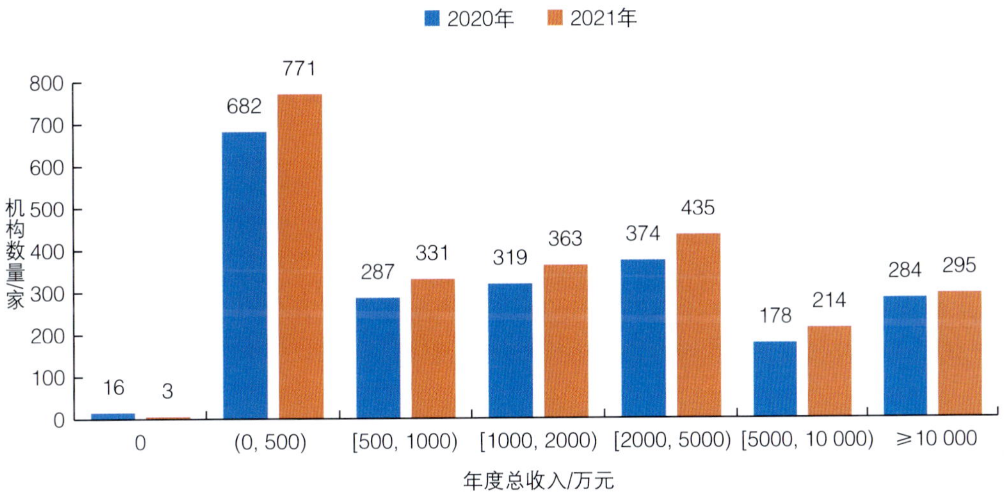

图3-4　新型研发机构年度总收入规模分布情况

从机构年度总收入中位数看，2021 年新型研发机构年度总收入中位数为 1184.85 万元，较 2020 年下降 10.69 万元。其中，事业单位类新型研发机构 2021 年总收入中位数为 1412.51 万元，高于企业类新型研发机构（1237.55 万元）和社会服务机构类新型研发机构（348.61 万元）（图 3-5）。

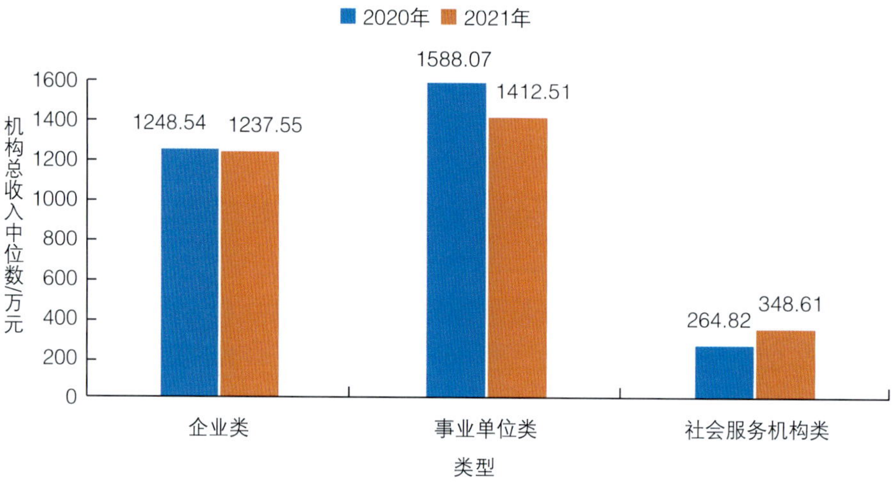

图3-5　三类法人新型研发机构年度总收入中位数情况

从从业人员人均总收入看，2021 年从业人员人均总收入 81.48 万元 / 人（人均总收入中位数为 28.95 万元 / 人），比 2020 年降低 11.18 万元 / 人。企业类新型研发机构的人均总收入最高，为 82.51 万元 / 人，高于事业单位类新型研发机构（80.01 万元 / 人）和社会服务机构类新型研发机构（68.85 万元 / 人）（图 3-6）。

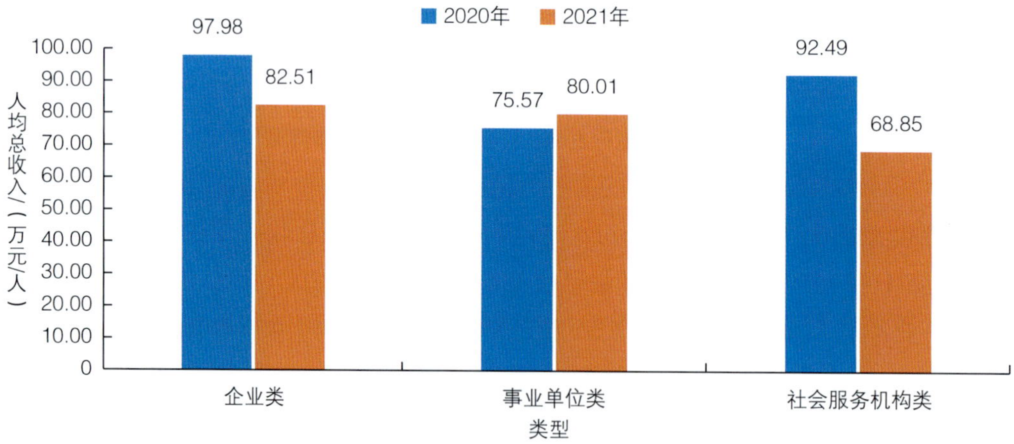

图3-6　三类法人新型研发机构人均总收入情况

（二）竞争性收入占比过半

2021 年，我国新型研发机构竞争性收入为 1108.65 亿元，占总收入的比重为 61.34%。

来自企业的收入是新型研发机构竞争性收入的重要来源。2021 年，全国新型研发机构来自企业的收入为 1064.81 亿元[①]，占 2021 年新型研发机构年度竞争性收入的 96.05%，占 2021 年新

① 此处指来自企业的非捐赠收入。

型研发机构年度总收入的 58.91%（图 3-7）。

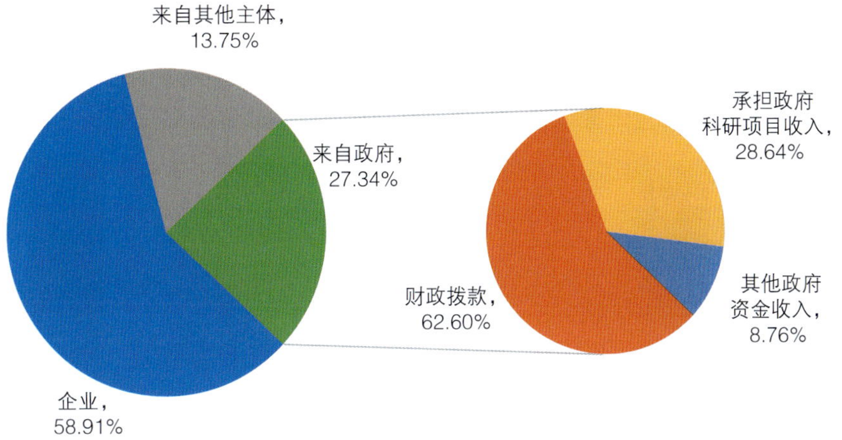

图3-7　2021年新型研发机构年度总收入来源构成情况

（三）技术性收入占比提高

2021 年我国新型研发机构技术性收入为 501.26 亿元，占全国新型研发机构年度总收入的 27.73%，占比较 2020 年提高了 3.52 个百分点。其中，技术服务收入占比最高，占技术性收入的 60.10%；其次为技术开发收入，占比为 28.39%；技术转让收入和技术咨询收入占比分别为 9.66% 和 1.85%（图 3-8）。

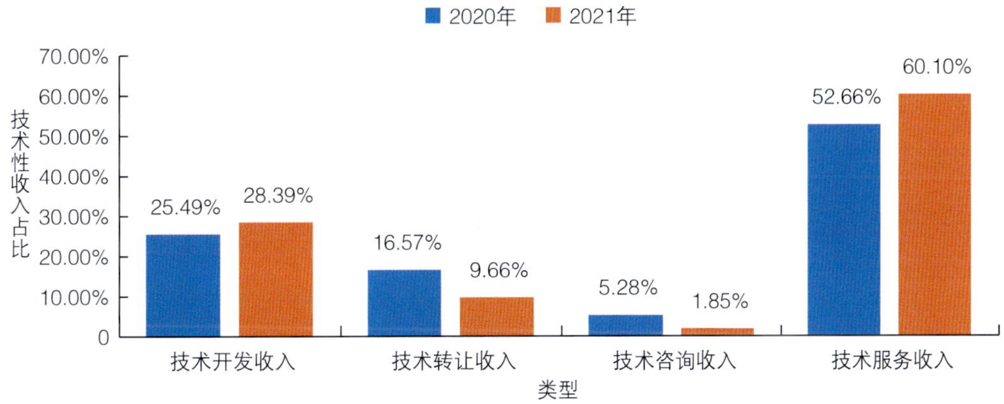

图3-8　新型研发机构技术性收入构成情况

（四）不同类型机构收入结构差异明显

从收入来源看，企业类新型研发机构以来自企业的收入为主要来源，2021 年来自企业的收入占该类机构年度总收入的比例为71.00%；而事业单位类和社会服务机构类新型研发机构以来自政府的收入为主要构成，政府资金收入占比分别为71.11%（其中政府拨款占其总收入的71.60%）和59.82%（图3-9）。

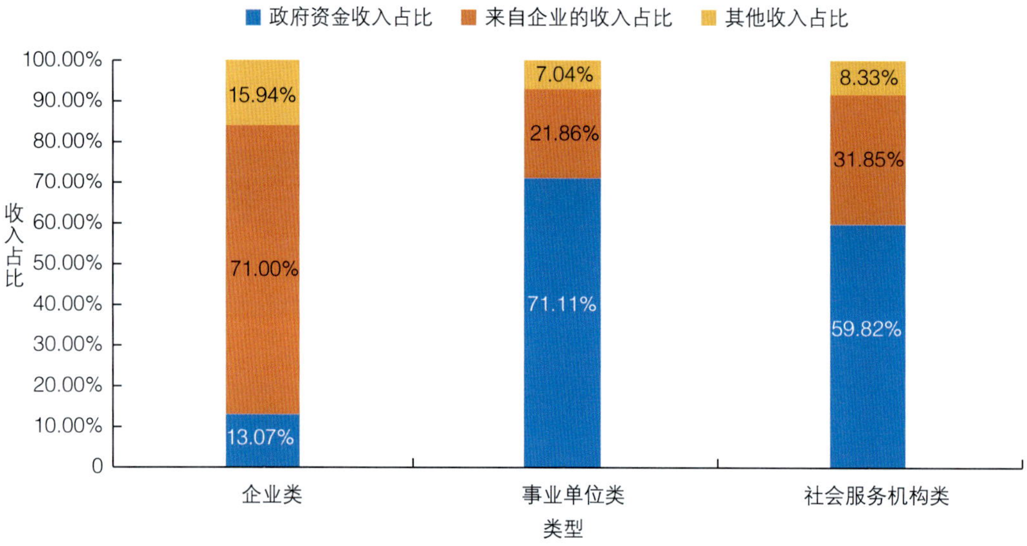

图3-9　2021年三类法人新型研发机构总收入来源构成情况

从收入的性质看，企业类新型研发机构以竞争性收入为主要收入构成，2021年企业类新型研发机构获得的竞争性收入占该类机构总收入的71.98%；事业单位类新型研发机构以非竞争性收入为主要收入构成，2021年事业单位类新型研发机构获得的非竞争性收入占该类机构总收入的比例为71.87%；社会服务机构类新型研发机构的竞争性收入和非竞争性收入较为平衡，两类收入占该类机构总收入的比例分别为41.99%和58.01%（图3-10）。

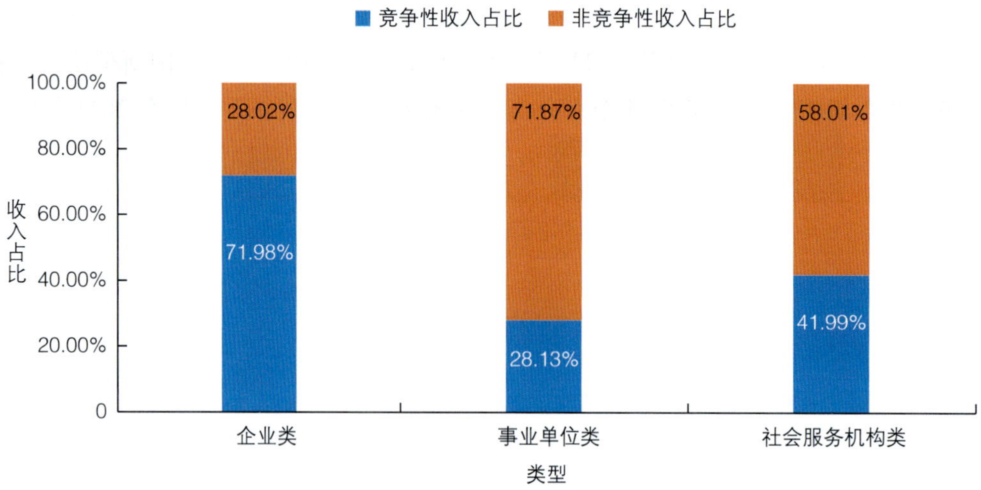

图3-10　2021年三类法人新型研发机构竞争性收入占比情况

从技术性收入看，不同法人新型研发机构技术性收入构成不同。企业类与社会服务机构类新型研发机构均以技术服务收入为主，2021 年技术服务收入占该类新型研发机构技术性收入的比例分别为 60.75%、81.95%；事业单位类新型研发机构以技术开发收入为主，技术开发收入占该类机构技术性收入的 53.35%（图 3-11）。

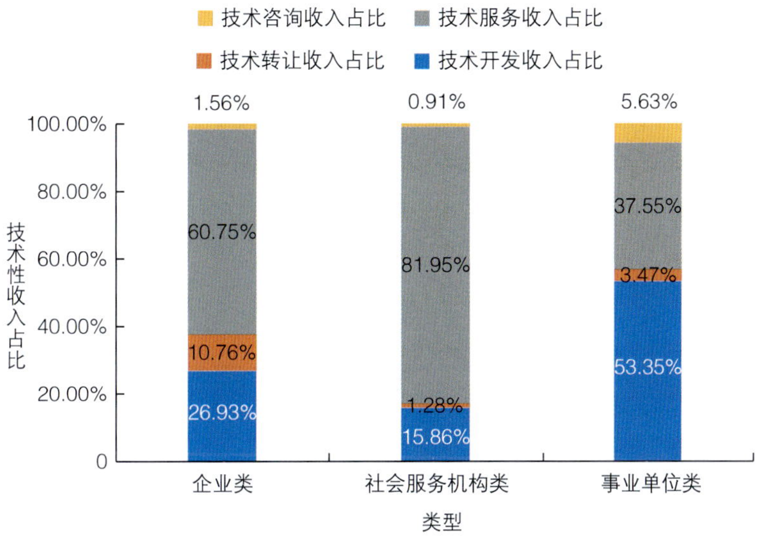

图3-11　2021年三类法人新型研发机构技术性收入构成情况

三、盈余水平差异较大

（一）实现正盈余机构数量不断增长

2021 年，全国新型研发机构年度总盈余为 29.08 亿元，有 1179 家新型研发机构实现正盈余，实现正盈余的机构数比 2020 年增长了 23 家，实现正盈余的机构数量占全国新型研发机构总量的 48.88%，较 2020 年占比下降了 5.14 个百分点。另有 674 家新型研发机构在 2021 年收不抵支，有 559 家新型研发机构年度盈余为 0。这与我国大量新型研发机构处于建设起步期，还未探索形成有效的可持续发展运营模式有密切关系。

（二）机构盈余水平差距大

我国新型研发机构的年度盈余存在较大差距。2021 年，全国新型研发机构中有 340 家新型研发机构正盈余超过 500 万元，与此同时，有 203 家新型研发机构亏损额大于 500 万元（图 3-12）。其中，企业类新型研发机构有 985 家实现正盈余，占该类新型研发机构总量的 56.73%；事业单位类新型研发机构有 120 家实现正盈余，占该类新型研发机构总量的 24.09%；社会服务机构类新型研发机构有 74 家实现正盈余，占该类新型研发机构总量的 41.57%（图 3-13）。

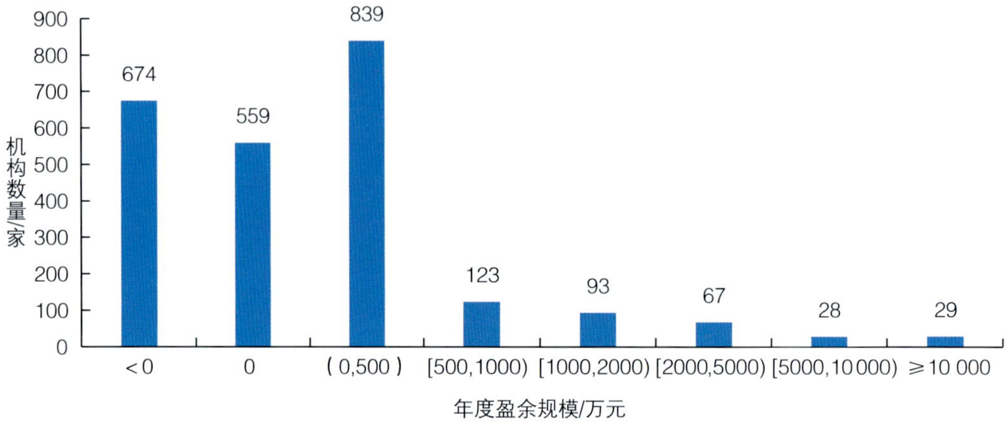

图3-12　2021年全国新型研发机构年度盈余规模分布

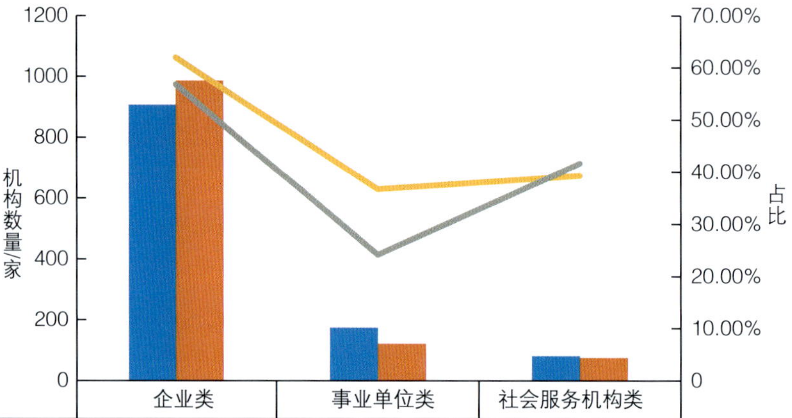

	企业类	事业单位类	社会服务机构类
2020 实现正盈余机构数量	906	173	80
2021 实现正盈余机构数量	985	120	74
2020 实现正盈余机构占比	61.89%	36.65%	39.22%
2021 实现正盈余机构占比	56.73%	24.09%	41.57%

图3-13　三类法人新型研发机构实现盈余数量及占该类机构比例

第四章　新型研发机构研发活动情况

科学研究和技术开发活动是新型研发机构主责主业的重要构成。2021 年，我国新型研发机构在研发平台建设、科研项目开展和科技成果产出等方面都保持了良好态势。

一、研发投入和平台条件状况较好

（一）研发经费投入规模和强度有所下降

我国新型研发机构研发经费支出较 2020 年有所回落，但仍保持较大规模。2021 年，我国新型研发机构研发经费支出总规模为 619.26 亿元，比 2020 年降低了 24.49%。其中，研发经费内部支出规模为 558.42 亿元，占研发经费支出总额的 90.18%。研发经费支出在 500 万元及以上的新型研发机构有 1215 家，占比 50.37%（图 4-1）。从新型研发机构研发经费支出均值看，2021 年新型研发机构研发经费支出均值为 2567.41 万元 / 家，比 2020 年降低了 33.01%。其中，事业单位类机构研发经费支出均值为 3525.63 万元 / 家，高于企业类机构（2347.00 万元 / 家）和社会服务机构类机构（2036.17 万元 / 家）（图 4-2）。

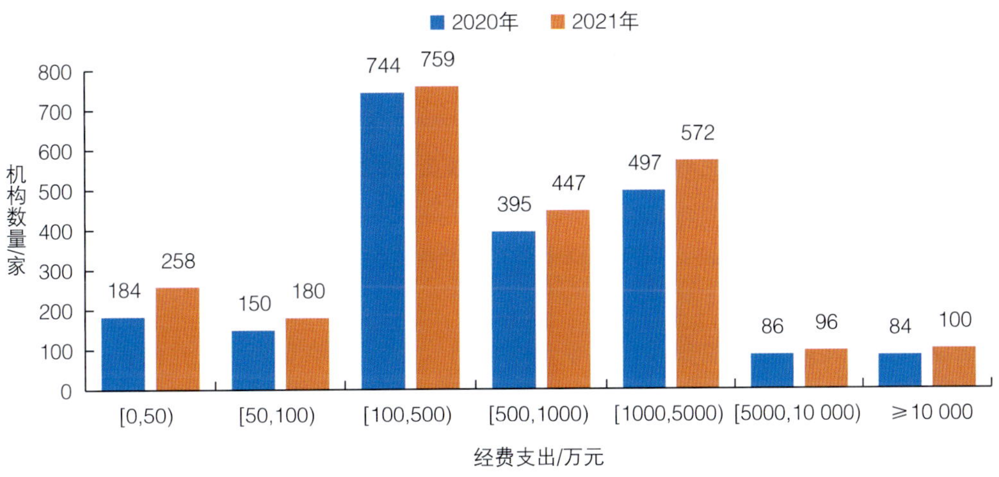

图4-1　新型研发机构研发经费支出分布

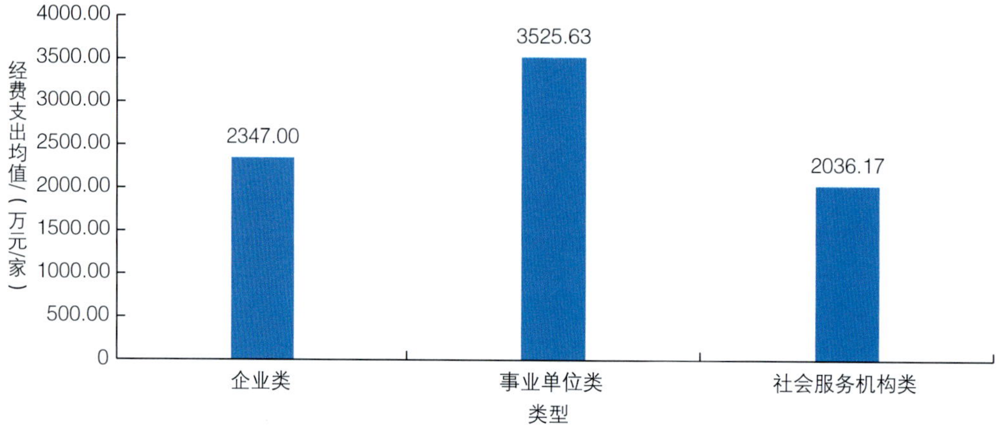

图4-2　2021年三类法人新型研发机构研发经费支出均值对比

我国新型研发机构的研发经费投入水平较2020年有小幅下降。2021年，全国新型研发机构平均研发经费投入强度[①]为34.26%，比2020年降低8.34个百分点，有27.74%（669家）的新型研发机构的研发投入强度超过80%，有11.07%（267家）的新型研发机构的研发投入强度低于6%（图4-3）；研发人员人均研发经费43.61万元，比2020年降低17.96万元。

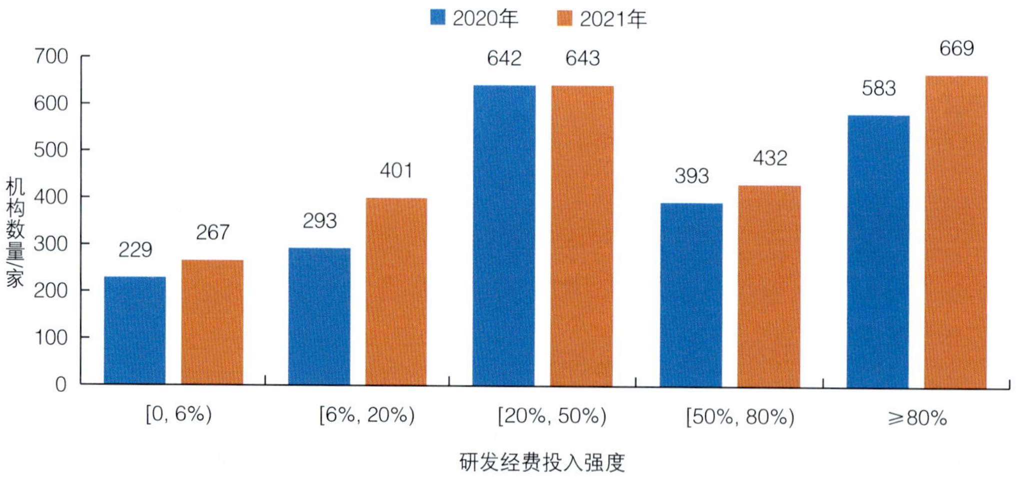

图4-3　新型研发机构研发经费投入强度分布

不同法人类型机构在研发经费投入水平上表现出一定的差异性。一是社会服务机构类新型研发机构研发经费投入水平最高，2021年社会服务机构类新型研发机构的研发经费投入强度均值（70.27%）超过事业单位类新型研发机构（43.54%）和企业类新型研发机构（30.12%），且社会服务机构类新型研发机构研发人员人均研发经费（57.86万元）也高于事业单位类新型研发机构

① 平均研发经费投入强度以研发经费支出总额/总收入进行计算。

(47.69 万元) 和企业类新型研发机构 (41.18 万元)；二是企业类和社会服务机构类新型研发机构表现出较强的韧性，在全国新型研发机构研发经费投入强度均值下降的情况下，企业类和社会服务机构类新型研发机构平均研发经费投入强度同比降幅较小，2021 年度分别为 30.12% 和 70.27% (图 4-4)。

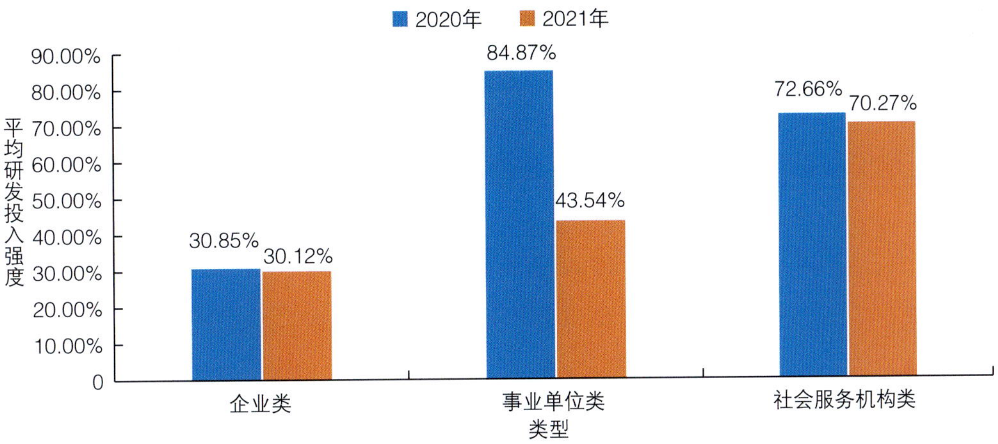

图4-4　三类法人新型研发机构平均研发经费投入强度对比

(二) 研发设备和平台条件进一步完善

从自有科研仪器设备看，截至 2021 年底，我国有 91.75% 的新型研发机构拥有单价万元以上自有科研仪器设备。新型研发机构拥有的单价万元以上科研仪器与设备原值合计 756.99 亿元。拥有单价万元以上科研仪器设备原值合计在 500 万元及以上的新型研发机构有 1114 家，占我国新型研发机构总量的比例为 46.19%；拥有单价万元以上科研仪器设备原值合计在 1000 万元及以上的新型研发机构有 725 家，占我国新型研发机构总量的比例为 30.06% (图 4-5)。

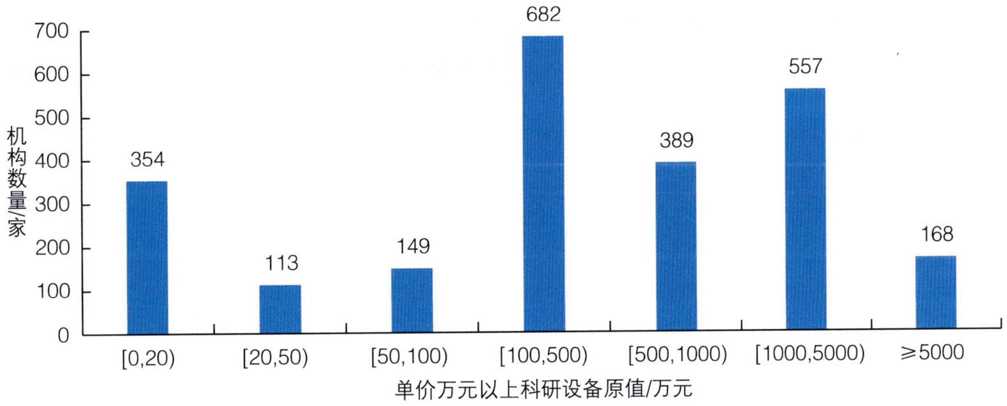

图4-5　2021年新型研发机构拥有单价万元以上科研仪器设备原值合计分布

从国家级创新平台看，截至2021年底，我国共有293家新型研发机构拥有国家级创新平台，国家级创新平台数量达到564个。中国科学院深圳先进技术研究院等机构拥有国家级创新平台数量居全国新型研发机构前列（表4–1）。

表4–1　拥有国家级创新平台数量位列前十的新型研发机构

序号	机构全称	拥有国家级创新平台数量／个
1	中国科学院深圳先进技术研究院	9
2	电子科技大学广东电子信息工程研究院	6
3	广东华中科技大学工业技术研究院	5
4	清华大学深圳国际研究生院	5
5	河北省轴承产业技术研究院	5
6	华南协同创新研究院	5
7	武汉光电工业技术研究院	5
8	浙江大学自贡创新中心	5
9	广东省智能机器人研究院	4
10	佛山智能装备技术研究院	4

二、积极承担科研项目

（一）科研项目数量方面

2021年，全国新型研发机构在研科研项目总数实现增长，达34 888项，较2020年增长1%；在研科研项目均值为14.46项／家，比2020年降低了1.67项／家；科研项目中位数为7项，比2020年增加了1项（图4–6）。

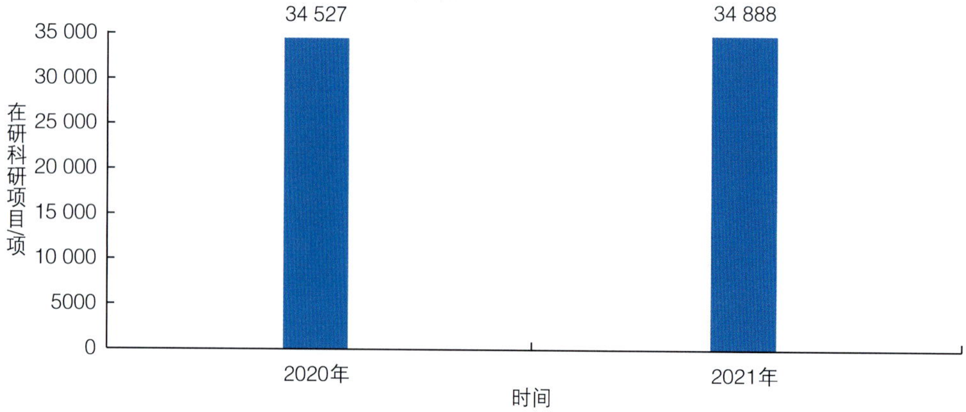

图4–6　2021年全国新型研发机构在研科研项目数量

（二）科研项目覆盖领域方面

2021 年，我国新型研发机构承担的科研项目中，基础研究项目数为 4022 个，应用研究项目数为 8210 个，产业技术开发项目数为 8419 个，三者基本形成 1 ∶ 2 ∶ 2 的布局结构。

三类法人新型研发机构在承担项目上各有侧重，企业类、社会服务机构类更加侧重承担产业技术开发项目，均值分别为 3.37 项 / 家和 3.15 项 / 家；事业单位类新型研发机构更加侧重承担基础研究项目和应用研究项目，均值达到 4.67 项 / 家和 6.99 项 / 家，远高于企业类新型研发机构的 0.86 项 / 家、2.48 项 / 家和社会服务机构类新型研发机构的 1.20 项 / 家、2.36 项 / 家（图 4–7）。

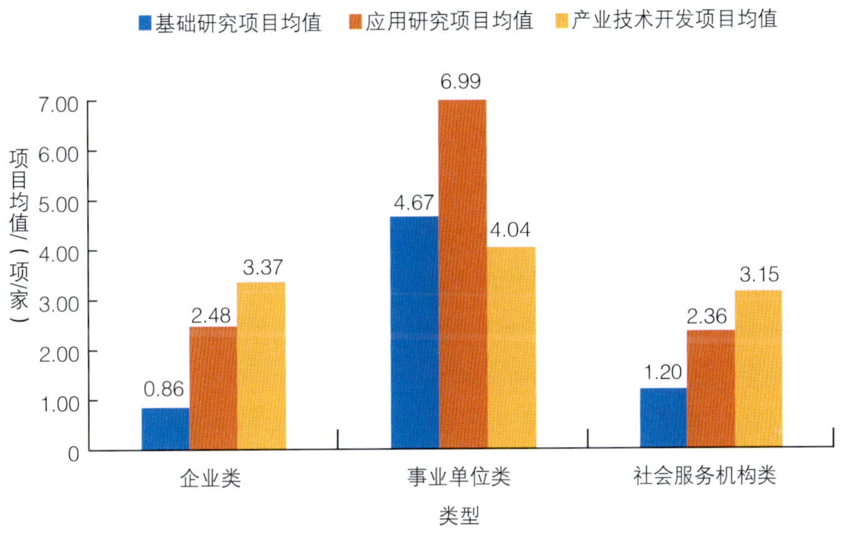

图4–7 2021年三类法人新型研发机构承担各类科研项目均值

（三）科研项目类型方面

我国新型研发机构承担的科研项目来源渠道多样，包括政府及企业、高等院校等的科研项目。其中，承担来自企业的科研项目占比最多。2021 年新型研发机构共承担 17 954 项企业科研项目，占当年承担科研项目总量的 51.46%。承担来自企业的科研项目均值为 7.44 项 / 家，是承担政府科研项目均值（4.65 项 / 家）的 1.6 倍。同时，相较 2020 年，2021 年新型研发机构承担来自政府的科研项目数量减少 2474 项，占比下降 7.50%（图 4–8）。

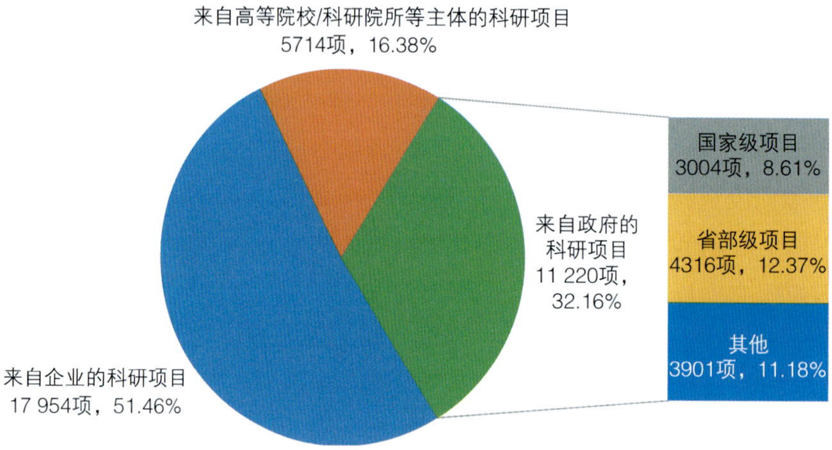

图4-8　2021年新型研发机构承担科研项目来源构成情况

（四）科研项目层级方面

在 2021 年新型研发机构承担的 11 220 项政府科研项目中，国家级和省部级项目数为 7320 项，占来自政府科研项目数的 65.24%，占全部科研项目数的 20.98%；参与国家级和省部级科研项目的新型研发机构有 1060 家，占全国新型研发机构数量的比例为 43.95%（图 4-9）。此外，还有 101 家新型研发机构（主要分布在江苏、广东两个省份）承担了 218 项国际合作科技项目。

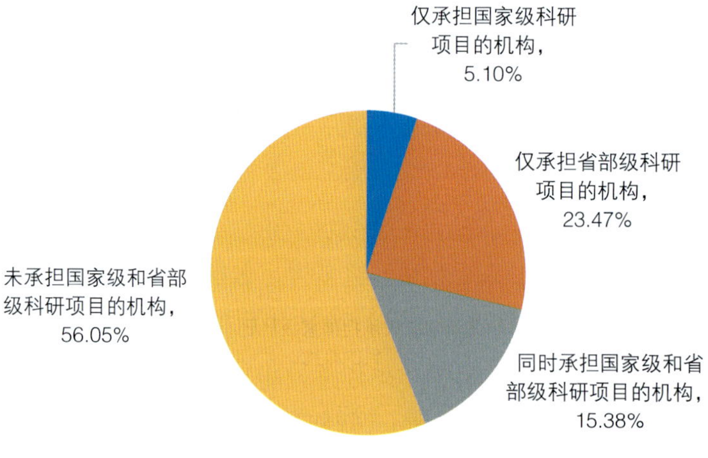

图4-9　2021年新型研发机构中承担政府科研项目的情况

从机构法人类型看，承担国家级或省部级科研项目的企业类、事业单位类和社会服务机构类新型研发机构数量分别为 741 家、241 家、78 家。有 48.39% 的事业单位类新型研发机构承担了国家级或省部级科研项目，比例超过企业类（42.68%）和社会服务机构类（43.82%）新型研发机构（图 4-10、图 4-11、图 4-12）。事业单位类新型研发机构承担国家级和省部级科研项目均值分别达到 3.89 项 / 家和 3.61 项 / 家，远高于企业类新型研发机构和社会服务机构类新型研发机构；

社会服务机构类新型研发机构承担国际科技合作项目的均值为 0.22 项 / 家，高于企业类新型研发机构的 0.07 项 / 家和事业单位类新型研发机构的 0.11 项 / 家（图 4-13）。

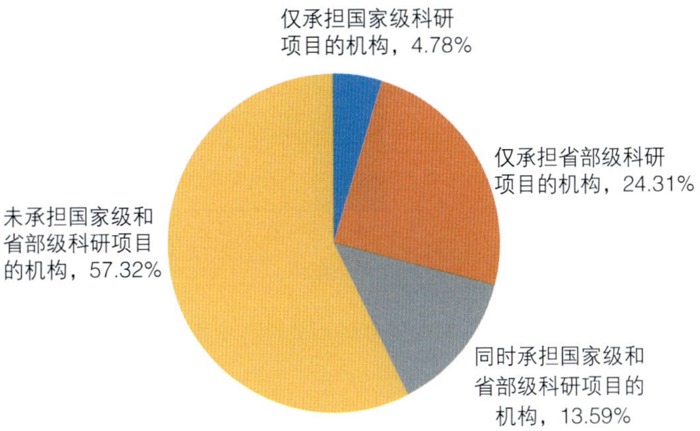

图4-10　2021年企业类新型研发机构承担政府科研项目的情况

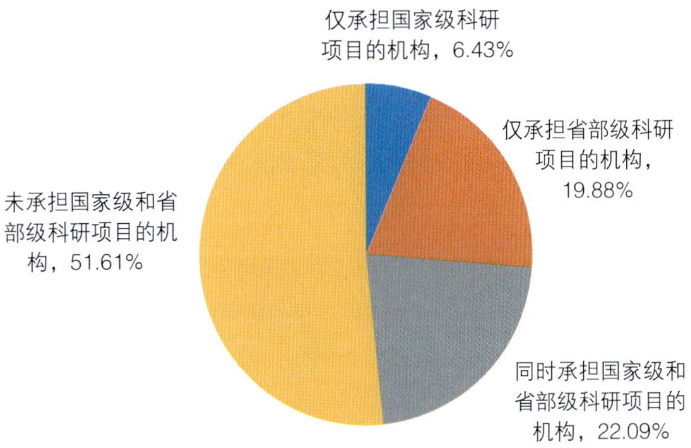

图4-11　2021年事业单位类新型研发机构承担政府科研项目的情况

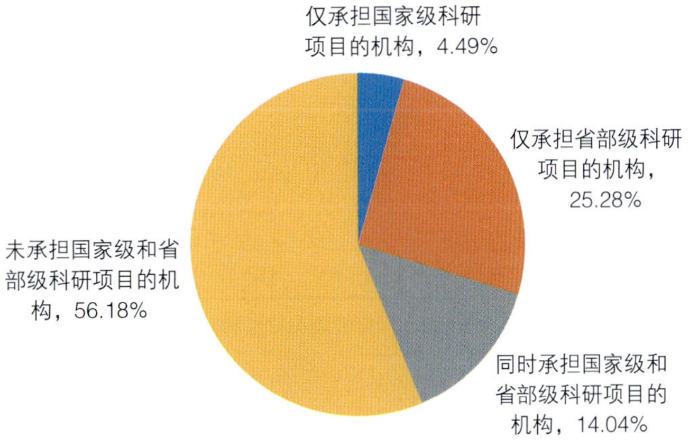

图4-12　2021年社会服务机构类新型研发机构承担政府科研项目的情况

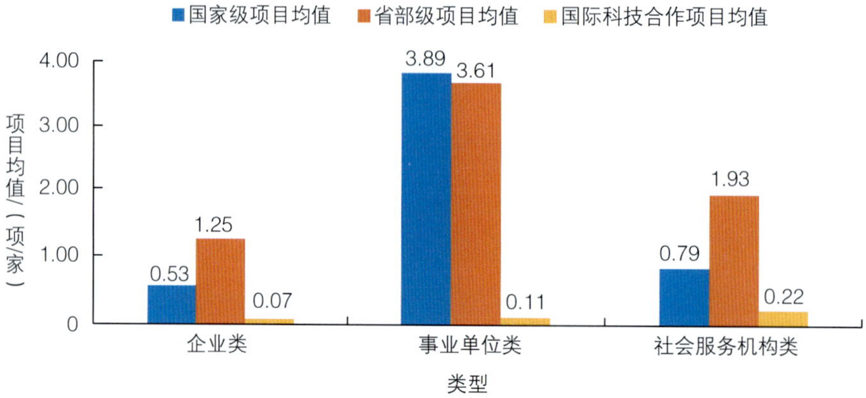

图4-13　2021年三类法人新型研发机构承担各类政府科研项目均值情况

三、科技创新成果产出丰富

（一）专利方面

年度专利申请量实现增长。2021 年度，有 1968 家（占比 81.59%）新型研发机构进行了专利申请，专利申请受理量达到 42 204 件。全国新型研发机构专利申请受理量均值达 17.49 件 / 家，比 2020 年增长了 0.92 件 / 家。国内专利申请受理量达 37 877 件，是 2020 年的 1.15 倍，占全国新型研发机构年度专利申请受理量的 89.74%；申请欧美日专利 312 件，占年度专利申请受理量的 0.74%；申请专利合作条约（PCT）专利 1472 件，是 2020 年的 1.12 倍，占全国新型研发机构年度专利申请受理量的 3.49%（图 4-14）。

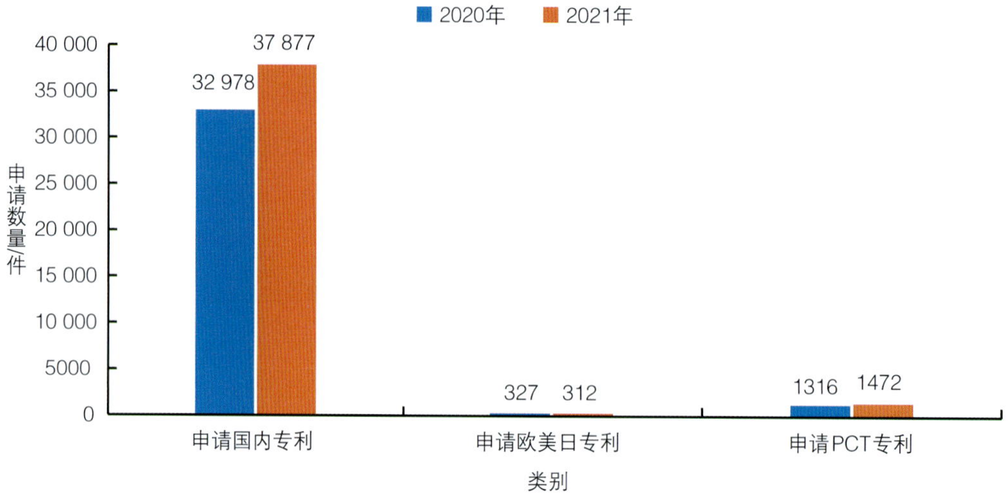

图4-14　新型研发机构各类专利申请数量

年度专利授权提升明显。2021 年度有 1756 家（占比 72.80%）新型研发机构获得专利授权，年度专利授权总量达 24 212 件，是 2020 年的 1.21 倍；年度专利授权均值达 10.04 件 / 家，比 2020 年增长 1.44 件 / 家，是 2020 年的 1.17 倍。其中，授权发明专利 13 008 件，是 2020 年的 1.63 倍，发明专利授权量占全国新型研发机构年度专利授权总量的 53.73%；授权欧美日专利 245 件，是 2020 年的 1.22 倍，欧美日专利授权量占年度专利授权总量的 1.01%（图 4–15）2021 年每家机构平均授权专利 10.04 件，同比 2020 年增长 8%。

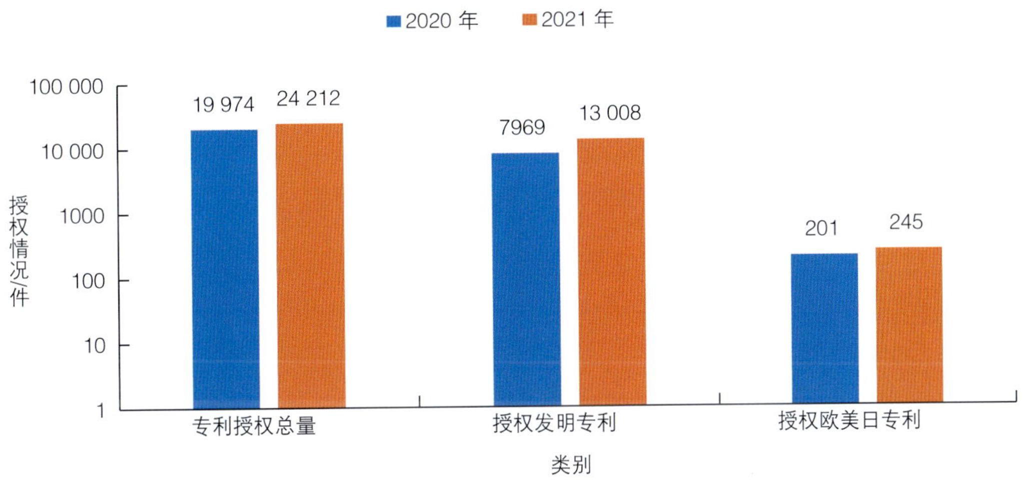

图4–15　新型研发机构年度专利授权情况

从机构法人类型看，2021 年事业单位类新型研发机构的年度专利授权量均值为 11.27 件，高于企业类新型研发机构（10.18 件）和社会服务机构类新型研发机构（5.15 件）（图 4–16）。

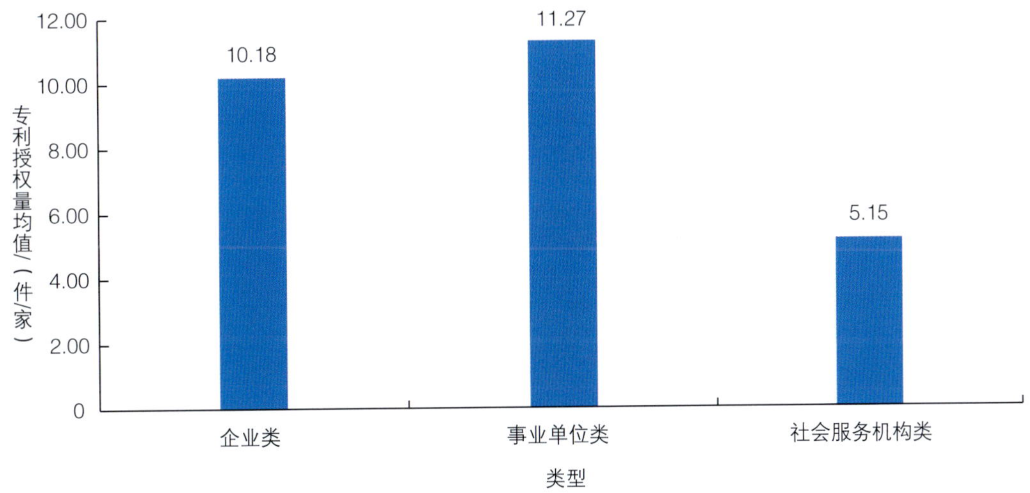

图4–16　2021年三类法人新型研发机构年度专利授权量均值

拥有有效专利大幅增长。截至2021年底，共有1990家（占比82.50%）新型研发机构拥有有效专利，共拥有有效专利数量106 703件，是2020年的1.39倍。其中，有效发明专利47 243件，占有效专利总量的44.28%；拥有境外授权发明专利2046件，占有效发明专利总量的4.33%（图4-17）。平均每家新型研发机构拥有有效专利44.24件，是2020年的1.23倍。分机构法人类型看，截至2021年底，事业单位类新型研发机构平均拥有有效专利数量最高，达到48.02件/家，高于企业类新型研发机构(43.96件/家)和社会服务机构类新型研发机构(36.39件/家)(图4-18)。

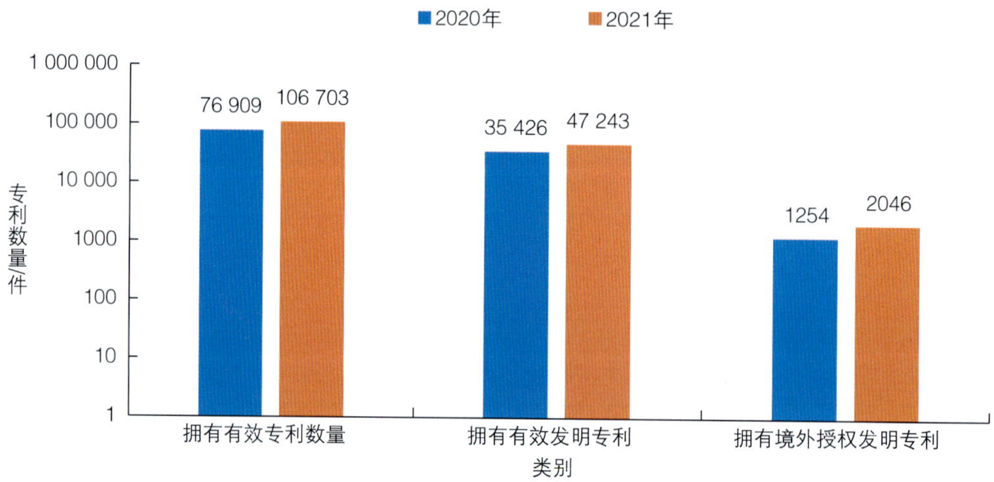

图4-17　新型研发机构拥有有效专利构成情况

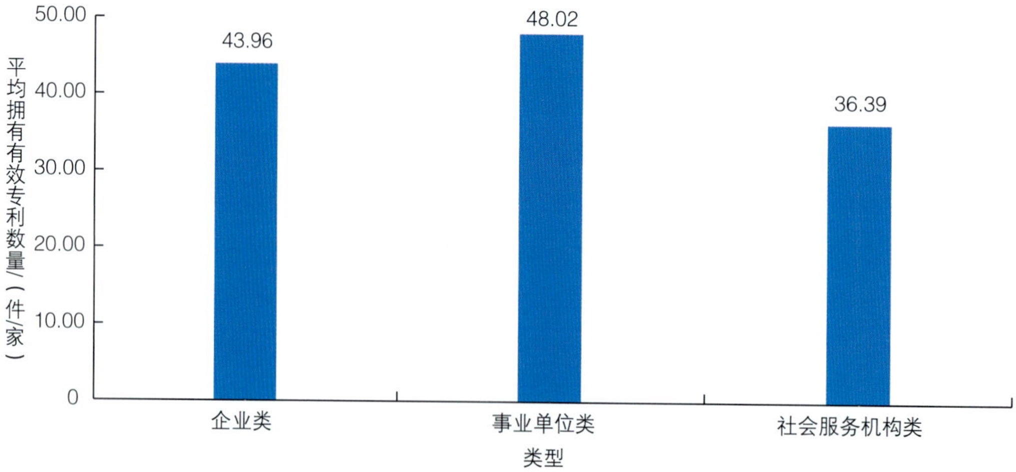

图4-18　2021年三类法人新型研发机构平均拥有有效专利数量情况

（二）标准方面

截至 2021 年底，我国主导或参与形成了国际、国家或行业标准的新型研发机构有 569 家，占新型研发机构总量的 23.59%。其中，主导或参与形成国际标准的新型研发机构有 58 家，占全国新型研发机构总量的 2.40%；主导或参与形成国家标准的新型研发机构有 317 家，占全国新型研发机构总量的 13.14%；主导或参与形成行业标准的新型研发机构有 420 家，占总量的 17.41%（图 4-19）。截至 2021 年底，我国新型研发机构累计主导或参与形成国际标准 201 项（是 2020 年的 1.12 倍），国家标准 2682 项，行业标准 4215 项（图 4-20）。

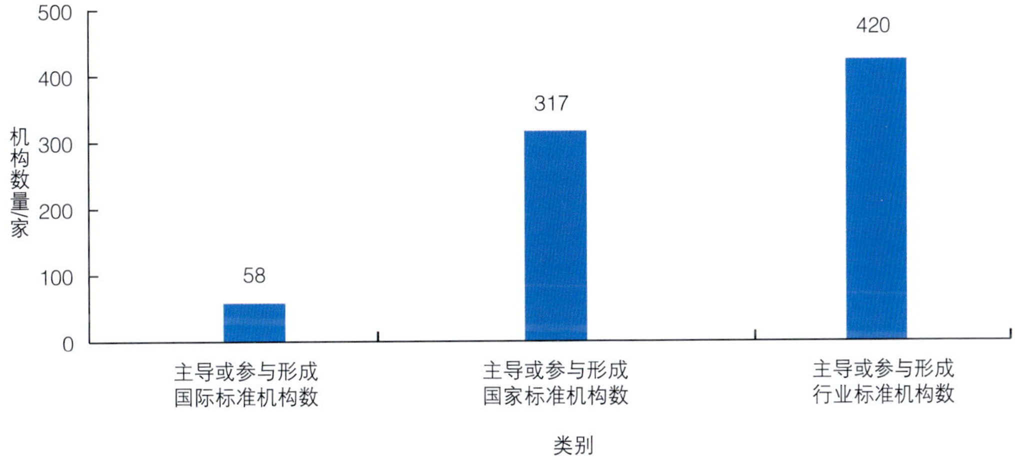

图4-19　2021年主导或参与形成标准的新型研发机构数量情况

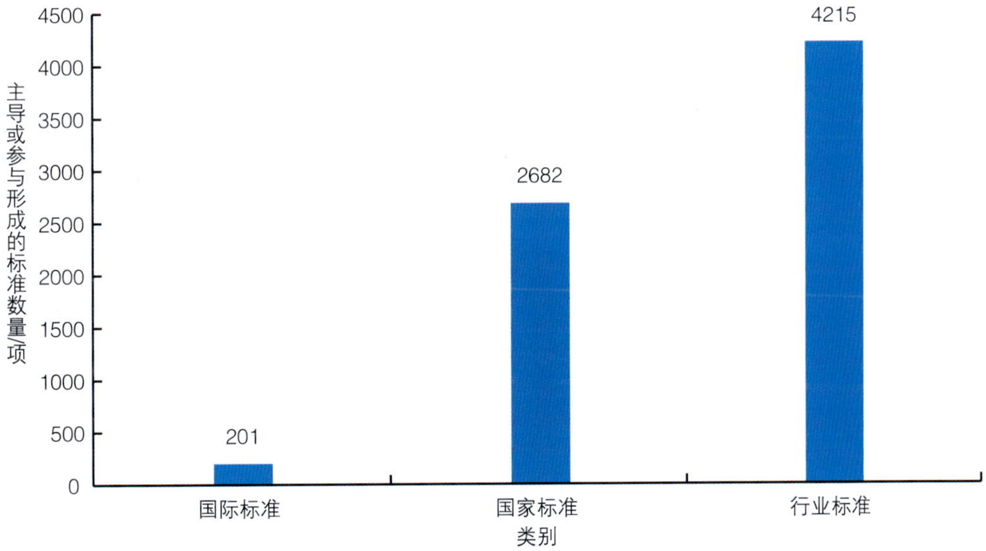

图4-20　2021年新型研发机构主导或参与形成标准情况

分机构法人类型看，企业类新型研发机构在标准产出中发挥了重要作用。一是企业类新型研发机构累计主导或参与制定的标准数量最多，达到 5996 项，占我国新型研发机构累计主导或参与制定标准总量的 84.47%（图 4-21）；且企业类新型研发机构累计主导或参与制定的标准数量均值最大，达到 3.45 项 / 家（图 4-22）。二是企业类新型研发机构累计主导或参与国际标准制定的机构数量最多，占比最高，共有 144 家，占企业类新型研发机构总量的 8.29%，高于事业单位类新型研发机构（3.01%）和社会服务机构类新型研发机构（2.81%）（图 4-23）。

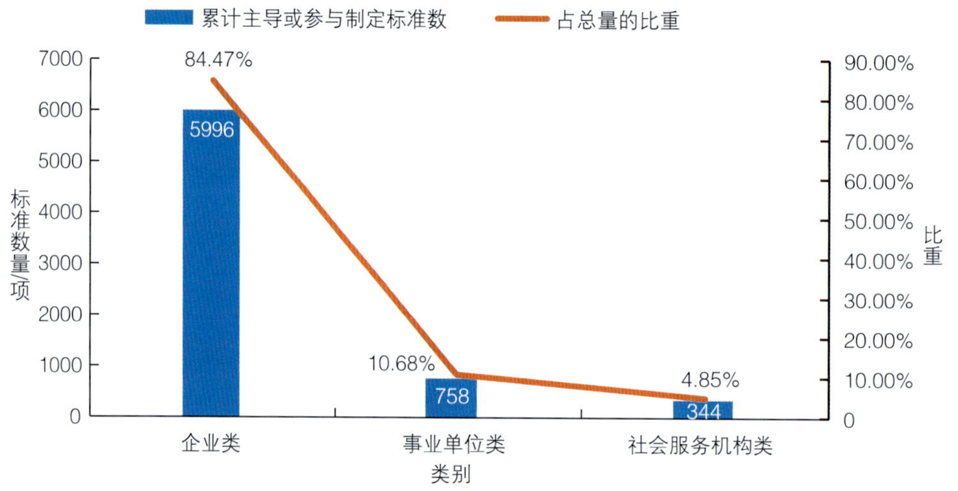

图4-21　2021年三类法人新型研发机构累计主导或参与制定标准数及其占总量的比重

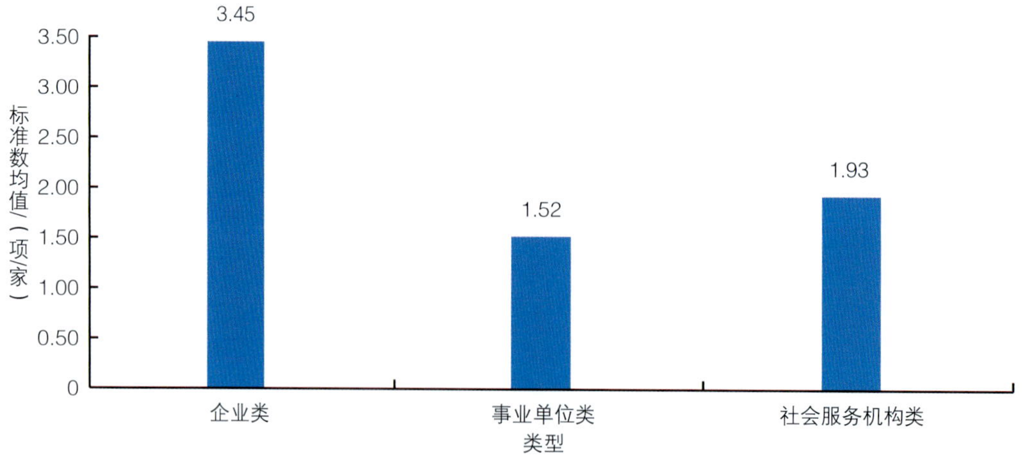

图4-22　2021年三类法人新型研发机构累计主导或参与制定标准数均值对比

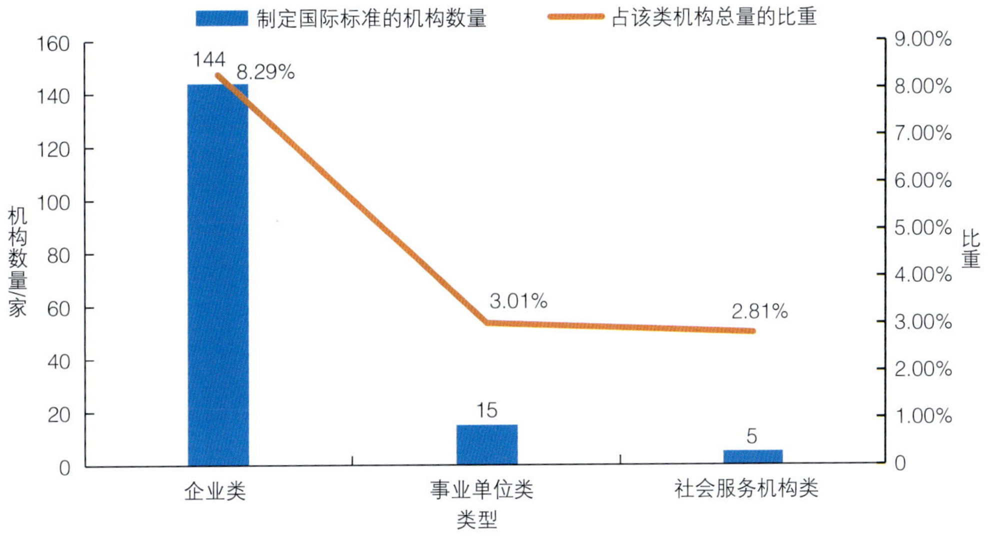

图4-23 2021年三类法人新型研发机构中主导或参与制定国际标准的机构数量及占该类机构总量的比重

（三）论文方面

2021 年，有 990 家（占比 41.04%）新型研发机构发表了科技论文，共计 16 176 篇，每家机构年度平均发表科技论文 6.71 篇。分机构法人类型看，事业单位类新型研发机构发表论文较多，占全国新型研发机构当年发展论文总量的 47.39%，高于企业类新型研发机构（39.23%）和社会服务机构类新型研发机构（41.01%）（图 4-24），且年度发表论文均值领先其他两类机构，达到 19.57 篇 / 家（图 4-25）。

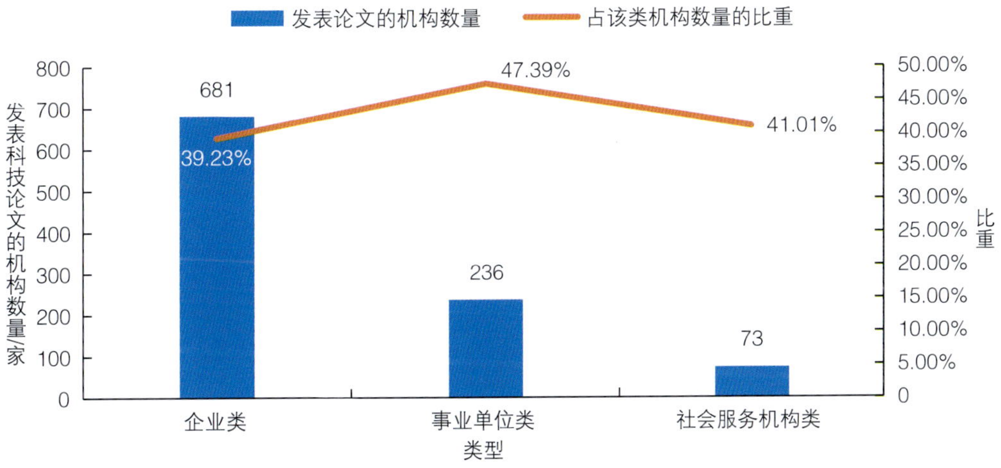

图4-24 2021年三类法人新型研发机构发表科技论文的机构数量及占该类机构的比重

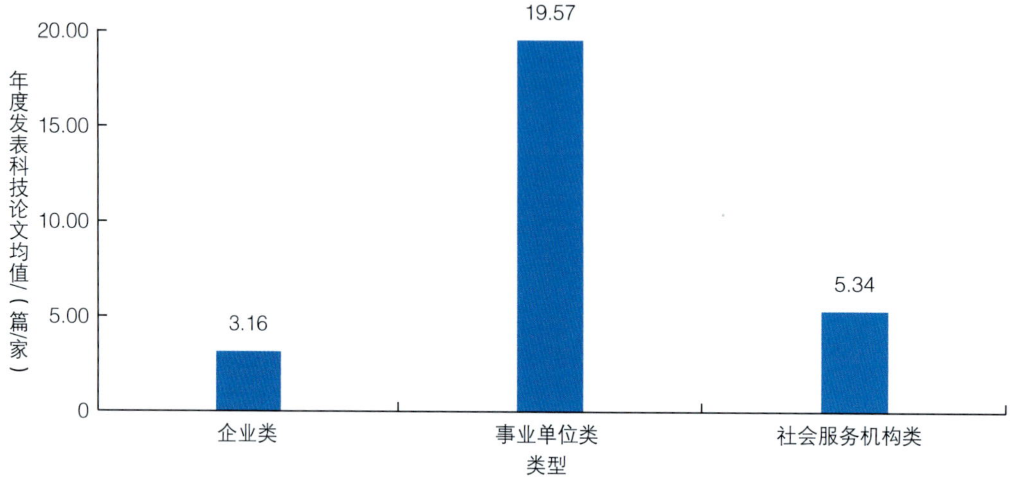

图4-25　2021年三类法人新型研发机构年度发表科技论文均值

第五章　新型研发机构产业化活动情况

在灵活的管理体制和产学研各方支撑下，新型研发机构通过开展研发服务、科技成果转移转化、创业孵化服务等方式，在促进科技与产业的融通融合方面发挥了积极作用。

一、积极开展研发服务

（一）年度服务企业业务稳步推进

2021 年，全国共有 1604 家新型研发机构面向企业提供了研发服务，全年共服务企业 124 426 家，平均每家新型研发机构服务 77.57 家企业，中位数为 5 家。对比 2020 年，新增 315 家新型研发机构面向企业开展研发服务，年度服务的企业增加了 5425 家（图 5-1、图 5-2）。其中，2021 年有 188 家新型研发机构年度服务企业数量在 100 家以上，占新型研发机构总量的 11.72%（图 5-3）。

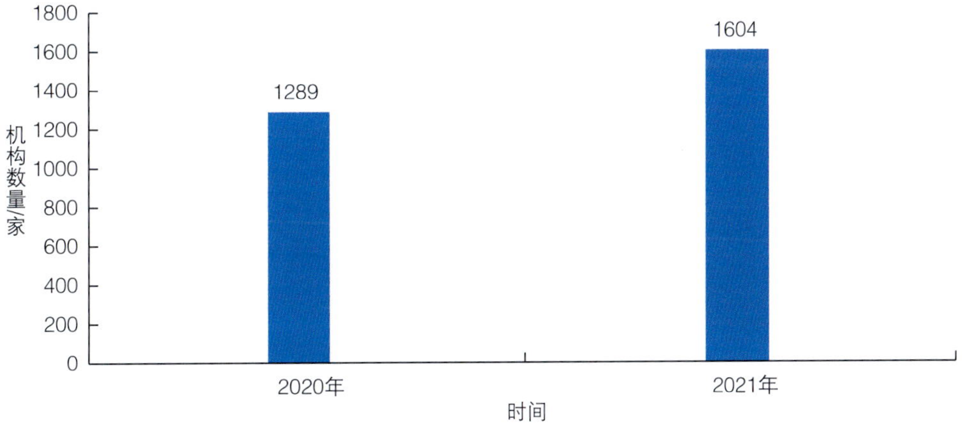

图5-1　2020年和2021年提供企业研发服务的新型研发机构数量情况

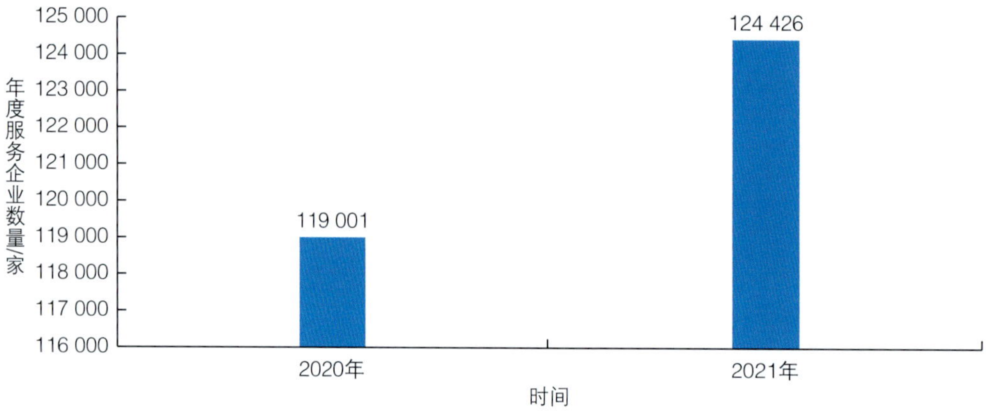

图5-2 新型研发机构年度服务企业数量情况

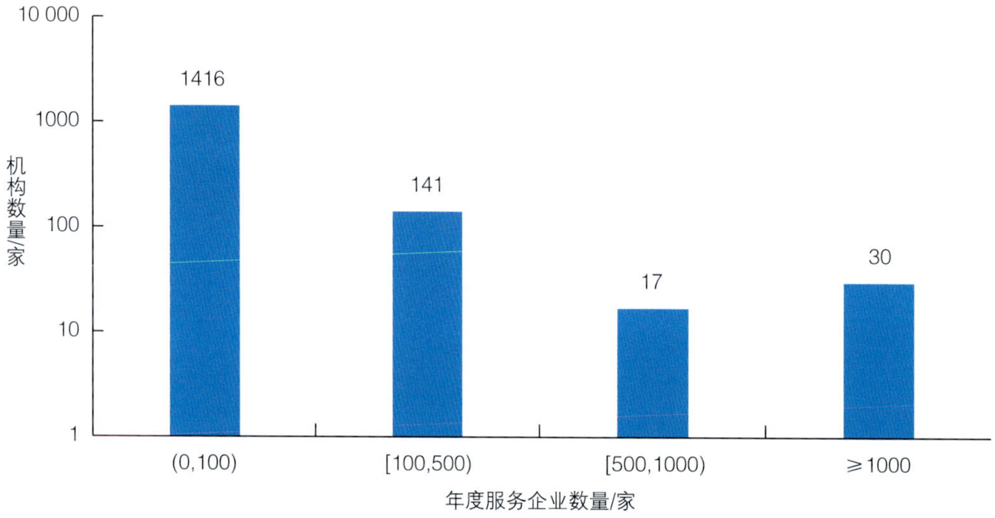

图5-3 2021年新型研发机构年度服务企业数量分布情况

（二）累计服务企业总量不断增加

截至 2021 年底，全国共有 1676 家新型研发机构面向企业开展了技术咨询、检验检测认证等研发服务活动，累计服务企业 42.46 万家，开展研发服务的新型研发机构平均每家累计服务企业 253.34 家。在提供研发服务的新型研发机构中，355 家新型研发机构累计服务企业超 100 家，占所有服务企业新型研发机构数量的 21.18%（图 5-4）。

分机构法人类型看，社会服务机构类新型研发机构在面向企业开展服务方面较为活跃，有 78.09%（139 家）的社会服务机构类新型研发机构开展了研发服务，比例高于企业类新型研发机构（69.30%）和事业单位类新型研发机构（67.07%）（图 5-5）。

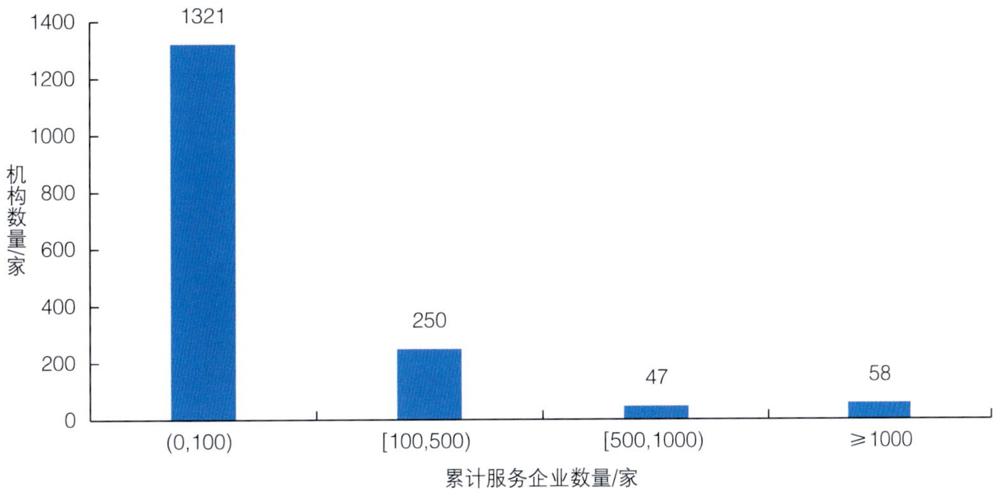

图5-4　2021年度新型研发机构服务企业数量分布情况

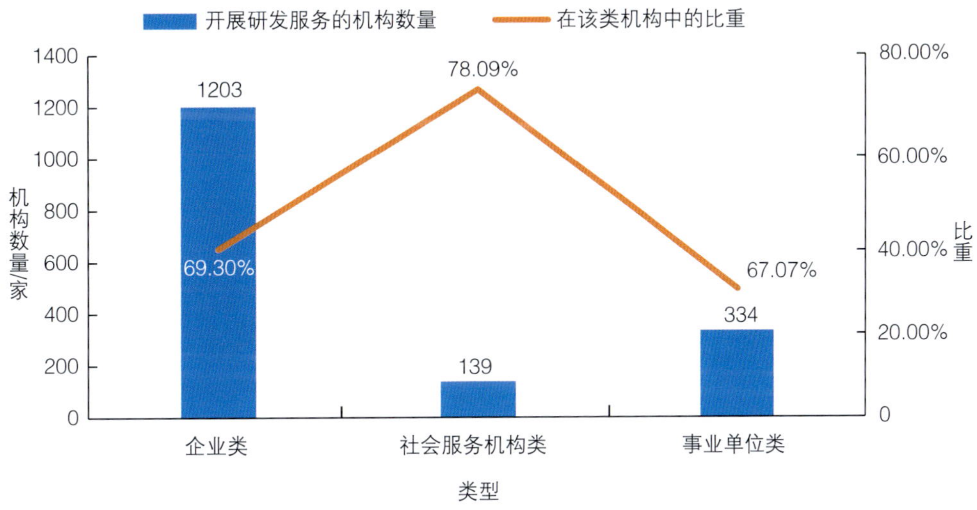

图5-5　2021年三类法人新型研发机构累计服务企业情况

二、持续推进科技成果转移转化

（一）专利所有权转让方面

2021 年，有 287 家新型研发机构发生专利所有权转让及许可活动，年度专利所有权转让及许可总量为 2333 件，较 2020 年减少了 138 件。其中，有 54 家新型研发机构年度专利所有权转让及许可数在 10 件以上（图 5-6、图 5-7）。经过对三类法人机构专利所有权及许可情况的统计，企业类新型研发机构有 198 家，占所有发生专利所有权转让及许可的新型研发机构总量的 68.99%（图 5-8）。

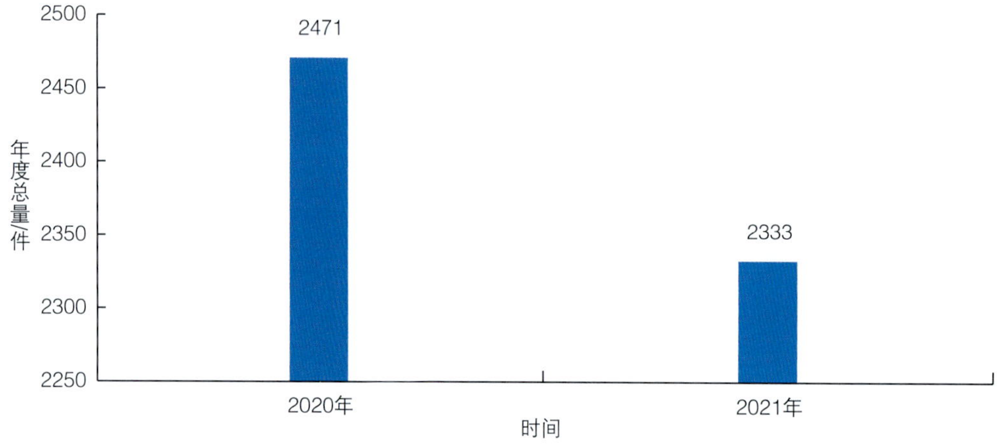

图5-6　新型研发机构年度专利所有权转让及许可总量年度对比

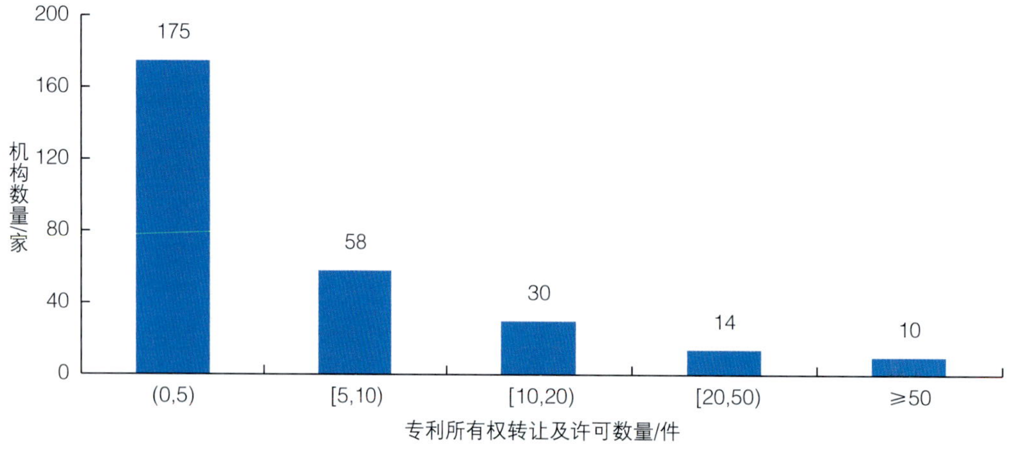

图5-7　2021年新型研发机构年度专利所有权转让及许可数量分布情况

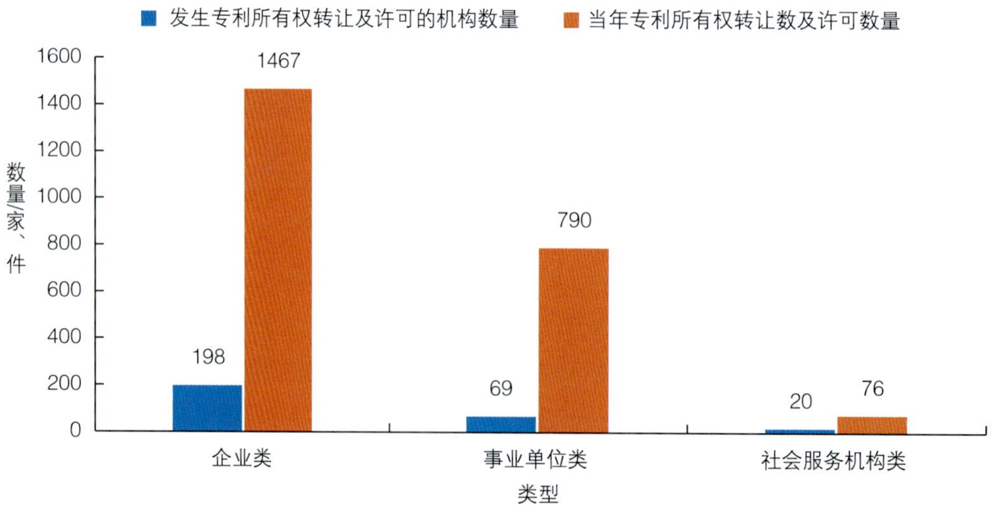

图5-8　2021年三类法人新型研发机构年度发生专利所有权转让情况

专利所有权转让收入及许可收入增长较大。2021 年，新型研发机构当年专利所有权转让收入及许可收入为 19.32 亿元，占当年新型研发机构总收入的 1.06%。对比 2020 年增加了 12.72 亿元（图 5-9）。

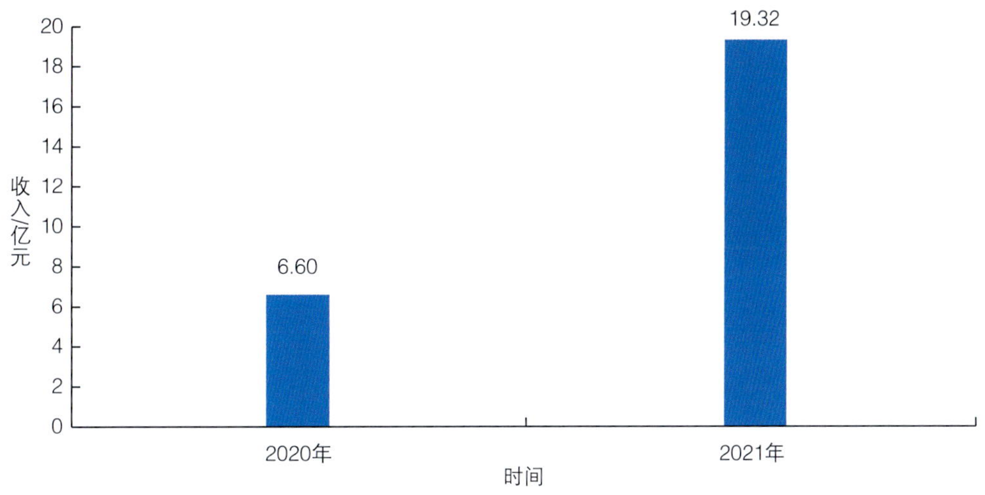

图5-9　新型研发机构专利所有权转让及许可收入年度对比

（二）技术作价入股方面

2021 年有 144 家新型研发机构开展了技术作价入股活动，当年技术作价入股企业数量为 268 家。对比 2020 年，2021 年开展技术作价入股活动的新型研发机构数量减少了 40 家，新型研发机构技术作价入股企业数量增加了 14 家（图 5-10）。从三类法人新型研发机构来看，2021 年开展技术作价入股的机构中企业类新型研发机构数量最多，共计 90 家，这 90 家新型研发机构当年技术作价入股的企业数量为 152 家（图 5-11）。

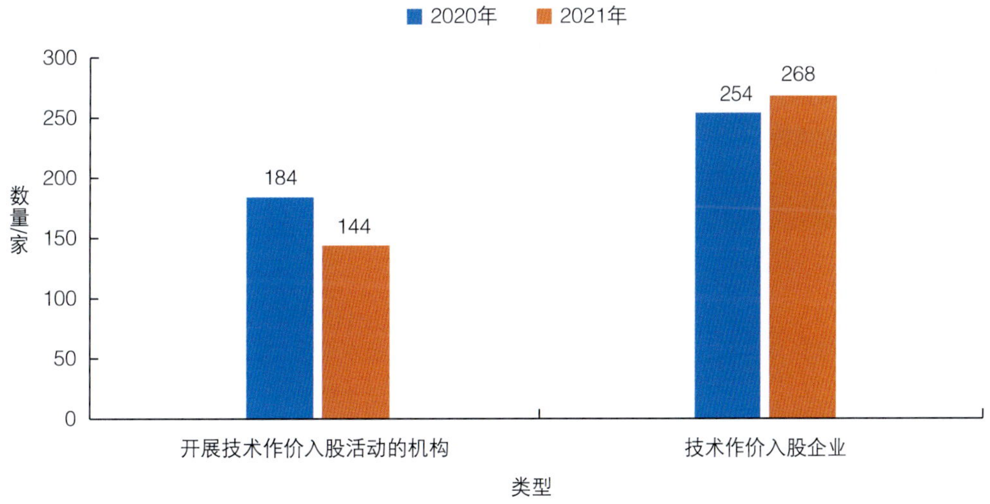

图5-10　新型研发机构年度开展技术作价入股活动情况

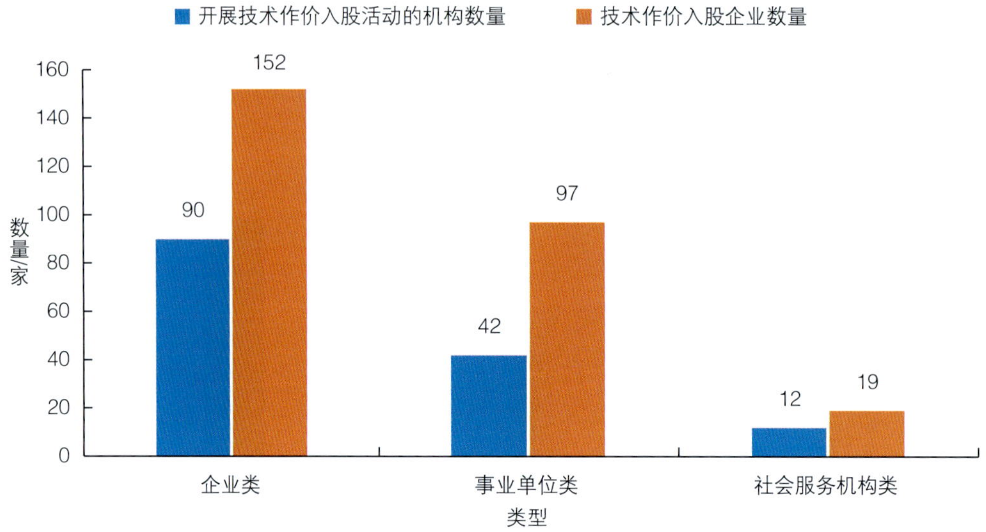

图5-11　2021年三类法人新型研发机构年度开展技术作价入股活动情况

从技术作价入股活动的累计情况看，截至2021年底，我国共有211家新型研发机构已开展了技术作价活动，累计入股企业数876家。在开展技术作价入股的机构中，包括135家企业类新型研发机构，共计作价入股企业482家；61家事业单位类机构，共计作价入股企业363家；15家社会服务机构类新型研发机构，共计作价入股企业31家（图5-12）。

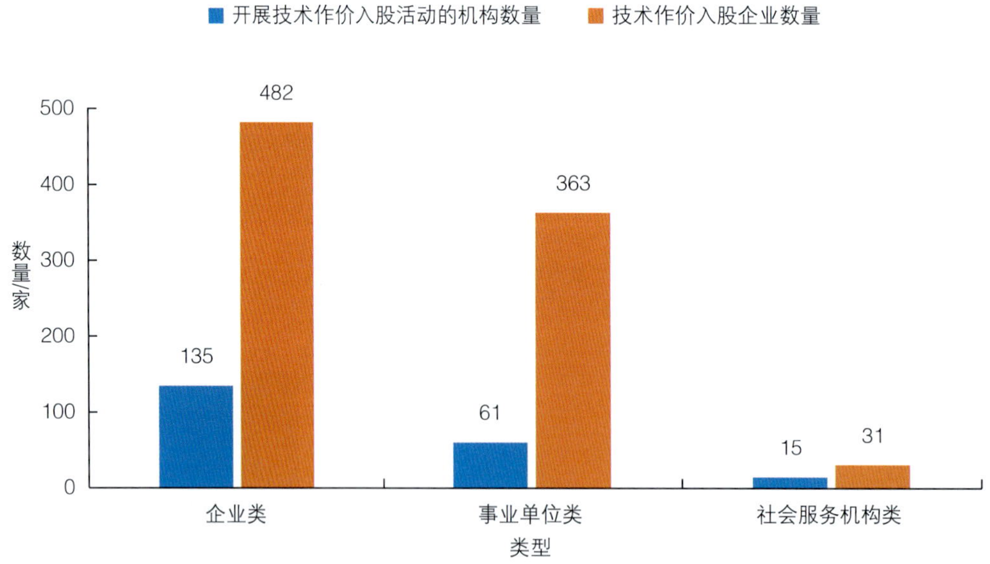

图5-12　2021年三类法人新型研发机构累计技术作价入股活动情况

（三）发明专利实施率方面

2021 年，新型研发机构拥有发明专利 47 243 件，已被实施的发明专利 21 951 件，发明专利实施率为 46.46%。对比 2020 年，发明专利实施率提升了 7.25%（图 5-13）。其中，社会服务机构类新型研发机构平均拥有的已实施发明专利数量最多，有 13.37 件，高于企业类新型研发机构（10.16 件）和事业单位类新型研发机构（3.88 件）（图 5-14）。

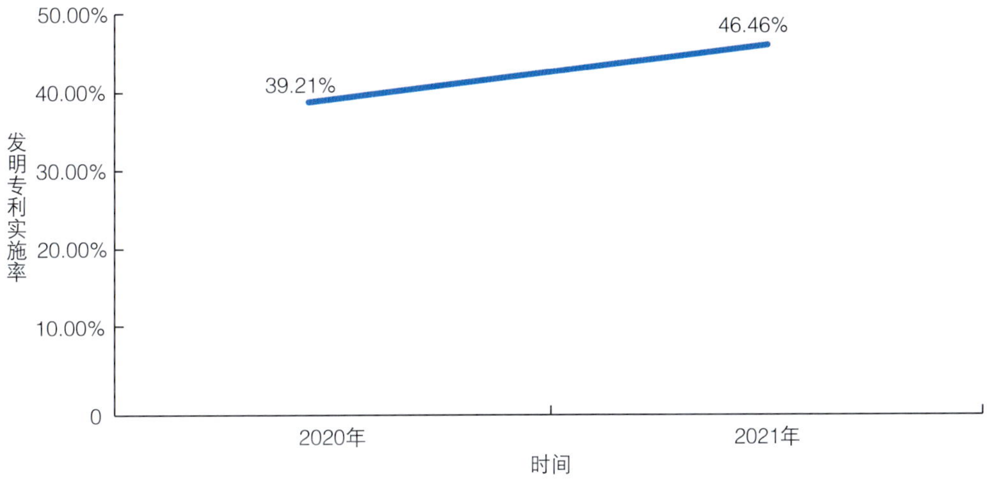

图5-13 新型研发机构发明专利实施率年度对比

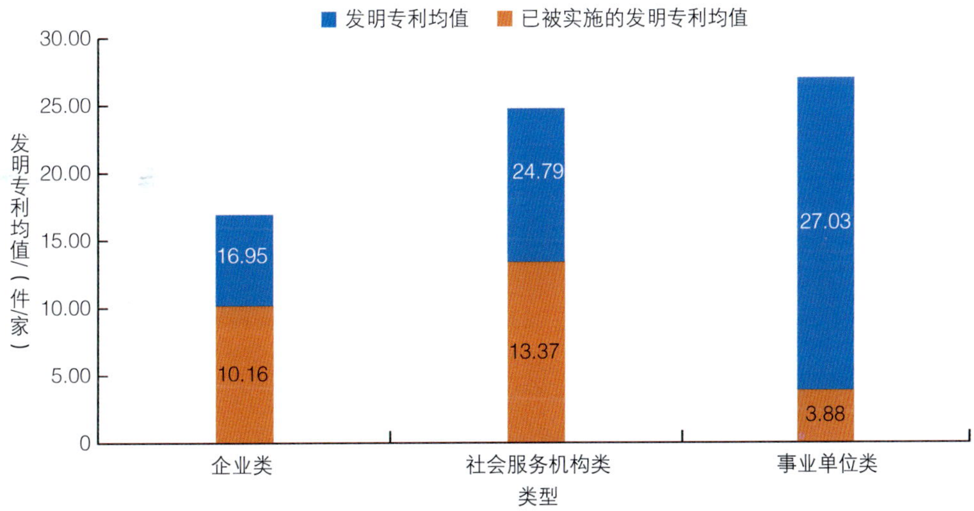

图5-14 2021年三类法人新型研发机构发明专利均值情况

三、创业孵化活动活跃

（一）开展创业孵化服务机构数量增加

新型研发机构创业孵化服务规模不断扩大。截至 2021 年底，累计有 1308 家新型研发机构开展创业孵化服务，占全国新型研发机构总量的比重为 54.23%。对比 2020 年，新增了 248 家新型研发机构开展创业孵化服务，在新型研发机构总量中的比重增加了 4.7%（图 5-15）。按照三类法人新型研发机构进行统计，三类新型研发机构中均有超过一半的机构开展了创业孵化服务。其中，事业单位类和社会服务机构类新型研发机构较为活跃，均有 58.43% 的机构开展该项服务，而企业类新型研发机构中有 52.59% 的机构开展创业孵化服务（图 5-16）。

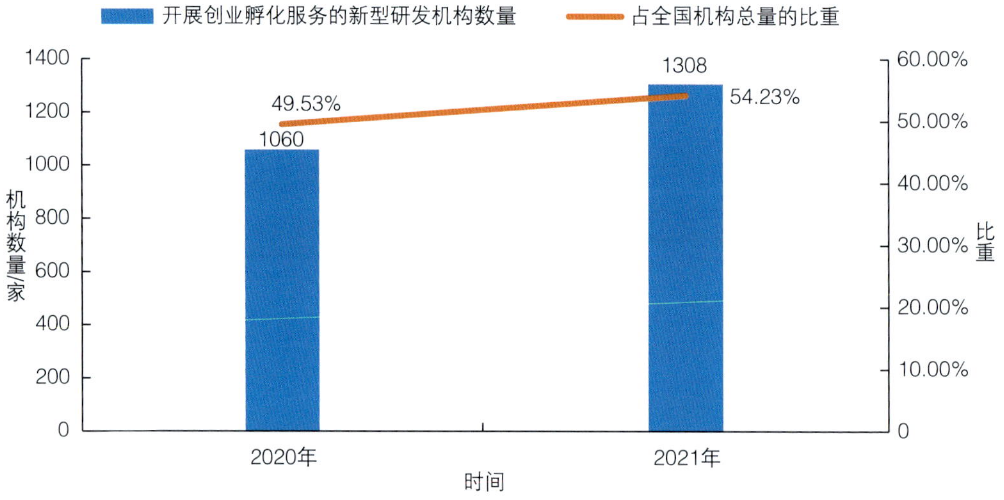

图5-15　开展创业孵化服务的新型研发机构数量对比

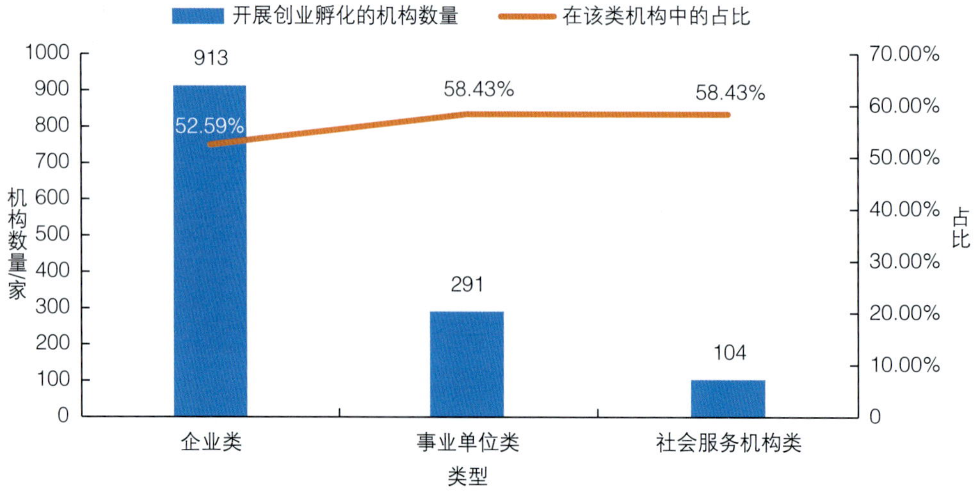

图5-16　2021年三类法人新型研发机构开展创业孵化服务情况

（二）创业孵化服务成效明显

截至 2021 年底，全国新型研发机构累计孵化企业 22 492 家，开展创业孵化的机构平均每家孵化企业 17.2 家。对比 2020 年，新型研发机构累计孵化企业数量增加了 2534 家（图 5-17）。

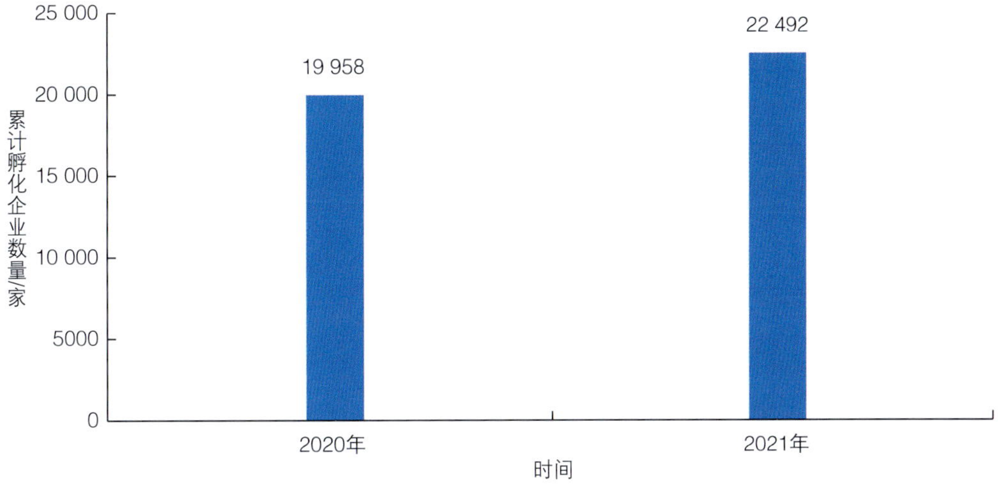

图5-17　新型研发机构累计孵化企业数量对比

从三类法人新型研发机构来看，大部分企业由事业单位类和企业类新型研发机构孵化，分别孵化了 11 327 家（占比 50.36%）和 9886 家（占比 43.95%）企业，高于社会服务机构类新型研发机构所孵化的 1279 家（占比 5.69%）企业（图 5-18）。

截至 2021 年底，新型研发机构累计孵化了 106 家上市企业，2338 家国家高新技术企业，4243 家科技型中小企业（图 5-19）。

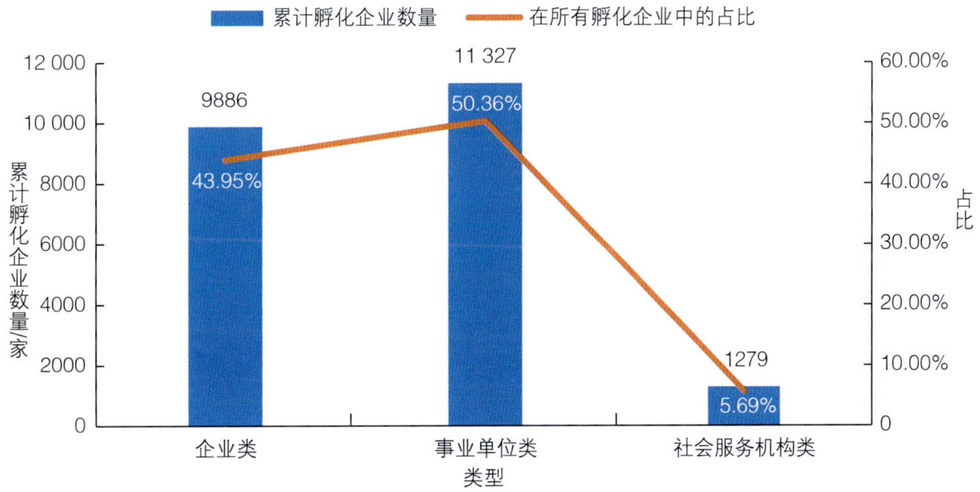

图5-18　2021年三类法人新型研发机构累计孵化企业数量对比

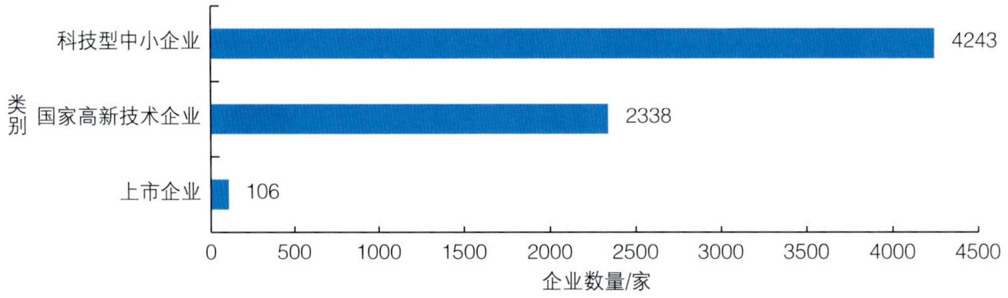

图5-19　2021年重点企业孵化情况

（三）金融服务等平台积极发挥作用

截至2021年底，全国135家新型研发机构（占全国新型研发机构总量的5.6%）建立了195支产业投资基金，产业投资基金目标总规模478.42亿元，已认缴规模合计为394.19亿元。上述产业投资基金累计投资92.1亿元，投资企业累计1450家，其中2021年投资入股企业317家。

同时，新型研发机构通过产业联盟、行业协会建设等形式促进区域创新生态发展。截至2021年底，共有343家新型研发机构牵头设立了产业联盟或行业协会。其中，企业类新型研发机构247家，占总量的比重为72.01%，事业单位类新型研发机构71家，比重为20.70%；社会服务机构类新型研发机构25家，占比7.29%（图5-20）。

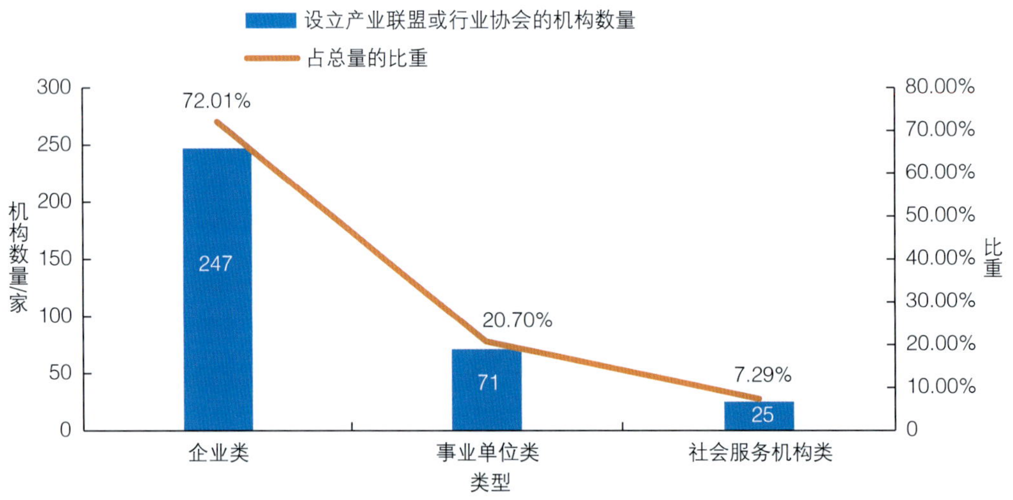

图5-20　2021年三类法人新型研发机构设立产业联盟或行业协会情况

第六章　新型研发机构区域发展情况

受区位条件和区域经济社会发展情况的影响，我国新型研发机构呈现出区域发展差异。本章从我国四大区域、三大重点城市群和36个地区[①]视角，开展新型研发机构区域发展情况的多维度对比分析。

一、按四大区域情况分析

截至2021年底，我国东部地区新型研发机构为1445家，中部地区为553家，西部地区为331家，东北地区为83家，分别占全国新型研发机构总量的59.91%、22.93%、13.72%和3.44%。不同区域新型研发机构呈现差异化的发展状态。

（一）机构分布情况

1. 投入主体多元化程度有差异

四大区域新型研发机构的投入主体多元化程度存在显著差异。其中，东部地区两类及以上机构投入共建的新型研发机构占该地区机构总量的33.08%，中部地区为29.11%、西部地区为26.59%，东北地区为27.71%。

2. 法人类型分布较为集中

四大区域新型研发机构均以企业类新型研发机构为主，但在具体类型构成上存在差异。其中，东部地区新型研发机构中，企业类、事业单位类和社会服务机构类新型研发机构占比分别为63.94%、27.06%和9.00%；中部地区和东北地区新型研发机构中，企业类新型研发机构占比较高，分别为88.25%和90.36%；西部地区社会服务机构类新型研发机构占比较高，为10.57%，高于东部地区的9.00%、中部地区的2.17%和东北地区的1.20%（图6-1）。

3. 涉及产业领域较为集中

四大区域新型研发机构主要集中在新一代信息技术、新材料、高端装备制造和生物医药等产业领域。其中，东部地区新型研发机构中涉及新一代信息技术产业领域的机构有434家，占东部地区新型研发机构总量的30.03%；其次为高端装备制造产业和新材料产业，涉及机构分别为317

① 包括31个省（区、市）及5个计划单列市。

家（占比 21.94%）和 285 家（占比 19.72%）。中部地区新型研发机构中涉及新一代信息技术产业领域的机构有 126 家，占中部地区新型研发机构总量的 22.78%；其次为生物医药产业和新材料产业，涉及机构分别为 114 家（占比 20.61%）和 104 家（占比 18.81%）。西部地区新型研发机构中涉及新材料产业领域的机构有 91 家，占西部地区新型研发机构总量的 27.49%；其次为新一代信息技术产业和生物医药产业，涉及机构分别为 77 家（占比 23.26%）和 72 家（占比 21.75%）。东北地区新型研发机构中涉及新材料产业领域的机构 22 家，占东北地区新型研发机构总量的 26.51%；其次为高端装备制造产业、新一代信息技术产业和生物医药产业，涉及机构分别为 21 家（占比 25.30%）、19 家（占比 22.89%）和 19 家（占比 22.89%）（图 6-2）。

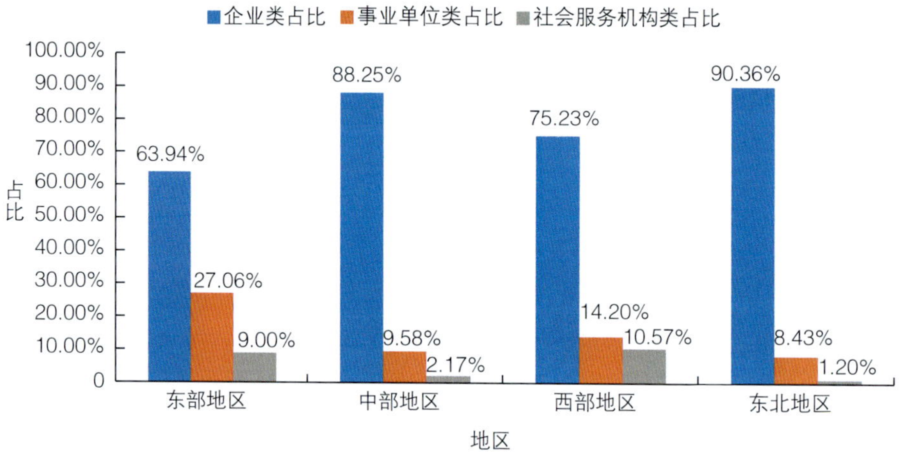

图6-1　2021年四大区域新型研发机构法人类型情况对比

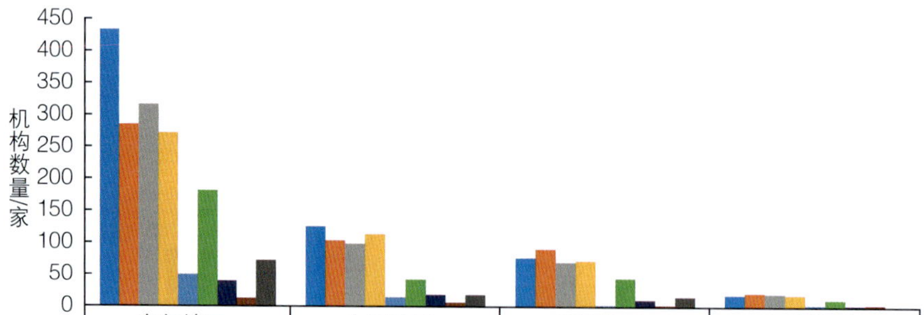

	东部地区	中部地区	西部地区	东北地区
■新一代信息技术产业	434	126	77	19
■新材料产业	285	104	91	22
■高端装备制造产业	317	99	70	21
■生物医药产业	272	114	72	19
■相关服务业	50	15	3	1
■节能环保业	182	43	45	12
■新能源产业	40	19	11	3
■数字创意产业	13	7	3	1
■新能源汽车产业	73	19	16	0

图6-2　2021年四大区域新型研发机构涉及产业领域对比情况

（二）人才队伍情况

1. 中部地区机构从业人员规模大

中部地区新型研发机构从业人员均值达到 113.61 人 / 家，高于西部地区的 100.04 人 / 家、东部地区的 83.54 人 / 家和东北地区的 62.30 人 / 家（图 6–3）。

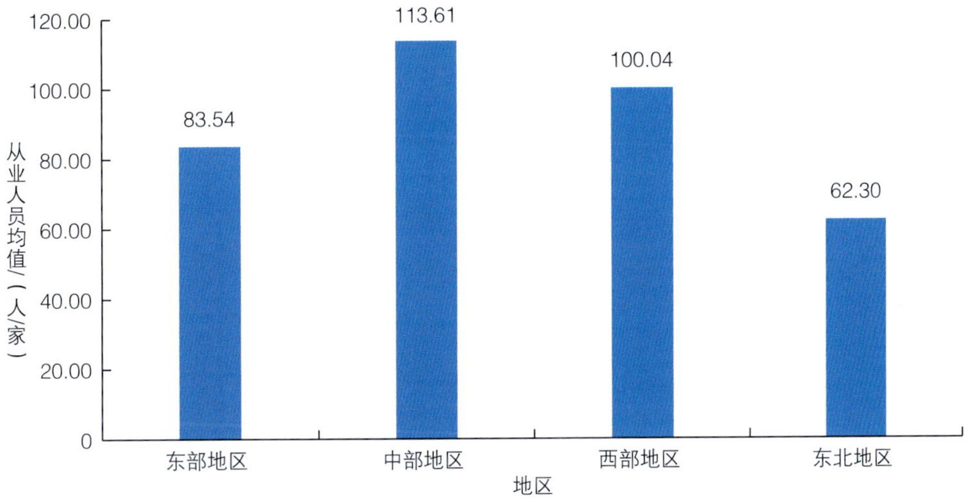

图6–3　2021年四大区域新型研发机构从业人员情况对比

2. 东北地区机构研发人员占比较高

东北地区新型研发机构研发人员占该地区机构从业人员的比重达到 72.27%，高于东部地区的 69.37%、西部地区的 65.87% 和中部地区的 54.14%（图 6–4）。

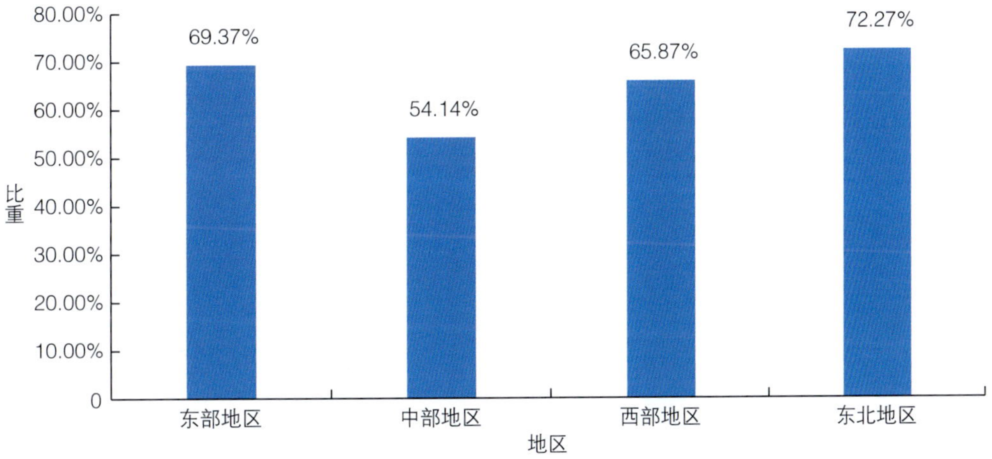

图6–4　2021年四大区域新型研发机构研发人员占该地区机构从业人员的比重情况对比

（三）经营发展情况

我国四大区域新型研发机构在收入结构上具有差异性。

东部地区新型研发机构总收入中，来自政府的资金收入占比较高。2021 年度，来自政府的资金收入占该地区机构总收入的比重为 37.56%（346.07 亿元），高于西部地区的 28.94%（104.42 亿元）、东北地区的 17.22%（3.88 亿元）和中部地区的 7.95%（39.97 亿元）（图 6-5）。

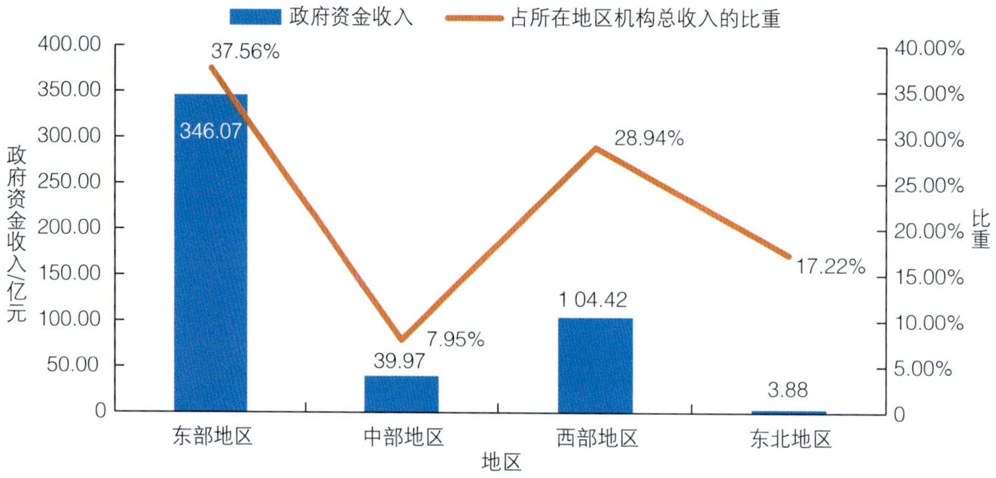

图6-5　2021年四大区域新型研发机构来自政府的资金收入及占所在地区机构总收入比重情况对比

中部地区、西部地区和东北地区新型研发机构竞争性收入占比高。2021 年，中部、西部、东北地区新型研发机构竞争性收入占所在地区机构年度总收入的比重分别为 70.16%（352.60 亿元）、68.15%（245.93 亿元）、69.25%（15.61 亿元），高于东部地区的 53.67%（494.50 亿元）（图 6-6）。

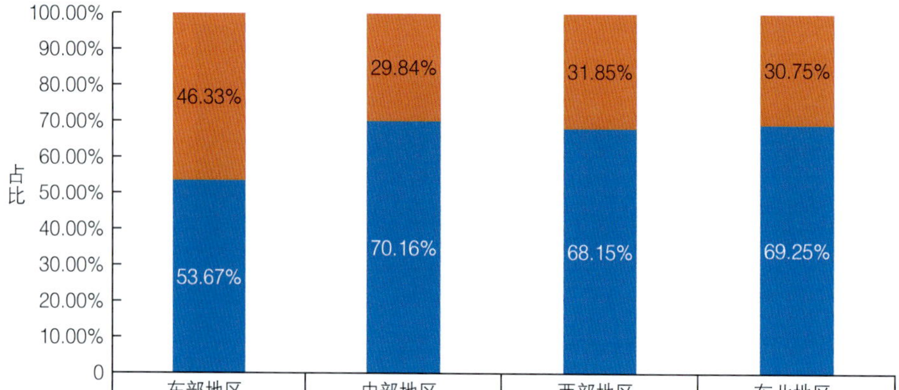

	东部地区	中部地区	西部地区	东北地区
■非竞争性收入/亿元	426.90	149.96	114.94	6.94
■竞争性收入/亿元	494.50	352.60	245.93	15.61

图6-6　2021年四大区域新型研发机构竞争性收入和非竞争性收入构成情况对比

西部地区新型研发机构总收入中技术性收入占比较高。2021 年，技术性收入占该地区机构总收入的比重为 38.26%（138.08 亿元），高于东北地区 31.06%（7.00 亿元）、东部地区 30.08%（277.18 亿元）和中部地区 15.72%（79.00 亿元）（图 6-7）。

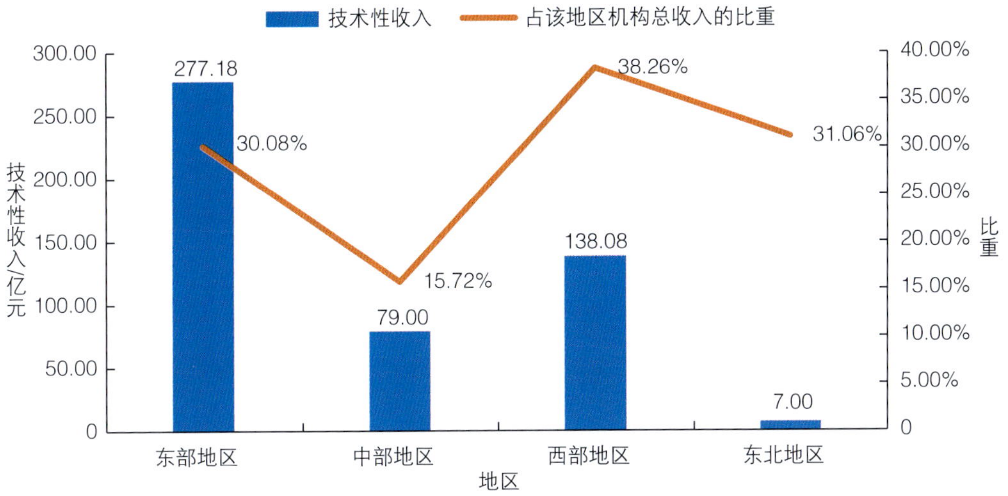

图6-7　2021年四大区域新型研发机构技术性收入规模及占该地区机构总收入的比重情况对比

（四）研发活动情况

1. 东部地区机构在研发经费投入和平台建设上表现突出

总体来看，东部地区新型研发机构在研发经费投入和平台建设方面较为领先。2021 年，东部地区新型研发机构年度研发经费总支出占该地区机构总收入的比重达到 37.87%，高于中部地区（26.95%）、西部地区（35.53%）和西北地区（29.85%）（图 6-8）；东部地区新型研发机构拥有的国家级创新平台数量达到 278 个，高于中部地区的 126 个，西部地区的 143 个和东北地区的 17 个，但从机构均值数据看，西部地区新型研发机构拥有国家级创新平台均值为 0.43 个 / 家，高于东部地区的 0.19 个 / 家，中部地区的 0.23 个 / 家和东北地区的 0.20 个 / 家（图 6-9）。

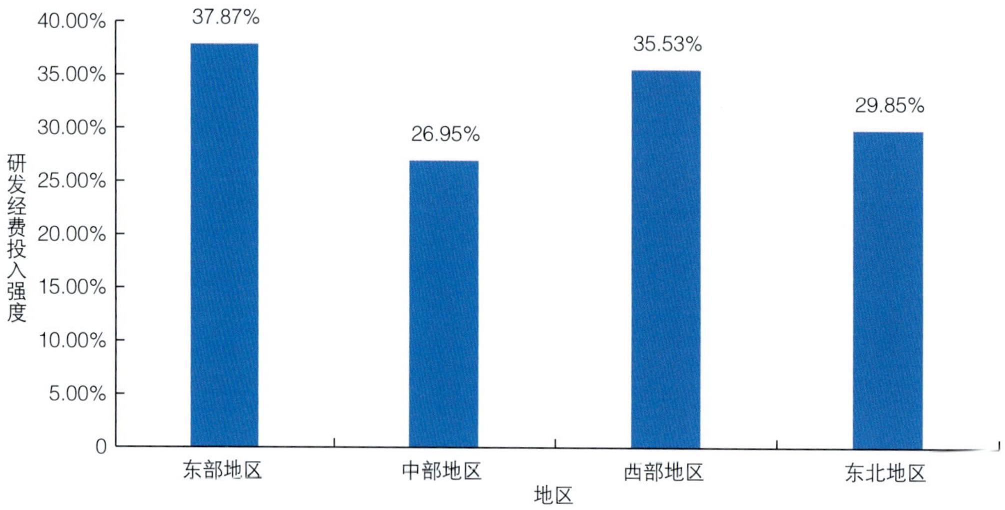

图6-8　2021年四大区域新型研发机构研发经费投入强度情况对比

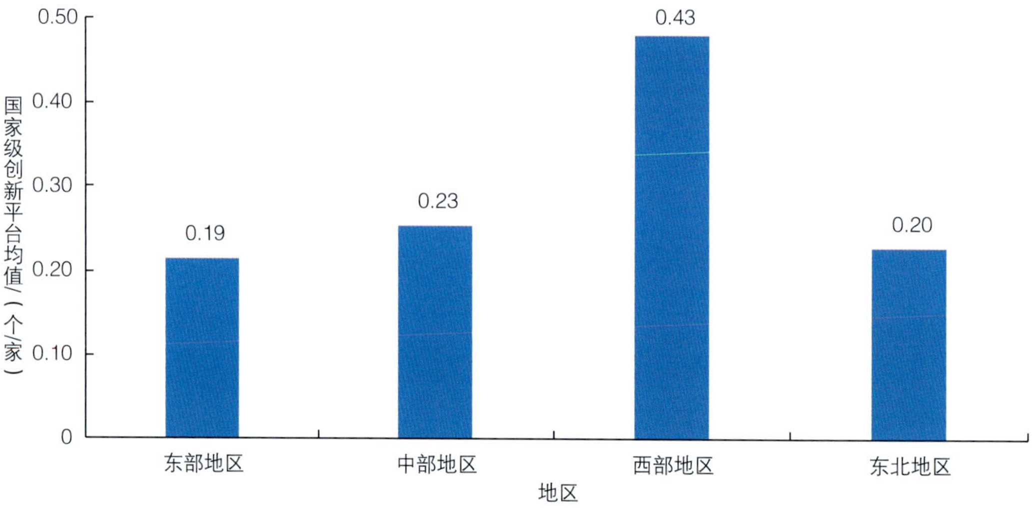

图6-9　2021年四大区域新型研发机构拥有国家级创新平台情况

2. 东部和中部地区机构研发成果产出领先

东部地区新型研发机构专利成果丰富。一是在专利申请上表现优异，2021 年东部地区新型研发机构专利申请受理均值、申请发明专利均值和申请 PCT 专利均值分别为 18.10 件 / 家、11.29 件 / 家和 0.95 件 / 家（图 6-10）。二是在专利授权方面保持领先，2021 年东部地区新型研发机构专利授权均值、授权发明专利均值和授权欧美日专利均值分别为 9.57 件 / 家、6.20 件 / 家和 0.13 件 / 家（图 6-11）。三是拥有有效专利数量较多，截至 2021 年底，东部地区新型研发机构期末拥有有效发明专利均值、拥有境外授权发明专利均值分别为 22.77 件 / 家、1.24 件 / 家（图 6-12）。

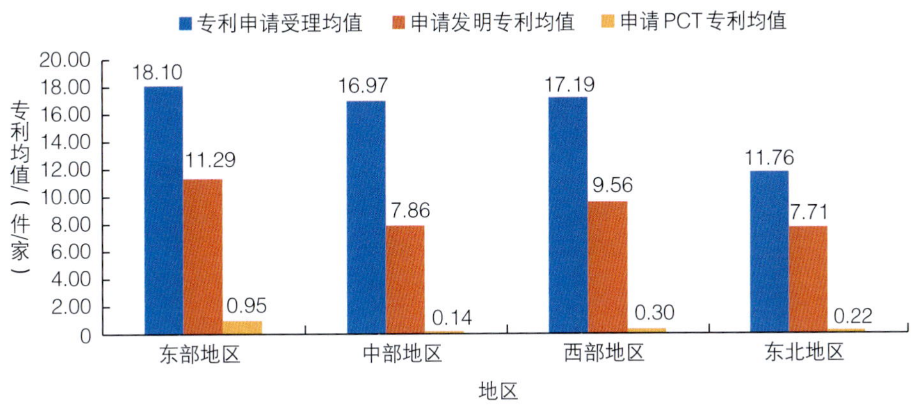

图6-10　2021年四大区域新型研发机构专利申请情况对比

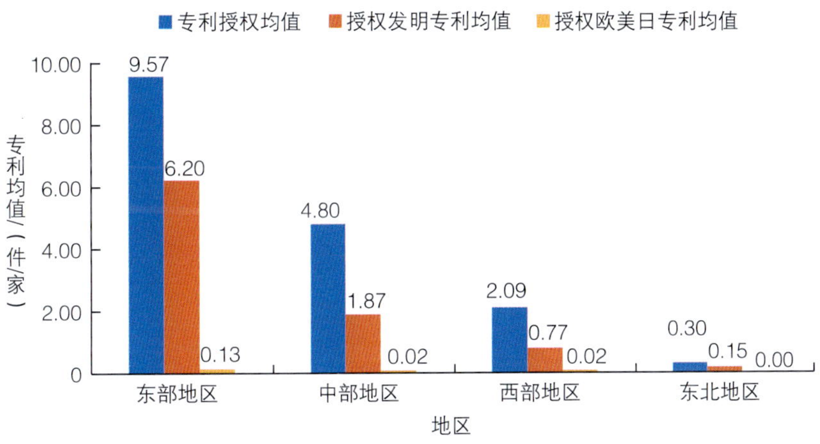

图6-11　2021年四大区域新型研发机构专利授权情况对比

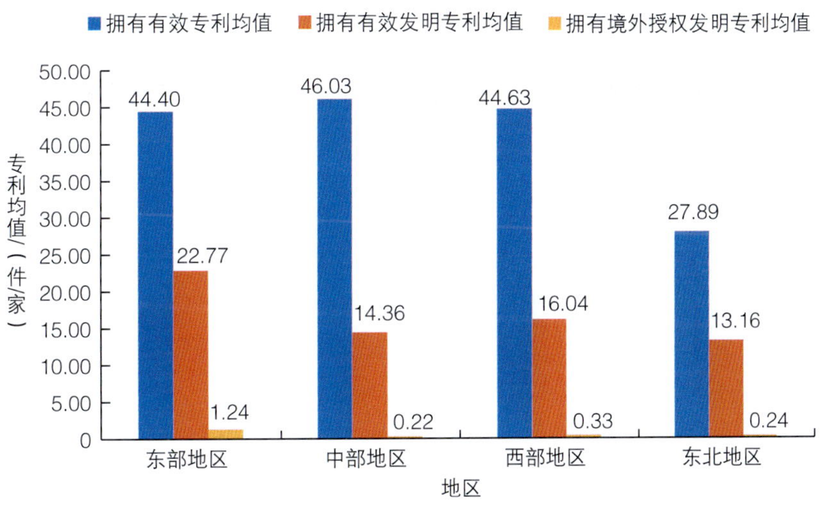

图6-12　2021年四大区域新型研发机构期末拥有有效专利情况对比

中部地区新型研发机构在主导或参与标准制定方面表现突出。截至 2021 年底，中部地区新型研发机构累计主导或参与制定国际、国家、行业标准数量为 3067 项，高于东部地区的 2461 项、西部地区的 1279 项和东北地区的 291 项（图 6-13）。

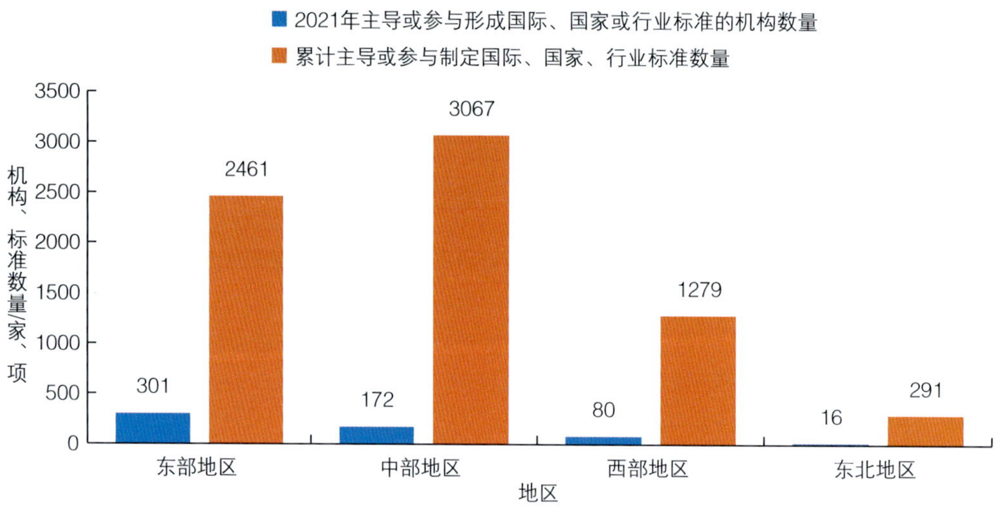

图6-13　四大区域新型研发机构参与主导或形成标准情况对比（截至2021年底）

（五）产业化活动情况

1. 中部地区和东北地区机构服务企业水平提升

中部地区和东北地区 2021 年度平均每家新型研发机构服务企业数量分别为 86.30 家和 78.14 家，较 2020 年分别提升了 18.04 家和 46.38 家，高于东部地区（76.68 家）和西部地区（68.80 家）的新型研发机构年度服务企业数量均值（图 6-14）。

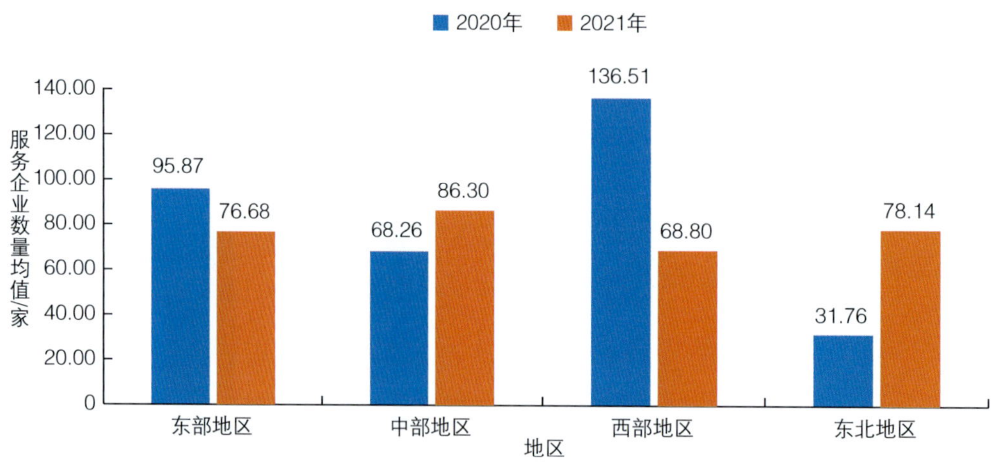

图6-14　四大区域新型研发机构年度服务企业数量均值情况对比

2. 中部地区机构技术成果转化活动较活跃

中部地区新型研发机构取得的年度专利所有权转让及许可收入达到 12.14 亿元，占 2021 年全国新型研发机构专利所有权转让及许可收入的 62.83%，领先于东部地区（收入 6.78 亿元、占比 35.07%）、西部地区（收入 0.29 亿元、占比 1.53%）、东北地区（收入 0.11 亿元、占比 0.57%）（图 6-15）。

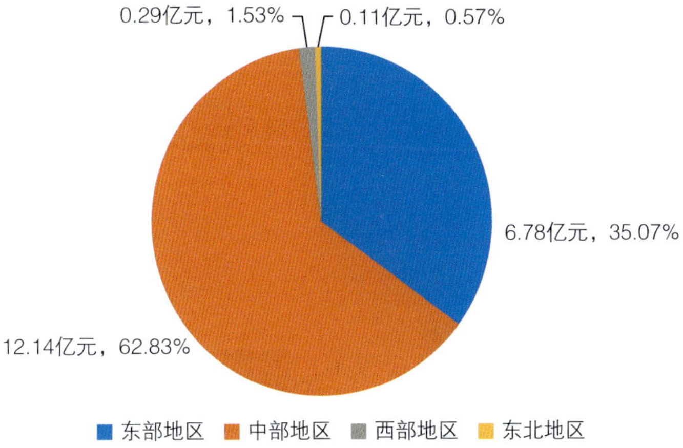

图6-15　2021年四大区域新型研发机构专利所有权转让及许可收入情况对比

东北地区和中部地区新型研发机构发明专利实施率较高，分别为 69.05%、60.56%，高于西部地区（49.54%）和东部地区（41.82%）（图 6-16）。而从数量上看，东部地区拥有的发明专利数量和已被实施的发明专利数量都最多，分别为 32 899 件和 13 757 件。

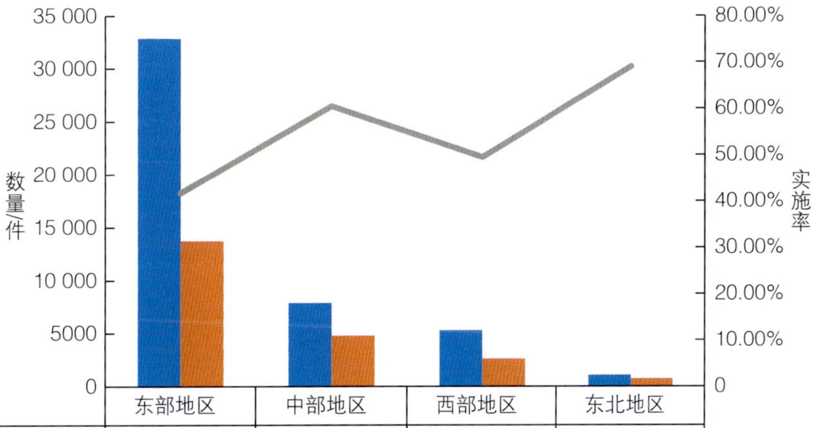

	东部地区	中部地区	西部地区	东北地区
拥有的发明专利数量	32 899	7943	5309	1092
已被实施的发明专利数量	13 757	4810	2630	754
发明专利实施率	41.82%	60.56%	49.54%	69.05%

图6-16　2021年四大区域新型研发机构发明专利实施情况对比

3. 东部地区机构创业孵化服务活动领先

从开展创业孵化服务活跃程度看，东部地区有908家新型研发机构开展创业孵化服务，占该地区新型研发机构总量的62.84%，机构数量和占比均高于东北地区（39家、46.99%）、西部地区（146家、44.11%）和中部地区（215家、38.88%）（图6-17）。

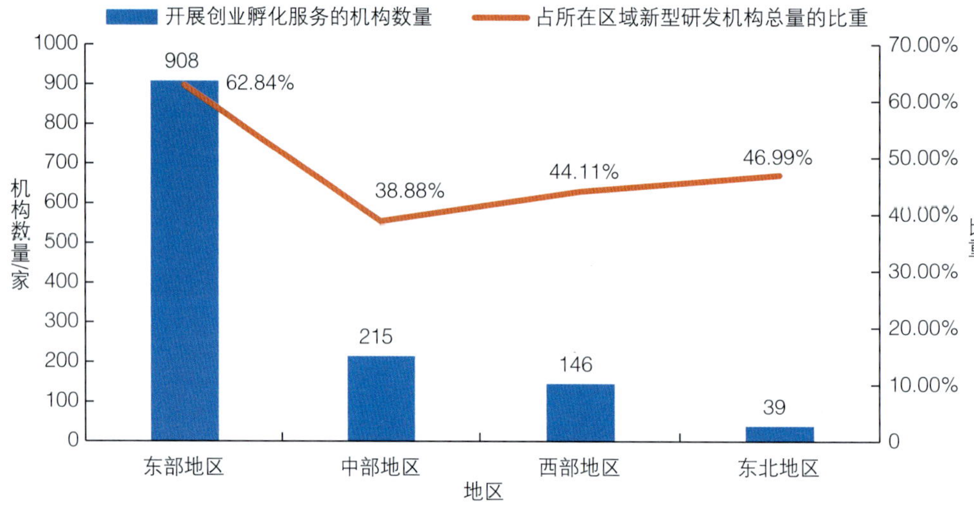

图6-17 四大区域新型研发机构创业孵化服务业务开展情况

从孵化成效看，东部地区新型研发机构累计孵化了17 503家企业，开展创业孵化服务的机构平均每家孵化企业19.28家，高于中部地区（累计2825家、平均13.14家）、西部地区（累计1628家、平均11.15家）和东北地区（累计536家、平均13.74家）（图6-18）；东部地区新型研发机构累计孵化科技型中小企业2964家、高新技术企业1490家、上市企业74家，高于中部地区（731家、552家、19家）、西部地区（424家、205家、11家）和东北地区（124家、91家、2家）（图6-19）。

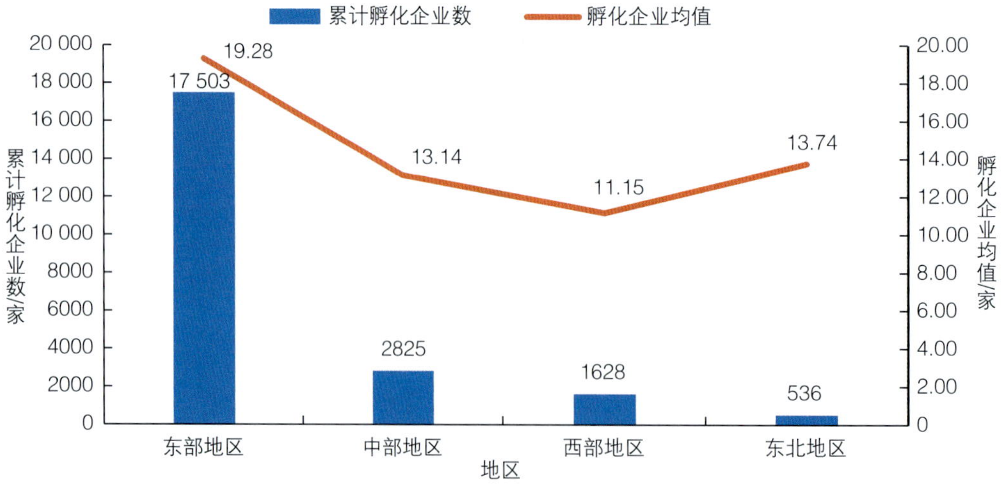

图6-18 2021年四大区域新型研发机构累计孵化服务企业情况对比

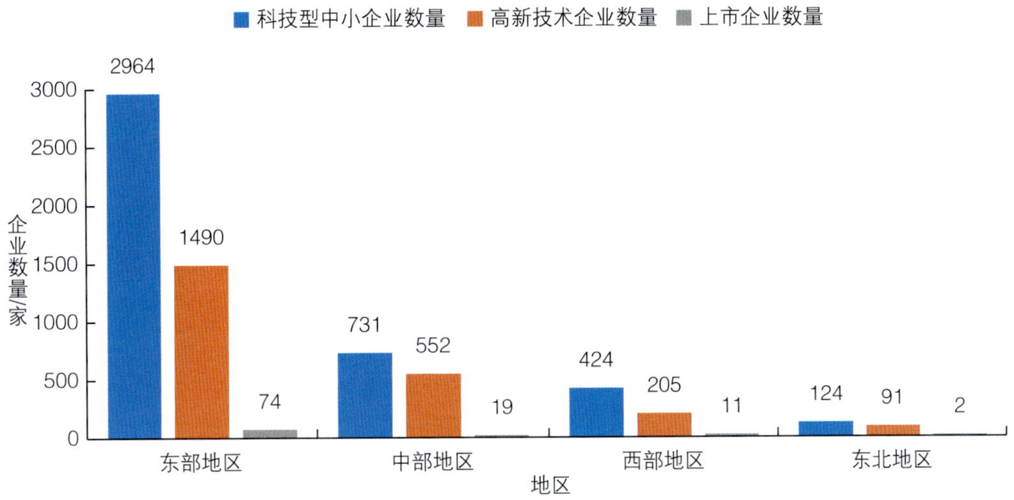

图6-19　2021年四大区域新型研发机构累计孵化科技企业情况对比

同时，东部地区新型研发机构围绕创业孵化建设了一批集成服务平台。以金融服务功能为例，东部地区设立投资基金的新型研发机构数量（95 家）及设立的投资基金数量（135 支）均领先于其他地区，且设立的投资基金累计投资入股的企业最多，达到 742 家，数量高于西部地区（583 家）、中部地区（112 家）和东北地区（13 家）（图 6–20）。

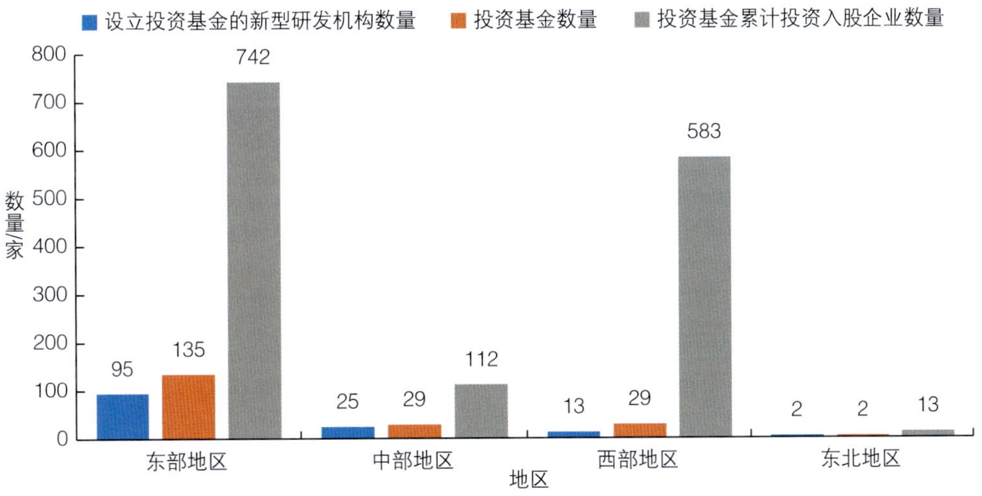

图6-20　2021年四大区域新型研发机构投资基金情况对比

二、按三大重点城市群情况分析

长三角城市群、珠三角城市群和京津冀城市群是我国三大城市群，也是我国新型研发机构的重要聚集区。截至 2021 年底，长三角城市群拥有新型研发机构 666 家，珠三角城市群拥有新型研发机构 180 家，京津冀城市群拥有新型研发机构 68 家，三大城市群拥有的新型研发机构数量占全国新型研发机构总量的 37.89%。各城市群新型研发机构的发展建设情况既有共性特征也有差异化特色。

（一）机构分布情况

1. 投入主体多元化程度普遍较高

相较于全国整体情况，三大城市群新型研发机构的建设凸显了政产学研多方共建的属性特征。在长三角城市群、珠三角城市群和京津冀城市群的新型研发机构中，由地方政府、高校/院所、企业三类主体参与投入建设的机构占城市群机构总量的比重分别为 27.03%、10.81% 和 10.81%，远高于全国 2.32% 的平均水平（图 6-21）。

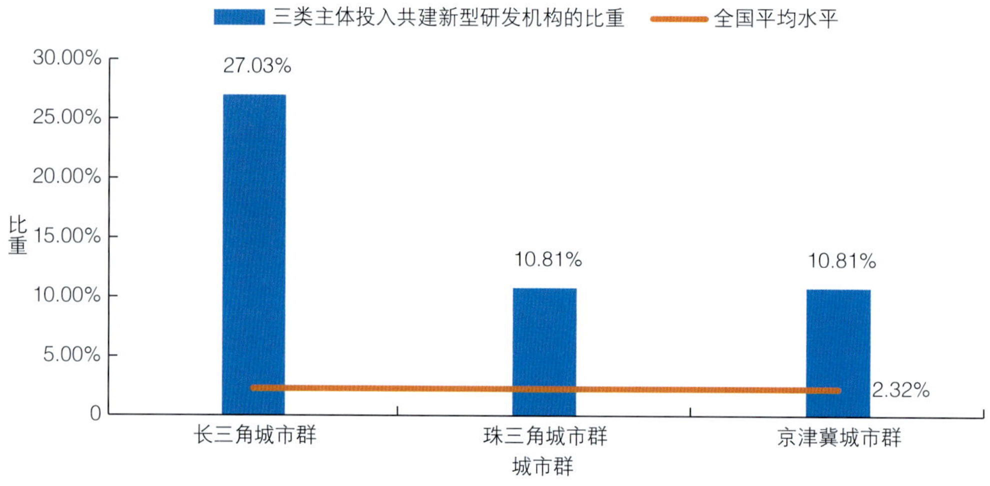

图6-21　2021年三大城市群三类主体投入共建新型研发机构情况

2. 法人性质构成较为均衡

相较于全国平均水平（企业、事业单位和社会服务机构类新型研发机构的比例为 71.97 : 20.65 : 7.38），三大城市群新型研发机构的法人性质更为均衡。例如，珠三角城市群企业、事业单位和社会服务机构类新型研发机构的比例为 43.89 : 36.67 : 19.44，长三角城市群和京津冀城市群分别为 66.22 : 29.28 : 4.50 和 52.94 : 36.76 : 10.30（图 6-22）。

3. 产业领域较为集中

三大城市群新型研发机构涉及的产业领域较为集中。其中，京津冀城市群新型研发机构以新一代信息技术产业、新材料产业和生物医药产业领域为主，涉及机构数量占该城市群新型研发机构总量的 36.76%（25 家）、20.59%（14 家）、20.59%（14 家）。长三角城市群和珠三角城市群新型研发机构主要分布在新一代信息技术、高端装备制造和新材料产业领域。长三角城市群新型研发机构中，涉及3个产业领域的机构数量占该城市群新型研发机构总量的比重分别为28.22%（188家）、22.52%（150家）和19.97%（133家）；珠三角城市群新型研发机构中，涉及3个产业领域的机构数量占该城市群新型研发机构总量的比重分别为30.56%（55家）、23.33%（42家）和20.56%（37家）（图6-23）。

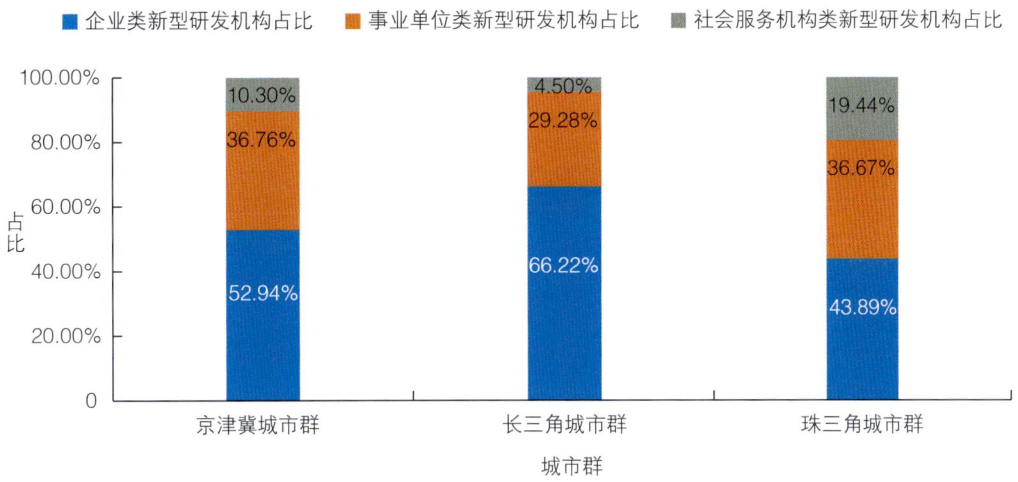

图6-22　2021年三大城市群新型研发机构法人类型情况对比

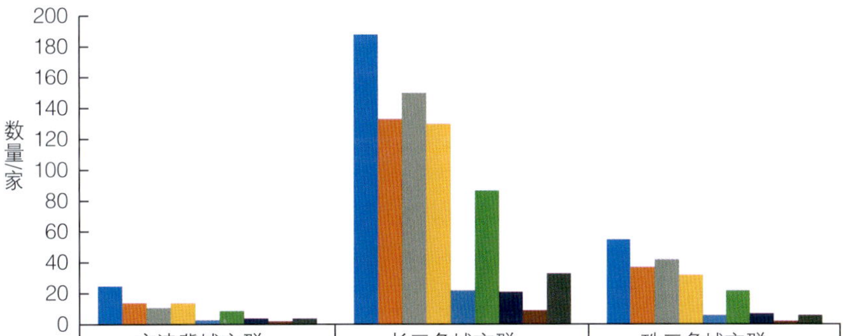

	京津冀城市群	长三角城市群	珠三角城市群
新一代信息技术产业	25	188	55
新材料产业	14	133	37
高端装备制造产业	11	150	42
生物医药产业	14	130	32
相关服务业	3	22	6
节能环保业	9	87	22
新能源产业	4	21	7
数字创意产业	1	9	1
新能源汽车产业	4	33	6

图6-23　2021年三大城市群新型研发机构涉及产业领域情况对比

（二）人才队伍情况

1. 珠三角城市群机构从业人员规模大

珠三角城市群新型研发机构从业人员均值达到 141.81 人 / 家，高于京津冀城市群的 126.69 人 / 家和长三角城市群的 71.44 人 / 家（图 6-24）。

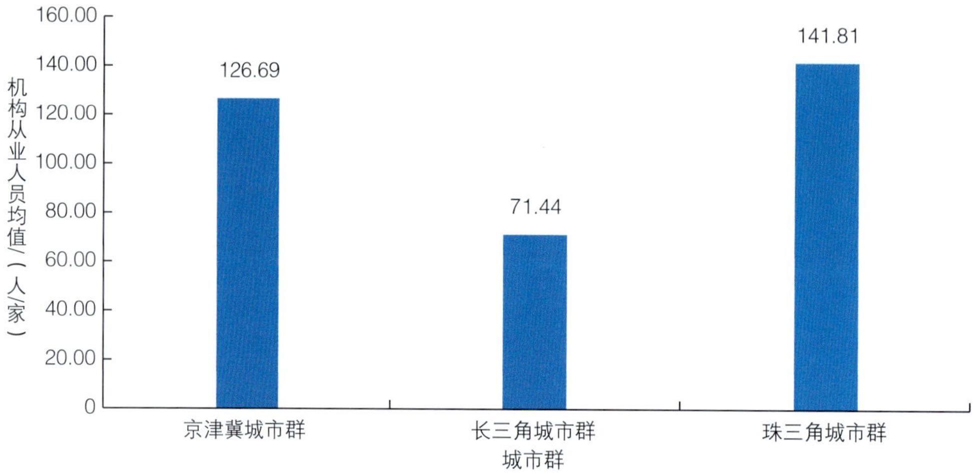

图6-24　2021年三大城市群新型研发机构从业人员均值情况对比

2. 三大城市群机构研发人员队伍各具优势

长三角城市群新型研发机构研发人员团队构成更加灵活，外聘研发人员数量占该城市群新型研发机构研发人员总量的 15.51%，高于京津冀城市群的 13.28% 和珠三角城市群的 9.97%（图 6-25）。

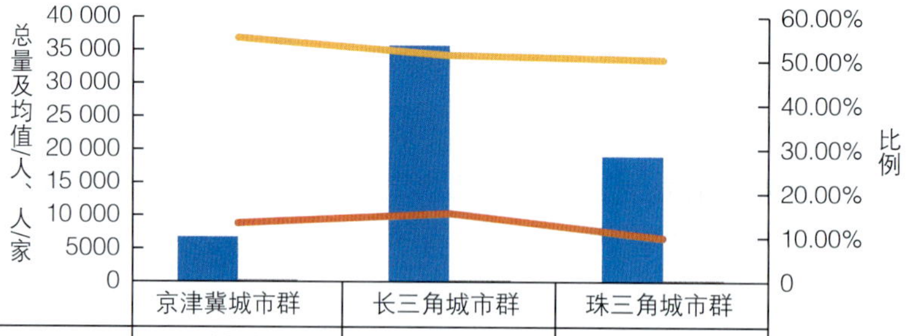

	京津冀城市群	长三角城市群	珠三角城市群
研发人员总量	6800	35 721	19 031
具有硕士和博士学历（位）的研发人员均值	55.31	27.56	53.23
外聘研发人员占该城市群机构研发人员的比例	13.28%	15.51%	9.97%
具有硕士和博士学历（位）的研发人员占该城市群机构研发人员的比例	55.31%	51.38%	50.34%

图6-25　2021年三大城市群新型研发机构研发人员情况对比

珠三角城市群新型研发机构研发人员规模最大，研发人员均值达到 105.73 人 / 家，高于京津冀城市群（100 人 / 家）和长三角城市群（53.64 人 / 家）。

京津冀城市群新型研发机构高学历研发人员占比较高，具有硕士和博士学历（位）的研发人员均值(55.31 人/家)，以及占该城市群机构研发人员的比例(55.31%)均高于珠三角城市群(53.23 人 / 家、50.34%）和长三角城市群（27.56 人 / 家、51.38%）。

（三）经营发展情况

1. 总收入规模有差异

从城市群机构总收入指标看，2021 年长三角城市群新型研发机构总收入规模达到 329.05 亿元，同比增长 49.38%，高于珠三角城市群（156.24 亿元）和京津冀城市群（58.1 亿元）；2021 年长三角城市群占全国新型研发机构年度总收入的比重为 18.21%，比 2020 年提高了 6.77 个百分点，占全国总收入比重超越珠三角城市群（8.64%）和京津冀城市群（3.22%）（图 6–26）。

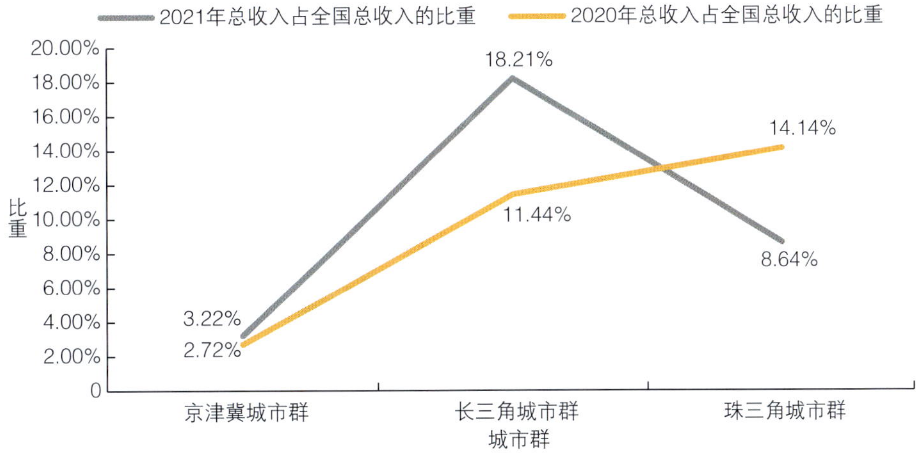

图6–26 三大城市群新型研发机构总收入占全国机构总收入的比重情况对比

从机构总收入均值看，珠三角城市群和京津冀城市群新型研发机构总收入均值表现较高，2021 年机构总收入均值分别为 8680.23 万元 / 家、8545.21 万元 / 家，高于长三角城市群（4940.73 万元 / 家）；同时，京津冀城市群和长三角城市群新型研发机构总收入均值较 2020 年有所增加，分别上升了 119.02% 和 21.80%，珠三角城市群新型研发机构总收入均值则下降了 39.74%（图 6–27）。

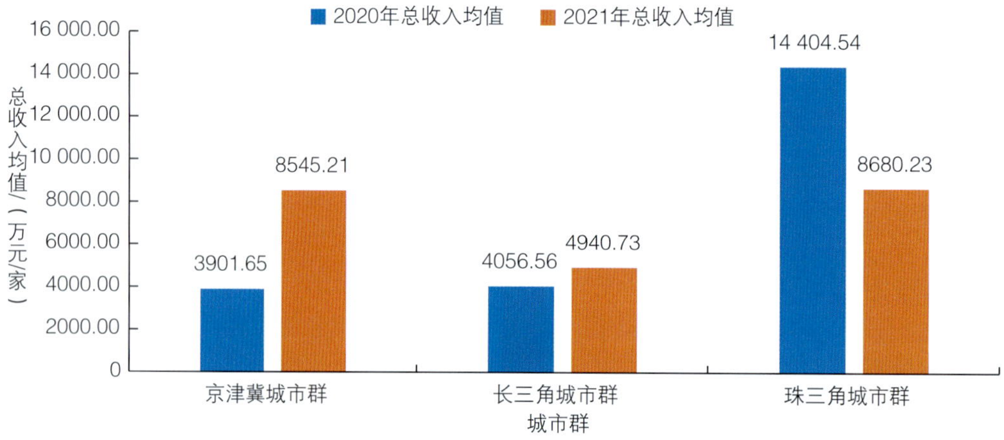

图6-27　三大城市群新型研发机构总收入均值情况对比

2. 收入结构差异较大

从总收入来源结构看，珠三角城市群新型研发机构中，来自企业的收入占比较高。2021 年企业收入占比为 50.68%（79.19 亿元），高于京津冀城市群的 47.23%（27.44 亿元）、长三角城市群的 34.82%（114.58 亿元）。京津冀城市群新型研发机构政府资金占总收入比重较高。2021 年占比为 50.68%，高于珠三角城市群的 38.46%、长三角城市群的 33.18%。长三角城市群新型研发机构来自政府、企业的收入较为均衡，占比分别为 33.18% 和 34.82%（图 6-28）。

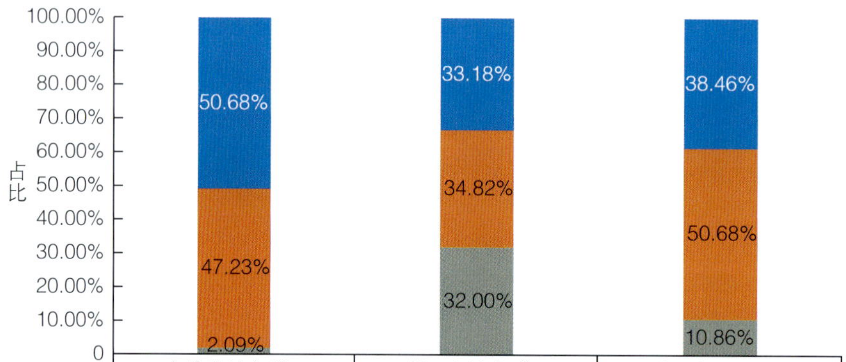

	京津冀城市群	长三角城市群	珠三角城市群
政府资金/亿元	29.45	109.17	60.09
来自企业的收入/亿元	27.44	114.58	79.19
其他收入/亿元	1.21	105.30	16.97

图6-28　2021年三大城市群新型研发机构收入来源构成情况对比

从收入类型看，2021 年，珠三角城市群新型研发机构竞争性收入占该城市群机构总收入的 61.39%，高于京津冀城市群（49.09%）和长三角城市群（37.25%）（图 6-29）。

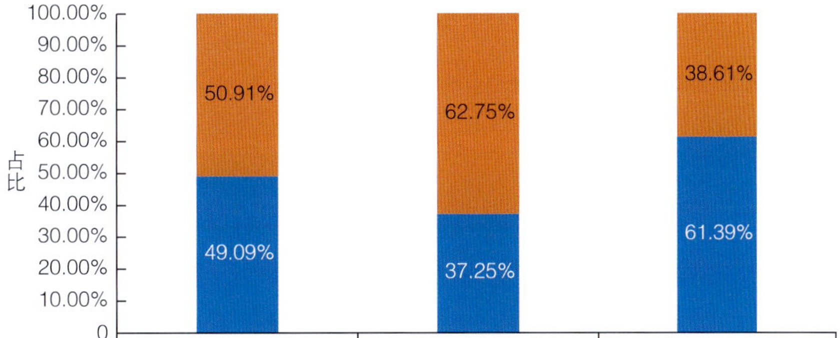

	京津冀城市群	长三角城市群	珠三角城市群
■非竞争性收入/亿元	29.58	206.49	60.33
■竞争性收入/亿元	28.52	122.56	95.91

图6-29　2021年三大城市群新型研发机构竞争性收入与非竞争性收入规模与占比情况对比

3. 盈余情况有一定差距

珠三角城市群新型研发机构年度盈余情况较好，2021 年度均值为 678.39 万元 / 家，高于京津冀城市群机构（210.26 万元 / 家）和长三角城市群机构（−273.14 万元 / 家）（图 6−30）。

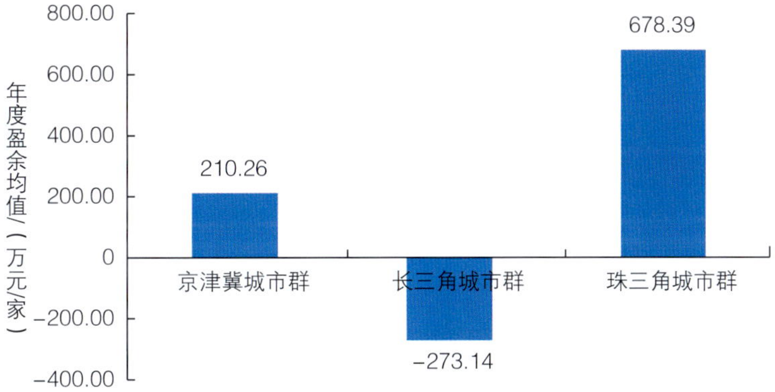

图6−30　2021年三大城市群新型研发机构盈余均值情况对比

（四）研发活动情况

1. 研发经费投入整体较高

三大城市群新型研发机构研发经费投入强度均高于全国平均水平（34.26%）。其中，京津冀城市群新型研发机构的研发经费投入强度达到 61.13%，高于珠三角城市群新型研发机构的 52.91% 和长三角城市群新型研发机构的 36.94%（图 6−31）。

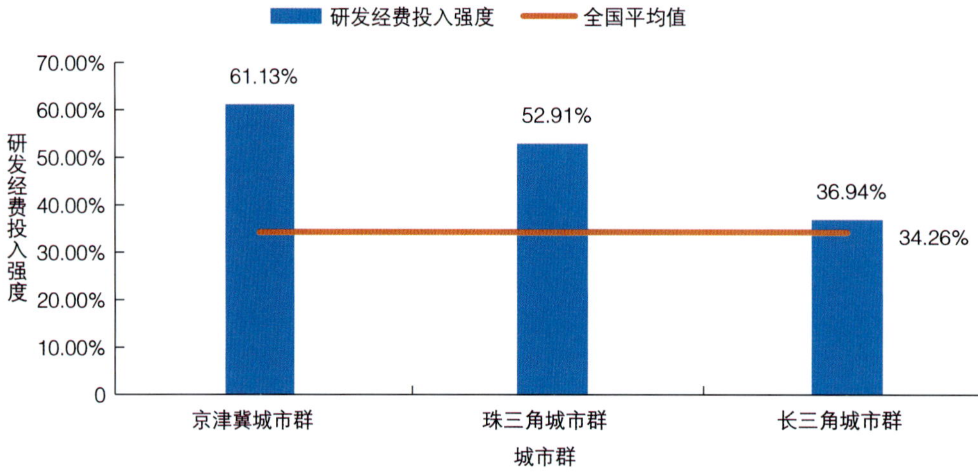

图6-31　2021年三大城市群新型研发机构研发经费投入强度与全国均值对比

2. 承担科研项目情况差异明显

从科研项目数量看，珠三角城市群平均每家新型研发机构承担 40.65 项科研项目，高于京津冀城市群的 22.02 项/家和长三角城市群的 13.55 项/家（图 6-32）。

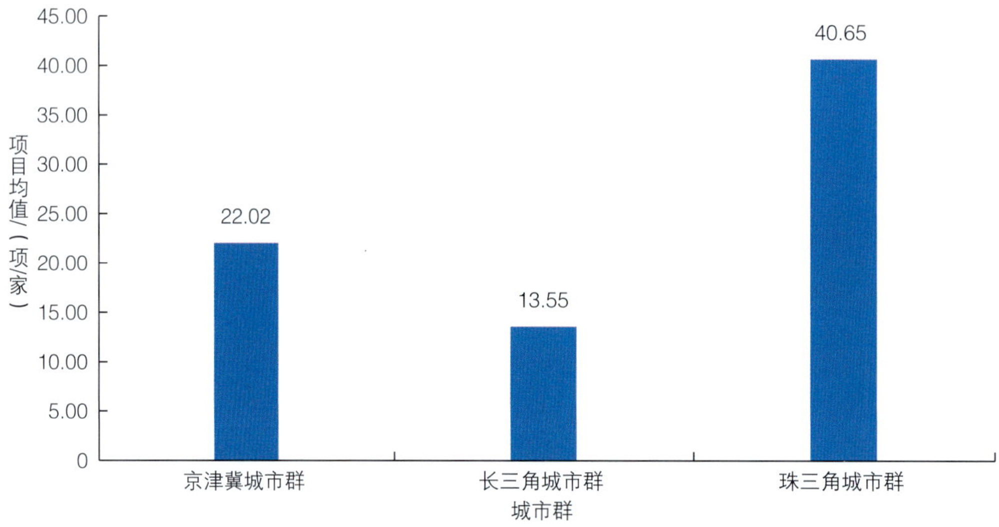

图6-32　2021年三大城市群新型研发机构承担科研项目均值情况对比

从科研项目来源看，珠三角城市群新型研发机构承担的来自政府的科研项目占比高，达到 55.36%，而京津冀城市群和长三角城市群新型研发机构承担的来自企业的科研项目占比高，占比分别为 47.69% 和 47.83%（图 6-33）。

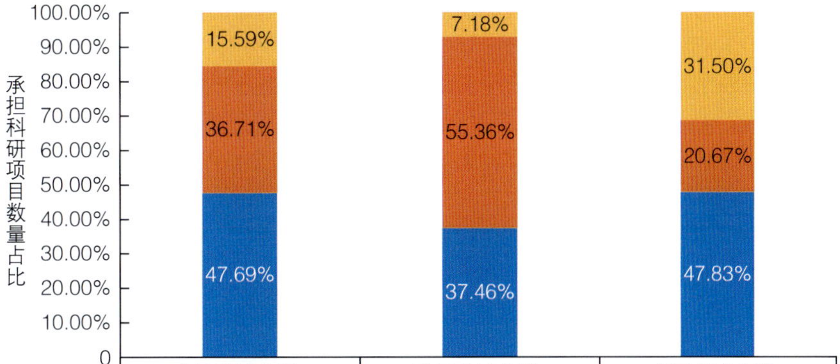

	京津冀城市群	珠三角城市群	长三角城市群
高校院所等主体的项目数量/项	206	499	2557
政府项目数量/项	485	3848	1678
企业项目数量/项	630	2604	3883

图6-33　2021年三大城市群新型研发机构承担科研项目来源构成情况对比

3. 长三角和珠三角城市群机构成果产出领先

从专利产出来看，珠三角城市群新型研发机构较为突出。一是 2021 年珠三角城市群新型研发机构当年专利申请量均值较高，专利申请受理均值、申请发明专利均值和申请 PCT 专利均值分别达到 53.38 件 / 家、40.33 件 / 家和 5.44 件 / 家，高于京津冀城市群（11.25 件 / 家、7.50 件 / 家、0.65 件 / 家）和长三角城市群（16.98 件 / 家、9.01 件 / 家、0.46 件 / 家）（图 6–34）。二是 2021 年珠三角城市群新型研发机构当年专利授权均值大幅领先，专利授权均值、授权发明均值、授权欧美日专利均值分别达到 22.86 件 / 家、26.63 件 / 家和 0.51 件 / 家，高于京津冀城市群（8.53 件 / 家、4.94 件 / 家、0.41 件 / 家）和长三角城市群（8.73 件 / 家、3.61 件 / 家、0.07 件 / 家）（图 6–35）。三是截至 2021 年底，珠三角城市群新型研发机构拥有有效专利均值、拥有发明专利均值和拥有境外授权发明专利均值较高，分别达到 136.60 件 / 家、97.47 件 / 家和 4.23 件 / 家，高于京津冀城市群（43.38 件 / 家、27.25 件 / 家、3.46 件 / 家）和长三角城市群（31.51 件 / 家、11.87 件 / 家、0.30 件 / 家）（图 6–36）。

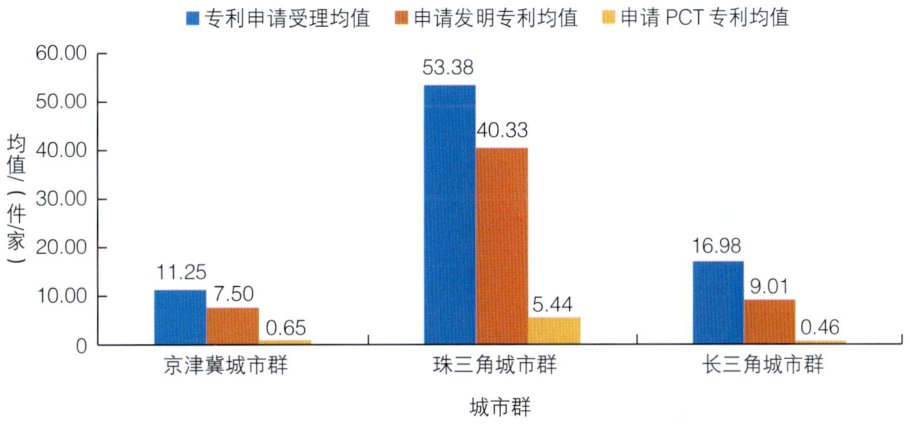

图6–34　2021年三大城市群新型研发机构当年专利申请量均值情况对比

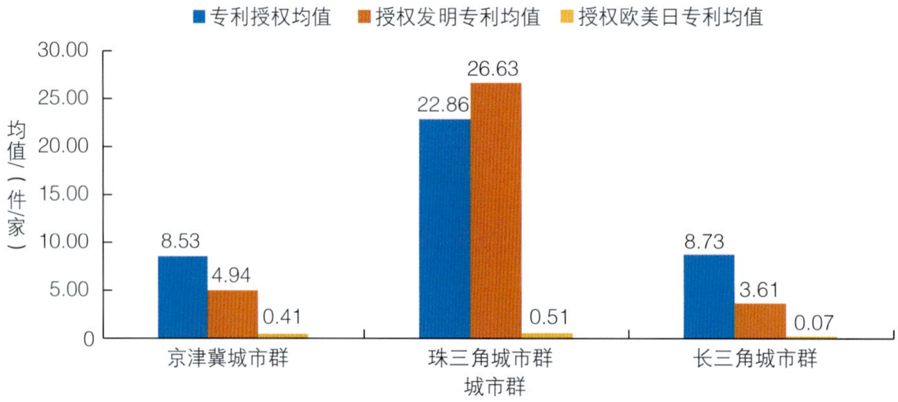

图6-35　2021年三大城市群新型研发机构当年专利授权均值情况

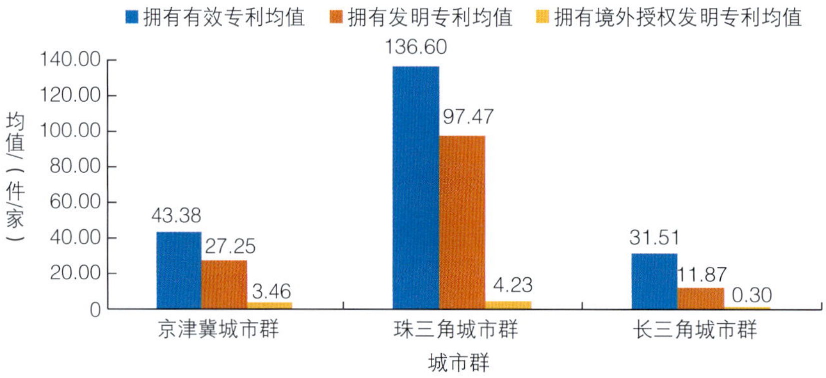

图6-36　2021年三大城市群新型研发机构拥有有效专利均值情况

从标准制定来看，长三角城市群新型研发机构累计主导或参与制定的国家、行业、国际标准数量分别为863项、1738项和66项，高于京津冀城市群（155项、55项和0项）和珠三角城市群（339项、316项和40项）（图6-37）。

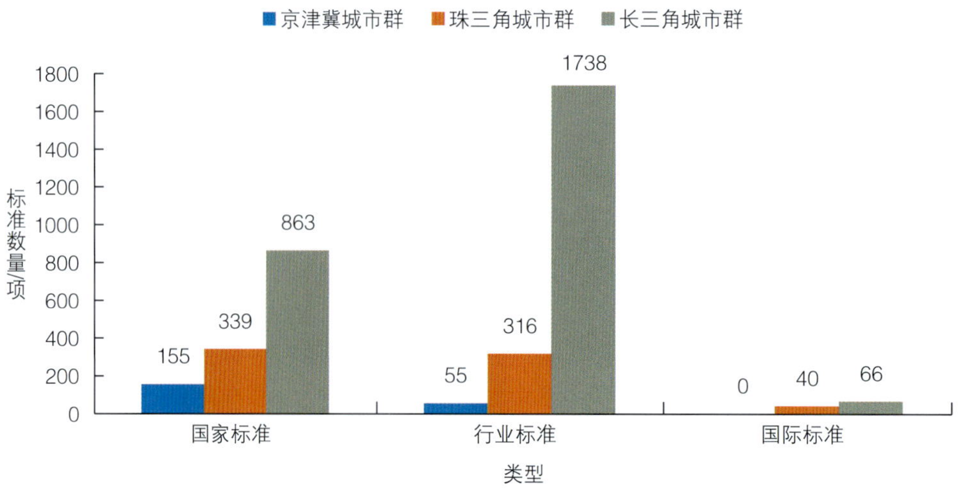

图6-37　2021年三大城市群新型研发机构累计主导或参与制定的国际、国家、行业标准数量对比

从论文产出来看，珠三角城市群新型研发机构年度发表科技论文均值为 29.92 篇 / 家，高于京津冀城市群（10.82 篇 / 家）和长三角城市群（4.57 篇 / 家）（图 6–38）。

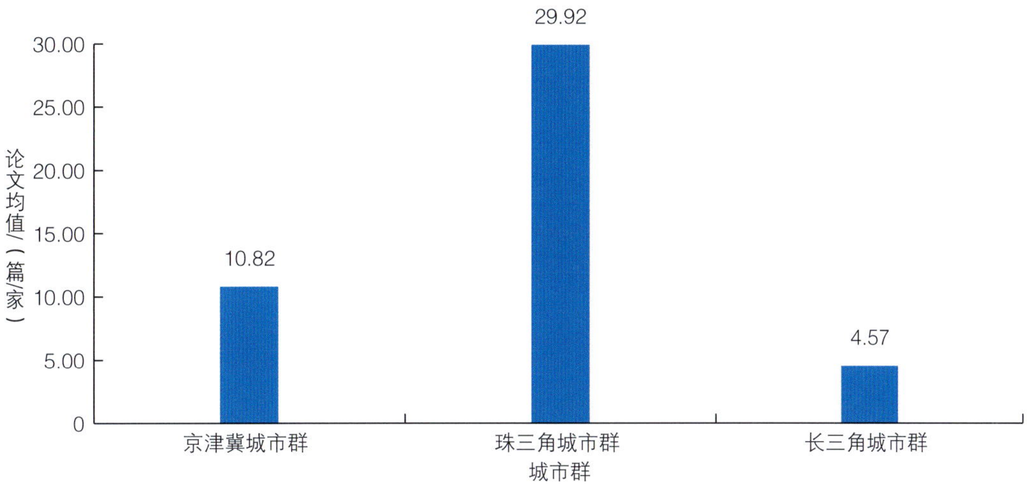

图6–38　2021年三大城市群新型研发机构发表科技论文均值

（五）产业化活动情况

1. 京津冀城市群机构平均服务企业数量增长

从 2021 年度服务企业情况看，京津冀城市群新型研发机构平均服务企业 28.28 家，较 2020 年增加了 6.65 家；长三角城市群和珠三角城市群机构平均服务企业数量分别为 67.54 家、107.70 家，较 2020 年减少了 6.45 家和 10.55 家（图 6–39）。

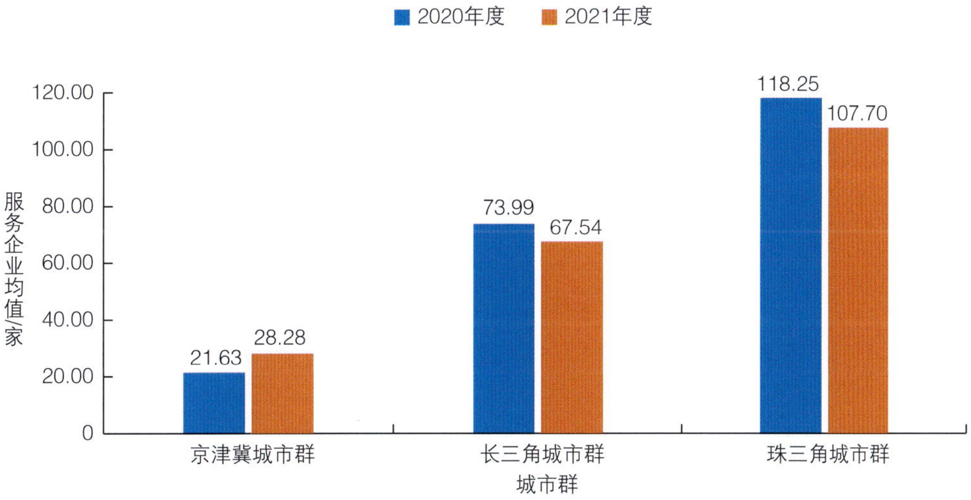

图6–39　三大城市群新型研发机构年度服务企业均值情况对比

从累计服务企业数量看，珠三角城市群新型研发机构平均每家机构累计服务 556.01 家企业，高于长三角城市群（149.59 家）和京津冀城市群（60.26 家）（图 6-40）。

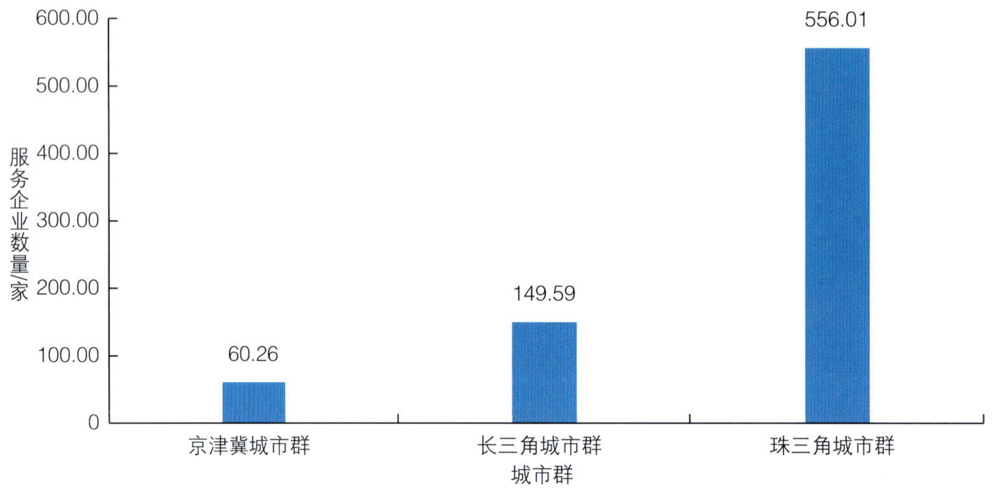

图6-40　2021年三大城市群新型研发机构平均每家累计服务企业数量情况对比

2. 科技成果转化活动各具特色

京津冀城市群新型研发机构在开展专利所有权转让及许可活动方面表现突出，2021 年有 30.88% 的新型研发机构开展了专利所有权转让及许可活动，领先于珠三角城市群（13.33%）和长三角城市群（11.71%）（图 6-41）；2021 年京津冀城市群开展专利所有权转让及许可的机构中，平均每家机构开展专利所有权转让及许可取得的收入为 800.87 万元，高于珠三角城市群（646.20 万亿元）和长三角城市群（188.72 万元）（图 6-42）。

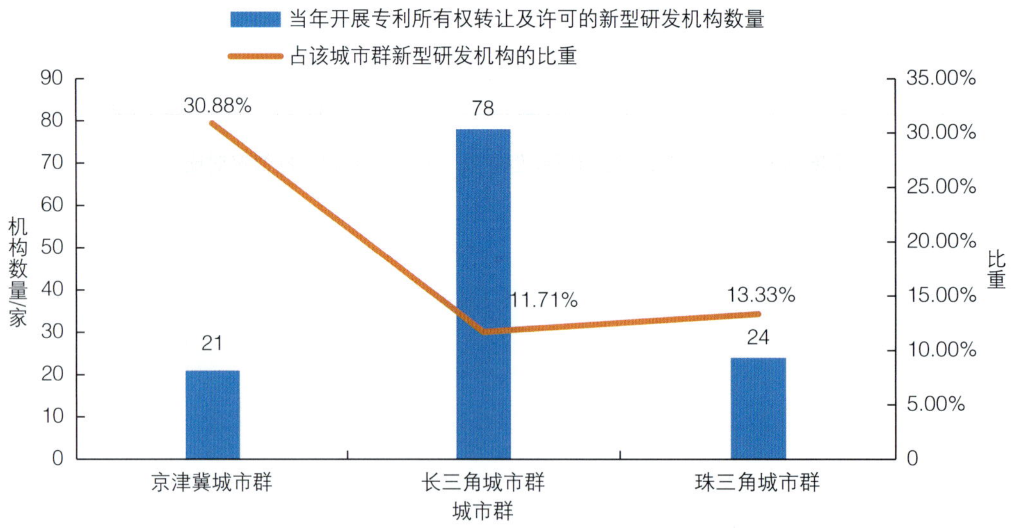

图6-41　2021年三大城市群开展专利所有权转让及许可活动的新型研发机构数量及占该区域机构总量的比重情况对比

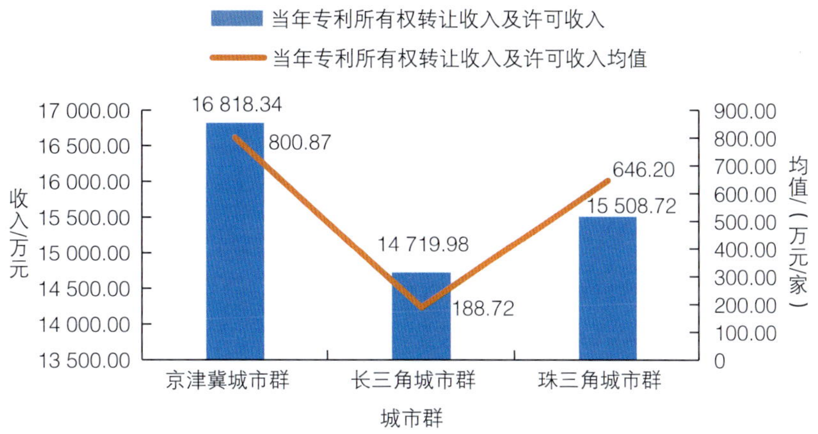

图6-42　2021年三大城市群新型研发机构专利所有权转让及许可收入情况对比

在专利实施方面，长三角城市群有 4163 件发明专利已被实施，发明专利实施率为 52.68%；珠三角城市群新型研发机构有 5434 件发明专利已被实施，发明专利实施率为 30.97%，高于京津冀城市群（628 件，33.89%）（图 6-43）。

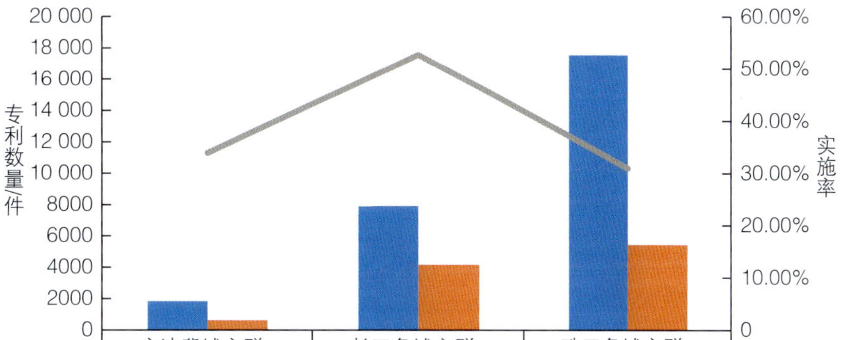

	京津冀城市群	长三角城市群	珠三角城市群
拥有发明专利	1853	7903	17 544
已被实施的发明专利	628	4163	5434
发明专利实施率	33.89%	52.68%	30.97%

图6-43　2021年三大城市群新型研发机构发明专利实施情况对比

3. 创业孵化服务稳中向好

三大城市群开展创业孵化服务的新型研发机构数量同比 2020 年均实现增长。其中，长三角城市群开展创业孵化服务的新型研发机构数量达到 437 家，较 2020 年增长 216 家；珠三角城市群开展创业孵化服务的机构数量 126 家，较 2020 年增长 63 家；京津冀城市群开展创业孵化服务的机构数量达到 44 家，较 2020 年增长 16 家（图 6-44）。

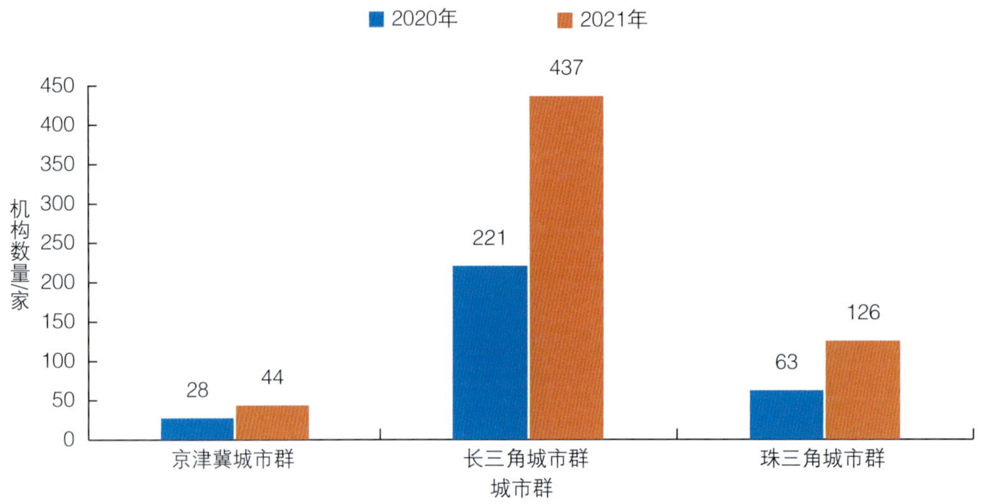

图6-44　三大城市群开展创业孵化服务的新型研发机构数量对比

2021 年三大城市群机构新创办的企业数量较 2020 年有所增长。其中，长三角城市群新型研发机构新创办了 1376 家企业，较 2020 年增加了 144 家；珠三角城市群新型研发机构新创办了 348 家企业，较 2020 年增加 114 家；京津冀城市群新型研发机构新创办了 124 家企业，较 2020 年增加了 18 家（图 6-45）。

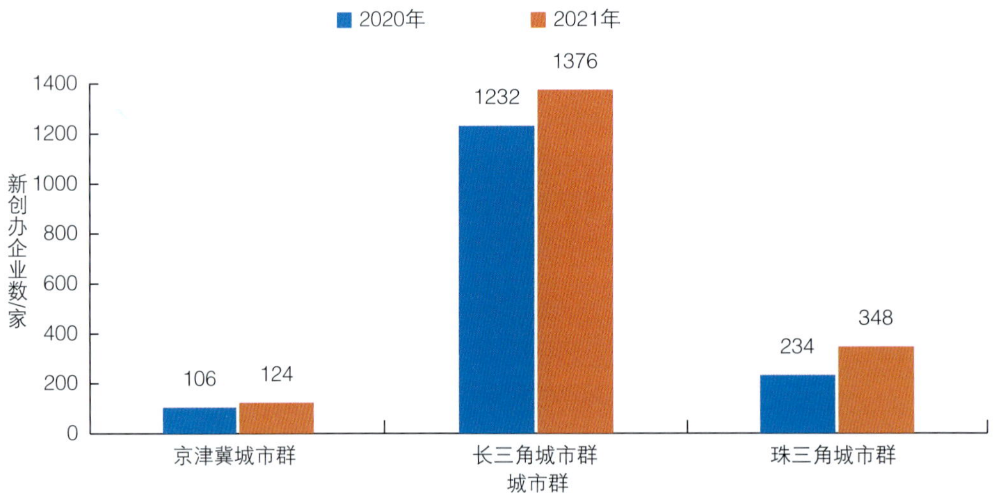

图6-45　三大城市群新型研发机构年度新创办企业数量对比

三、省（区、市）、计划单列市新型研发机构发展情况

各省（区、市）和计划单列市[①]新型研发机构呈现出差异化发展特征，本部分从新型研发机构的人才队伍、经营发展状况、研发活动及产业化活动等方面对各省（区、市）和计划单列市新型研发机构发展状况进行分析和梳理。

（一）人才队伍情况

1. 从业人员规模对比分析

从机构从业人员总量来看，截至 2021 年底，湖北省、江苏省、广东省、福建省和安徽省新型研发机构从业人员总量超过 1 万人，位列全国各省（区、市）前五（表 6-1），深圳市、厦门市新型研发机构从业人员总量超过 5000 人（表 6-2）。有 7 个省（区、市）、2 个计划单列市新型研发机构从业人员低于 1000 人。

从机构从业人员均值来看，北京市、福建省、广西壮族自治区、贵州省和河北省新型研发机构从业人员均值位列各省（区、市）前五，分别为 255.50 人 / 家、234.68 人 / 家、209.05 人 / 家、179.85 人 / 家和 141.94 人 / 家（表 6-3）。深圳市、厦门市和宁波市新型研发机构从业人员均值均超过了 135 人 / 家，分别为 217.78 人 / 家、139.39 人 / 家和 135.50 人 / 家（表 6-4）同时有 4 个省（区、市）和 1 个计划单列市新型研发机构从业人员均值不足 50 人 / 家。

表6-1　新型研发机构从业人员总量排名前十的省（区、市）

排名	省（区、市）	从业人员数量 / 万人
1	湖北省	38 275
2	江苏省	26 039
3	广东省	19 868
4	福建省	18 540
5	安徽省	15 874
6	山东省	15 531
7	重庆市	10 239
8	广西壮族自治区	9198
9	浙江省	7346
10	河南省	6485

① 由于截至 2021 年底青海省新型研发机构统计数量为 0，故此部分分析不包含青海省。省（区、市）数据不含计划单列市。

表6-2 计划单列市新型研发机构从业人员总量排名

排名	计划单列市	从业人员数量 / 万人
1	深圳市	7840
2	厦门市	5018
3	青岛市	4987
4	宁波市	813
5	大连市	455

表6-3 新型研发机构从业人员均值排名前十的省（区、市）

排名	省（区、市）	从业人员平均规模 / 人
1	北京市	255.50
2	福建省	234.68
3	广西壮族自治区	209.05
4	贵州省	179.85
5	河北省	141.94
6	湖北省	131.08
7	安徽省	124.02
8	浙江省	122.43
9	广东省	103.48
10	新疆维吾尔自治区	100.20

表6-4 计划单列市新型研发机构从业人员均值排名

排名	计划单列市	从业人员平均规模 / 人
1	深圳市	217.78
2	厦门市	139.39
3	宁波市	135.50
4	青岛市	70.24
5	大连市	45.50

2. 研发人员情况对比分析

从研发人员占该省（区、市）新型研发机构从业人员的比重来看，海南省和上海市新型研发机构研发人员占从业人员的比重高于85%；北京市、四川省、浙江省3个省（市）新型研发机构研发人员占比在80%～85%（不含）；宁夏回族自治区、天津市等14个省（区、市）新型研发机构研发人员占比在70%～80%（不含）；陕西省、安徽省等8个省（区、市）新型研发机构研发人员占比在50%～70%（不含）；同时，3个省（区、市）新型研发机构研发人员占比低于50%（图6-46、表6-5）。宁波市、深圳市新型研发机构研发人员占比高于80%（表6-6）。

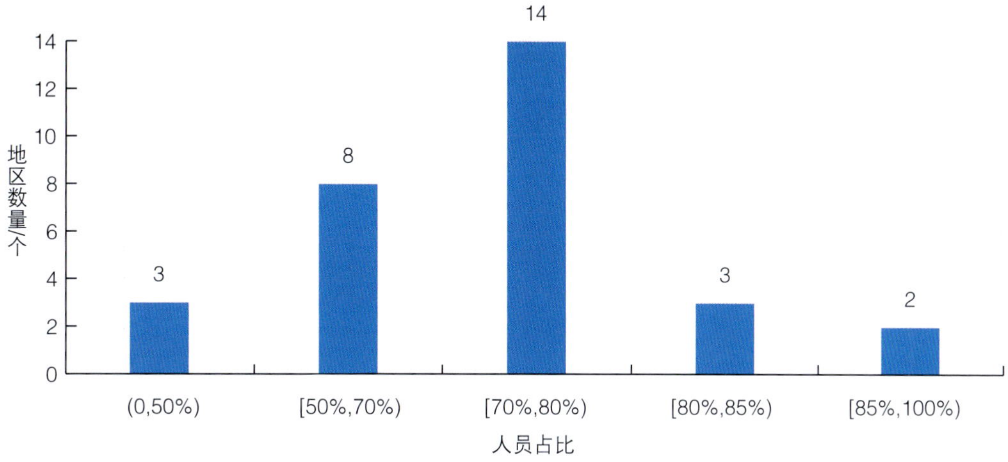

图6-46　2021年30个省（区、市）新型研发机构研发人员占比的分布情况

表6-5　新型研发机构研发人员占从业人员比重排名前十的省（区、市）

排名	省（区、市）	研发人员占从业人员比重
1	海南省	93.38%
2	上海市	89.53%
3	北京市	84.44%
4	四川省	83.59%
5	浙江省	80.07%
6	宁夏回族自治区	78.85%
7	天津市	78.07%
8	江苏省	77.50%
9	吉林省	77.38%
10	河北省	76.84%

表6-6　计划单列市新型研发机构研发人员占从业人员比重排名

排名	计划单列市	研发人员占从业人员比重
1	宁波市	83.03%
2	深圳市	81.01%
3	青岛市	77.98%
4	大连市	62.86%
5	厦门市	48.45%

从硕士研究生及以上学历的研发人员占比情况来看，各省（区、市）之间存在较大差距。海南省、浙江省等 4 个省（区、市）硕士研究生及以上学历的研发人员占比超过 60%，而福建省的新型研发机构占比低于 20%（表 6-7）。5 个计划单列市中，宁波市、深圳市新型研发机构硕士研究生及以上研发人员占比超过 6%（表 6-8）。

表6-7　新型研发机构硕士研究生及以上学历研发人员占比排名前十的省（区、市）

排名	省（区、市）	硕士研究生及以上学历占比
1	海南省	98.58%
2	浙江省	75.31%
3	天津市	70.39%
4	四川省	64.45%
5	北京市	59.91%
6	宁夏回族自治区	56.91%
7	吉林省	56.49%
8	上海市	56.20%
9	江西省	52.22%
10	陕西省	51.78%

表6-8　计划单列市新型研发机构硕士研究生及以上学历研发人员占比排名

排名	计划单列市	硕士研究生及以上学历占比
1	宁波市	84.59%
2	深圳市	74.59%
3	青岛市	58.40%
4	大连市	37.06%
5	厦门市	23.74%

（二）经营发展状况

1. 总收入情况对比分析

从总收入规模来看，2021 年湖北省、江苏省、福建省、山东省、广东省和安徽省新型研发机构总收入均超过 100 亿元；与此同时，有 2 个省（区、市）新型研发机构 2021 年总收入不足 1 亿元。其中，湖北省总收入规模最大，2021 年全省新型研发机构总收入为 338.48 亿元，占全国新型研发机构总收入的 18.73%（图 6-47、表 6-9）。5 个计划单列市中，厦门市、深圳市、青岛市新型研发机构总收入规模在 10 亿～ 100 亿元；宁波市、大连市新型研发机构总收入规模在 1 亿～ 10 亿元（表 6-10）。

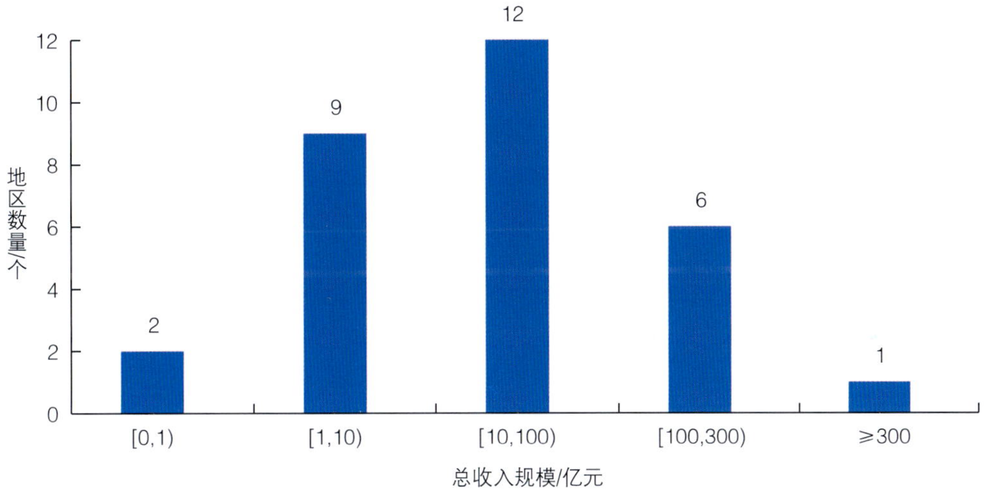

图6-47　2021年30个省（区、市）新型研发机构总收入规模的分布情况

表6-9　新型研发机构总收入规模排名前十的省（区、市）

序号	省（区、市）	总收入规模 / 亿元
1	湖北省	338.48
2	江苏省	181.25
3	福建省	175.87
4	山东省	152.03
5	广东省	138.04
6	安徽省	129.76
7	广西壮族自治区	97.31
8	浙江省	46.44

续表

序号	省（区、市）	总收入规模 / 亿元
9	贵州省	36.46
10	河南省	28.07

表6-10　计划单列市新型研发机构总收入规模排名

序号	计划单列市	总收入规模 / 亿元
1	厦门市	48.98
2	深圳市	47.60
3	青岛市	24.19
4	宁波市	6.79
5	大连市	1.11

2. 盈余情况对比分析

从盈余均值情况来看，广东省、吉林省、新疆维吾尔自治区、内蒙古自治区等 11 个省（区、市）机构盈余均值分布在 100 万～ 500 万元；同时有 7 个省（区、市）新型研发机构 2021 年盈余均值为负。5 个计划单列市盈余均值规模从大到小依次为深圳市（2352.17 万元 / 家）、宁波市（1347.54 万元 / 家）、厦门市（962.74 万元 / 家）、大连市（4.59 万元 / 家）（图 6-48）。

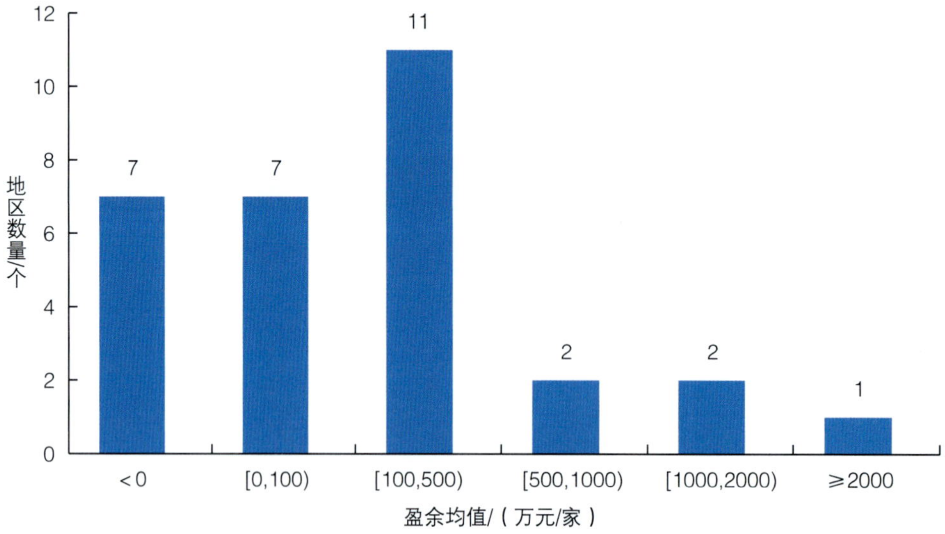

图6-48　2021年30个省（区、市）新型研发机构盈余均值的分布情况

（三）研发活动情况

1. 研发经费投入强度对比分析

从研发经费投入强度的分布看，北京市、广东省等 5 个省（区、市）新型研发机构平均研发经费投入强度超过 70%；浙江省、江西省和河北省等 10 个省（区、市）新型研发机构平均研发经费投入强度在 40% ～ 70%（不含）；辽宁省、上海市和天津市等 10 个省（区、市）新型研发机构平均研发经费投入强度在 20% ～ 40%（不含）；另有 5 个省（区、市）新型研发机构平均研发经费投入强度低于 20%（图 6-49）。5 个计划单列市中，宁波市、大连市和深圳市新型研发机构平均研发经费投入强度高于 40%（表 6-11）。

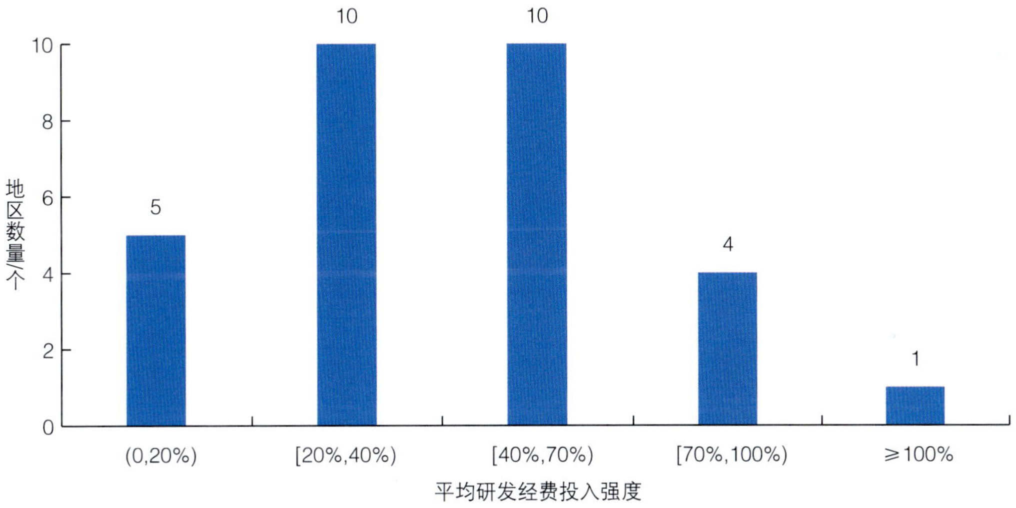

图6-49　2021年30个省（区、市）新型研发机构平均研发投入强度的分布情况

表6-11　计划单列市新型研发机构平均研发投入强度排名

排名	计划单列市	平均研发投入强度
1	宁波市	58.46%
2	大连市	52.16%
3	深圳市	45.69%
4	青岛市	38.06%
5	厦门市	11.97%

2. 机构拥有国家级创新平台数量对比分析

广东省、湖北省、重庆市、安徽省、福建省、河南省、广西壮族自治区、山东省、河北省和

内蒙古自治区新型研发机构拥有国家级创新平台数量均超过20个，位列前十。其中，广东省新型研发机构拥有国家级创新平台数量最多，达到91个，湖北省、重庆市新型研发机构拥有国家级创新平台数量分别为54个与44个（表6-12）。5个计划单列市中，深圳市新型研发机构拥有国家级创新平台数量最多，达到26个（表6-13）。

表6-12 新型研发机构拥有国家级创新平台数量位列前十的省（区、市）

排名	省（区、市）	国家级创新平台数量/个
1	广东省	91
2	湖北省	54
3	重庆市	44
4	安徽省	38
5	福建省	33
6	河南省	24
7	广西壮族自治区	22
8	山东省	22
9	河北省	21
10	内蒙古自治区	21

表6-13 计划单列市新型研发机构拥有国家级创新平台数量排名

排名	计划单列市	国家级创新平台数量/个
1	深圳市	26
2	青岛市	11
3	大连市	4
4	厦门市	2
5	宁波市	1

3. 机构承担科研项目对比分析

从科研项目数分布看，2021年江苏省和广东省新型研发机构当年科研项目数量在3000项及以上；湖北省、山东省和安徽省等6个省（区、市）新型研发机构当年科研项目数量在1000～2999项；广西壮族自治区、河南省和福建省等8个省（区、市）新型研发机构当年科研项目数量在500～999项；湖南省、内蒙古自治区和江西省等9个省（区、市）新型研发机构当年科研项目数量在100～499项；5个省（区、市）新型研发机构当年科研项目数量低于100项（图

6–50）。5个计划单列市中，深圳市新型研发机构当年科研项目数量最多，达到3555项（表6–14）。

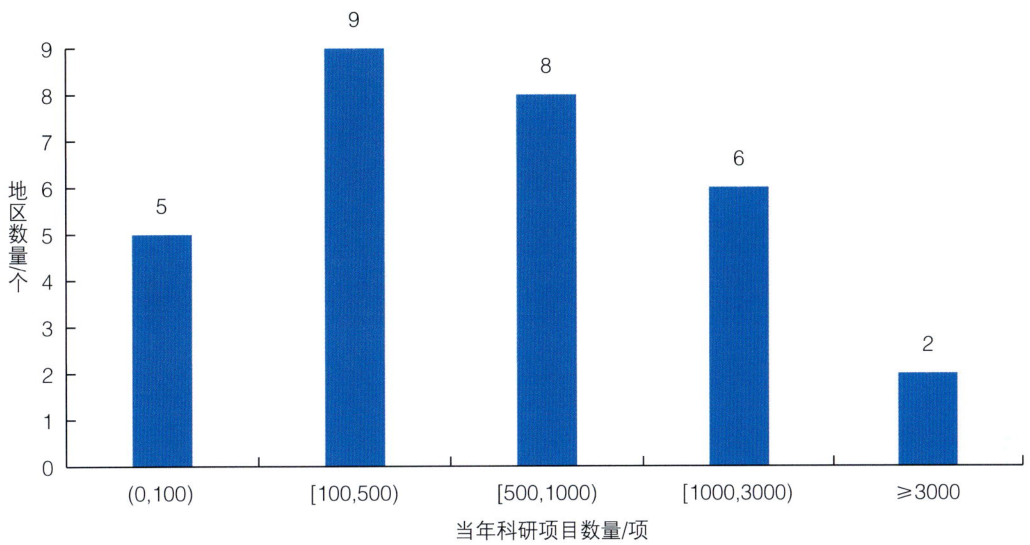

图6–50　2021年30个省（区、市）新型研发机构当年科研项目数量的分布情况

表6–14　计划单列市新型研发机构当年科研项目数量排名

排名	计划单列市	当年科研项目数量 / 项
1	深圳市	3555
2	青岛市	817
3	厦门市	602
4	宁波市	237
5	大连市	137

从科研项目均值分布看，四川省等4个省份新型研发机构当年科研项目均值超过30项 / 家；陕西省和北京市等4个省（区、市）新型研发机构当年科研项目均值在20 ~ 30项 / 家；广东省和天津市等13个省（区、市）新型研发机构当年科研项目均值在10 ~ 20项 / 家；9个省（区、市）新型研发机构当年科研项目均值低于10项 / 家。5个计划单列市中，深圳市新型研发机构当年科研项目均值最高，达到98.75项 / 家（图6–51）。

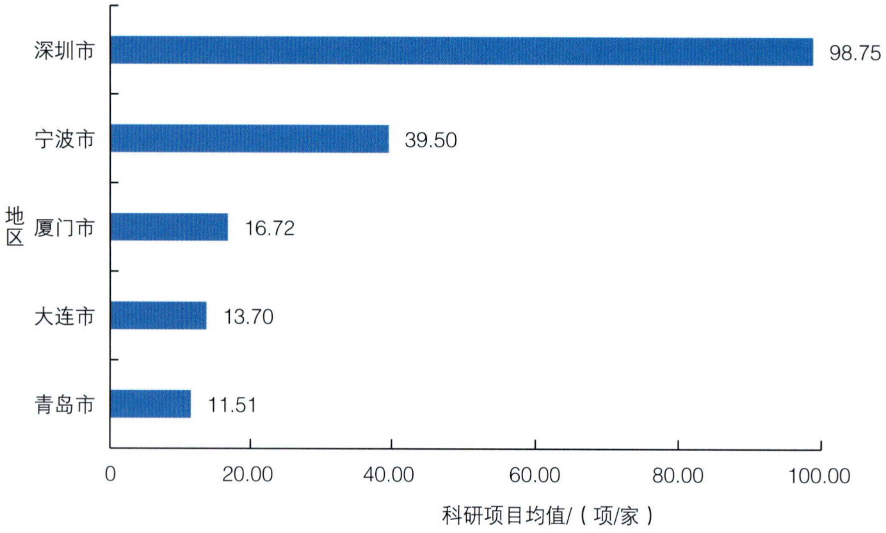

图6-51　2021年计划单列市新型研发机构当年科研项目均值

从国家级科研项目看，广东省、江苏省、浙江省、安徽省、山东省、北京市、甘肃省、重庆市、湖北省和陕西省新型研发机构承担国家级科研项目超过 50 项。其中，广东省新型研发机构承担国家级科研项目最多，达到 228 项，江苏省、浙江省新型研发机构分别承担了 159 项、154 项国家级科研项目（表 6-15）。5 个计划单列市中，深圳市新型研发机构承担国家级科研项目最多，达到 1237 项（表 6-16）。

表6-15　新型研发机构承担国家级科研项目数位列前十的省（区、市）

排名	省（区、市）	国家级项目数 / 项
1	广东省	228
2	江苏省	159
3	浙江省	154
4	安徽省	138
5	山东省	124
6	北京市	119
7	甘肃省	112
8	重庆市	93
9	湖北省	80
10	陕西省	58

表6-16　计划单列市新型研发机构承担国家级科研项目数排名

排名	计划单列市	国家级项目数 / 项
1	深圳市	1237
2	青岛市	74
3	厦门市	24
4	宁波市	18
5	大连市	1

4. 机构科研成果产出对比分析

从机构拥有有效专利数量看，截至 2021 年末，湖北省、江苏省和广东省新型研发机构期末拥有有效专利数量在 10 000 件及以上；重庆市、安徽省和福建省等 5 个省（区、市）新型研发机构期末拥有有效专利数量在3000～9999件；浙江省、湖南省和广西壮族自治区等7个省(区、市)新型研发机构期末拥有有效专利数量在 1000 ～ 2999 件；内蒙古自治区和甘肃省等 7 个省（区、市）新型研发机构期末拥有有效专利数量在 500 ～ 999 件；新疆维吾尔自治区、云南省和上海市等 4 个省（区、市）新型研发机构期末拥有有效专利数量在 100 ～ 499 件；另有 4 个省（区、市）新型研发机构期末拥有有效专利数量低于 100 件（图 6-52）。5 个计划单列市中，深圳市新型研发机构期末拥有有效专利数量最多，达到 11 866 件（表 6-17）。

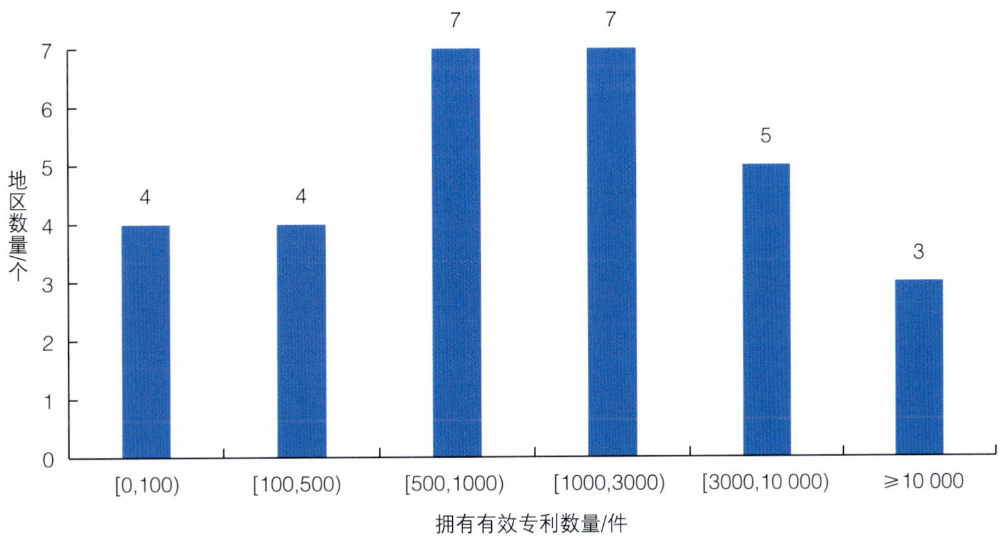

图6-52　2021年30个省（区、市）新型研发机构期末拥有有效专利数量的区间分布情况

表6-17　计划单列市新型研发机构期末拥有有效专利数量排名

排名	计划单列市	期末拥有有效专利数量 / 件
1	深圳市	11 866
2	青岛市	5720
3	厦门市	1219
4	大连市	620
5	宁波市	132

从机构拥有有效专利均值看，截至 2021 年末，新疆维吾尔自治区、北京市、广东省、陕西省、福建省、重庆市和贵州省新型研发机构期末拥有有效专利均值超过 50 件 / 家；另有 9 个省（区、市）新型研发机构期末拥有有效专利均值低于 20 件 / 家。5 个计划单列市中，深圳市新型研发机构期末拥有有效专利均值最多，达到 329.61 件 / 家（图 6-53）。

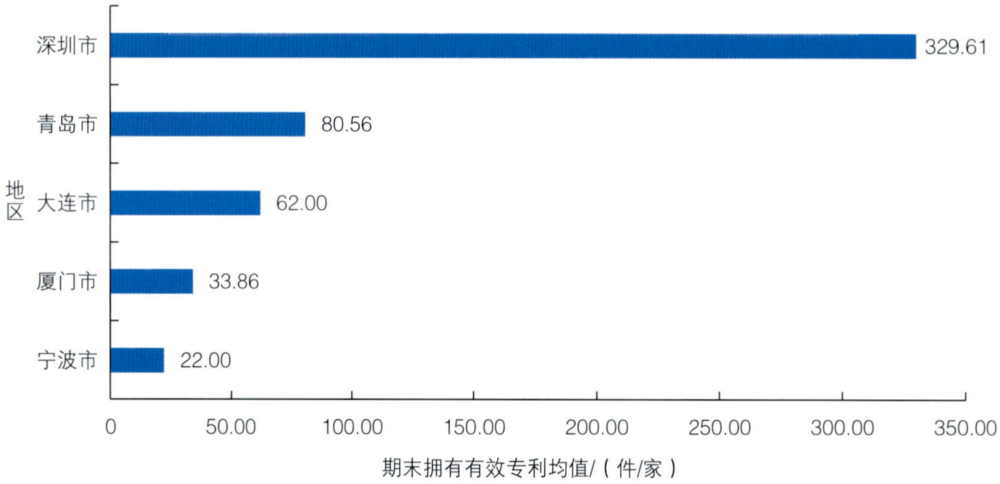

图6-53　2021年计划单列市新型研发机构期末拥有有效专利均值

从参与制定标准情况看，安徽省、湖北省、广东省、江苏省、福建省、广西壮族自治区、内蒙古自治区、江西省、重庆市和辽宁省新型研发机构累计形成国际、国家、行业标准数均超过 220 项。其中，安徽省新型研发机构累计形成标准数最多，达到 2063 项；湖北省新型研发机构累计形成 651 项，广东省新型研发机构累计形成 623 项，分别位列第二和第三（表 6-18）。5 个计划单列市中，青岛市和深圳市新型研发机构累计形成国际、国家、行业标准数均超过 100 项（表 6-19）。

表6-18　新型研发机构累计形成标准数量位列前十的省（区、市）

排名	省（区、市）	累计形成国际、国家、行业标准数 / 项	累计形成国际标准数 / 项	累计形成国家标准数 / 项	累计形成行业标准数 / 项
1	安徽省	2063	10	567	1486
2	湖北省	651	46	278	327
3	广东省	623	30	313	280
4	江苏省	457	45	227	185
5	福建省	416	5	121	290
6	广西壮族自治区	341	9	150	182
7	内蒙古自治区	321	4	165	152
8	江西省	240	0	4	236
9	重庆市	230	8	103	119
10	辽宁省	227	0	57	170

表6-19　计划单列市新型研发机构累计形成标准数量排名

排名	计划单列市	累计形成国际、国家、行业标准数 / 项	累计形成国际标准数 / 项	累计形成国家标准数 / 项	累计形成行业标准数 / 项
1	青岛市	111	0	96	15
2	深圳市	107	10	42	55
3	厦门市	83	0	28	55
4	宁波市	11	0	11	0
5	大连市	2	0	0	2

（四）产业化活动情况

1. 累计服务企业情况对比分析

从累计服务企业数量指标看，陕西省、广东省、江苏省等 21 个省（区、市）新型研发机构累计服务企业在 1000 家及以上；内蒙古自治区、新疆维吾尔自治区等 4 个省（区、市）新型研发机构累计服务企业 500 ～ 999 家；贵州省、宁夏回族自治区 2 个省（区、市）新型研发机构的累计服务企业数量 100 ～ 499；而北京市、西藏自治区和海南省 3 个省（区、市）新型研发机构的累计服务企业数量不足 100 家（图 6-54）。计划单列市中，深圳市、厦门市新型研发机构累计服务的企业数量均在 10 000 家以上，其他三市（青岛市、宁波市、大连市）新型研发机构累计服务的企业数量均在 3000 家以上（图 6-55）。

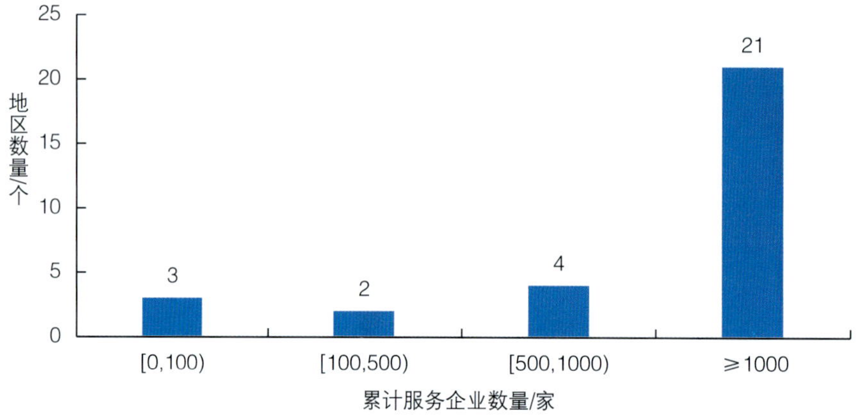

图6-54　2021年30个省（区、市）新型研发机构累计服务企业数量的区间分布情况

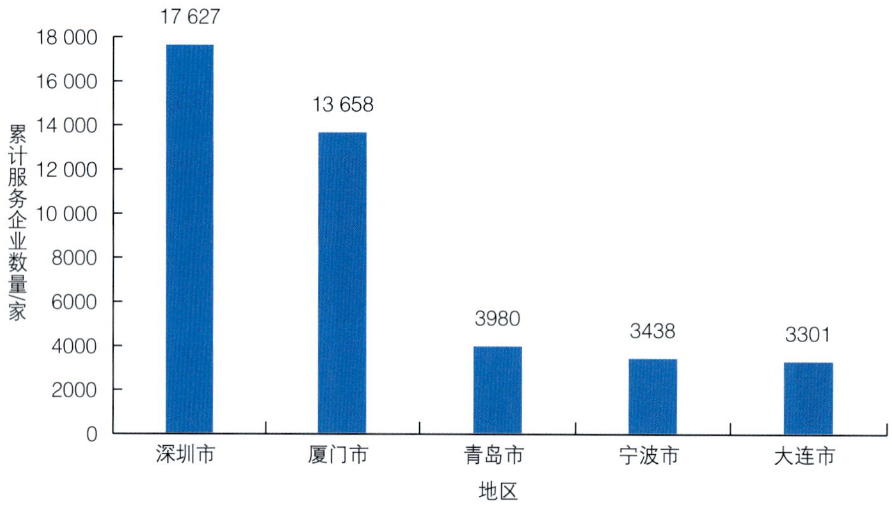

图6-55　2021年各计划单列市新型研发机构累计服务企业数量分布情况

从机构累计服务企业的均值来看，陕西省、浙江省等13个省（区、市）新型研发机构累计服务企业数量的均值在100家以上；四川省、山东省等5个省（区、市）新型研发机构累计服务企业数量的均值在50～100家（不含）；辽宁省、黑龙江省等12个省（区、市）新型研发机构累计服务企业数量均值不足50家（图6-56）。计划单列市中，宁波市新型研发机构累计服务企业数量的均值在500家以上，深圳市、厦门市、大连市新型研发机构累计企业数量的均值在300家以上，青岛市累计服务企业数量均值不足100家（图6-57）。

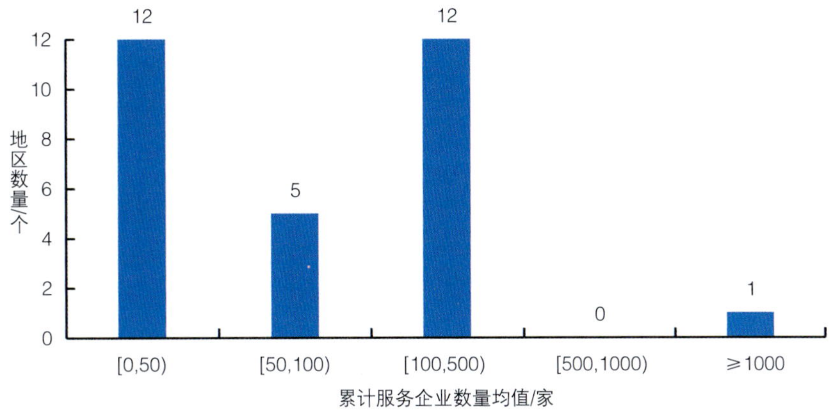

图6-56 2021年30个省（区、市）新型研发机构累计服务企业数量均值分布情况

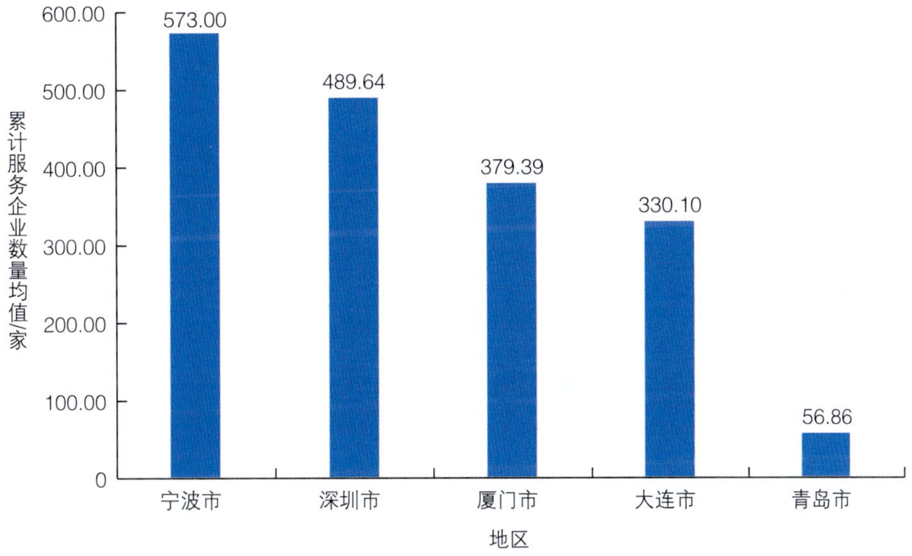

图6-57 2021年各计划单列市新型研发机构累计服务企业数量均值分布情况

2. 年度服务企业情况对比分析

在年度服务企业情况方面，2021 年山东省、福建省等 16 个省（区、市）新型研发机构的年度服务企业在 1000 家以上，其中江苏省、安徽省、广东省等 3 省（区、市）新型研发机构服务企业数量均超过 1 万家；甘肃省、河北省等 3 个省（区、市）新型研发机构年度服务企业 500 ～ 999 家；辽宁省、黑龙江省等 8 个省（区、市）新型研发机构年度服务企业 100 ～ 499 家；北京市、西藏自治区和海南省 3 个省（区、市）新型研发机构年度服务企业不足 100 家（图 6-58、表 6-20）。计划单列市中，厦门市新型研发机构当年服务企业数量最多，为 7374 家，其他四市（大连市、深圳市、青岛市、宁波市）新型研发机构当年服务企业数量均超过 1000 家（表 6-21）。

在年度服务企业的均值情况方面，陕西省、安徽省等 5 个省（区、市）新型研发机构当年服务企业的均值在 100 家以上；广东省、上海市等 5 个省（区、市）新型研发机构当年服务企业的均值在 50 ～ 100 家（不含）；湖南省、天津市等 14 个省（区、市）新型研发机构当年服务企业的均值在 10 ～ 50 家（不含）；而湖北省、内蒙古自治区等 6 个省（区、市）新型研发机构当年服务企业的均值不足 10 家（图 6-59、表 6-20）。计划单列市中，大连市、宁波市、厦门市新型研发机构当年服务企业数量均值都在 200 家以上，深圳市、青岛市新型研发机构当年服务企业数量均值不足 100 家（表 6-21）。

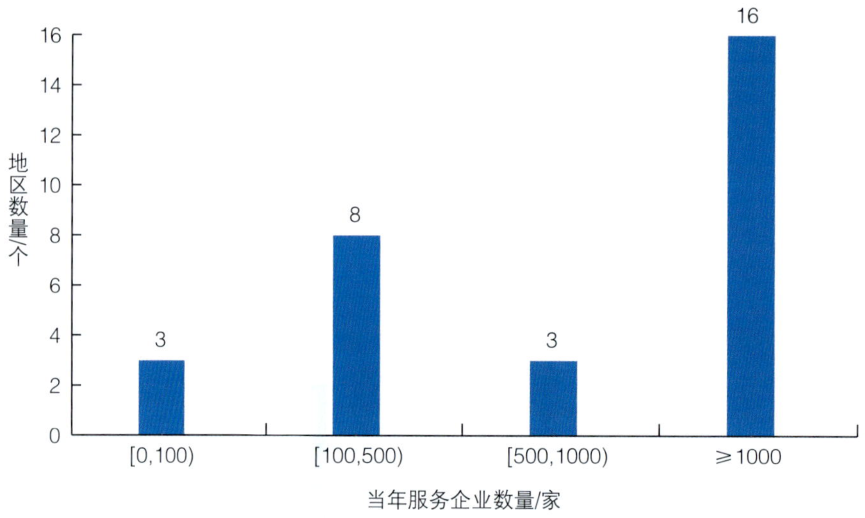

图6-58　2021年30个省（区、市）新型研发机构当年服务企业数量的区间分布情况

表6-20　新型研发机构当年服务企业数量和当年服务企业数量均值位列前十的省（区、市）

排名	省（区、市）	当年服务企业数量 / 家	省（区、市）	当年服务企业数量均值 / 家
1	江苏省	19 252	陕西省	179.86
2	安徽省	18 872	安徽省	147.44
3	广东省	17 146	广西壮族自治区	137.61
4	山东省	9719	山西省	120.92
5	福建省	6506	江西省	106.75
6	广西壮族自治区	6055	广东省	90.24
7	浙江省	4683	上海市	89.00
8	陕西省	3777	福建省	83.41
9	江西省	2562	浙江省	78.05
10	湖北省	2555	新疆维吾尔自治区	50.40

表6-21　计划单列市新型研发机构当年服务企业数量和均值

排名	计划单列市	当年服务企业数量 / 家	计划单列市	当年服务企业数量均值 / 家
1	厦门市	7347	大连市	322.50
2	大连市	3225	宁波市	310.50
3	深圳市	2867	厦门市	204.08
4	青岛市	2335	深圳市	79.64
5	宁波市	1863	青岛市	33.36

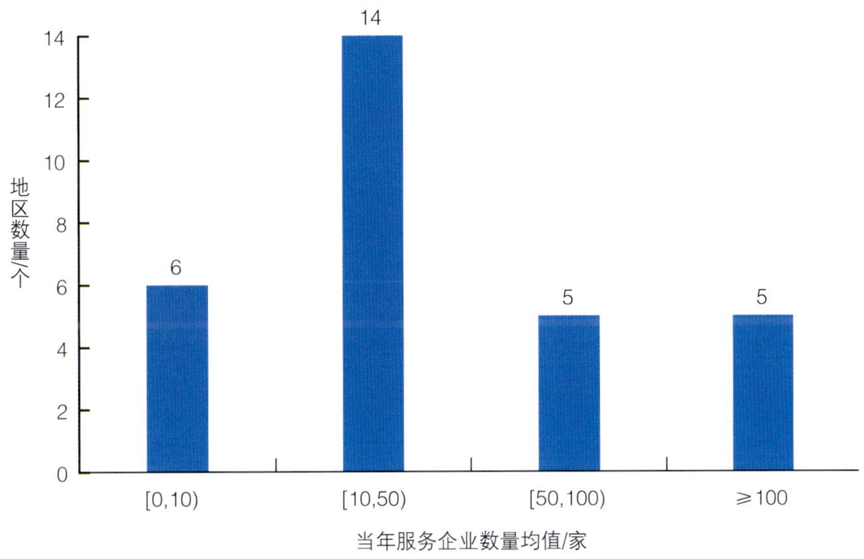

图6-59　2021年30个省（区、市）新型研发机构当年服务企业数量均值的区间分布情况

3. 开展创业孵化服务情况对比分析

各省（区、市）开展创业孵化服务的机构数量有差距。开展创业孵化服务的新型研发机构数量位列前十的省（区、市），其机构数量占全国开展创业孵化服务机构总量的85.04%，其余省（区、市）开展创业孵化服务的新型研发机构数量仅占全国机构总量的14.96%（表6-22）。

表6-22　开展孵化服务新型研发机构数量位列前十的省（区、市）

排名	省（区、市）	开展孵化服务的机构数量 / 家
1	江苏省	390
2	山东省	173
3	广东省	123
4	湖北省	80
5	河南省	61
6	安徽省	60
7	重庆市	59
8	浙江省	36
9	天津市	24
10	湖南省	23

对新型研发机构累计孵化的企业数量进行统计，江苏省的新型研发机构累计孵化企业在5000家及以上；广东省、山东省等4个省（区、市）机构累计孵化企业在1000～4999家；天津市、河南省等13个省（区、市）累计孵化企业100～999家；上海市、宁波市等12个省（区、市）累计孵化企业不足100家（图6-60、表6-23）。在5个计划单列市中，深圳市新型研发机构累计孵化企业数量最多，为4078家，其他4市（青岛市、大连市、厦门市和宁波市）新型研发机构累计孵化企业数量不足1000家（表6-24）。

对各省（区、市）新型研发机构累计孵化企业数量均值进行统计，天津市、陕西省等4个省（市）新型研发机构累计孵化企业数量均值在10家及以上；新疆维吾尔自治区、浙江省等8省（区、市）新型研发机构累计孵化企业数量均值在5～10家（不含）；其余18个省（区、市）新型研发机构累计孵化企业数量均值不足5家（图6-61、表6-23）。计划单列市中，深圳市新型研发机构累计孵化企业数量均值最高为113.28家，大连市、宁波市新型研发机构累计孵化企业数量均值在10家以上，其他两市（青岛市、厦门市）新型研发机构累计孵化企业数量均值不足10家（表6-24）。

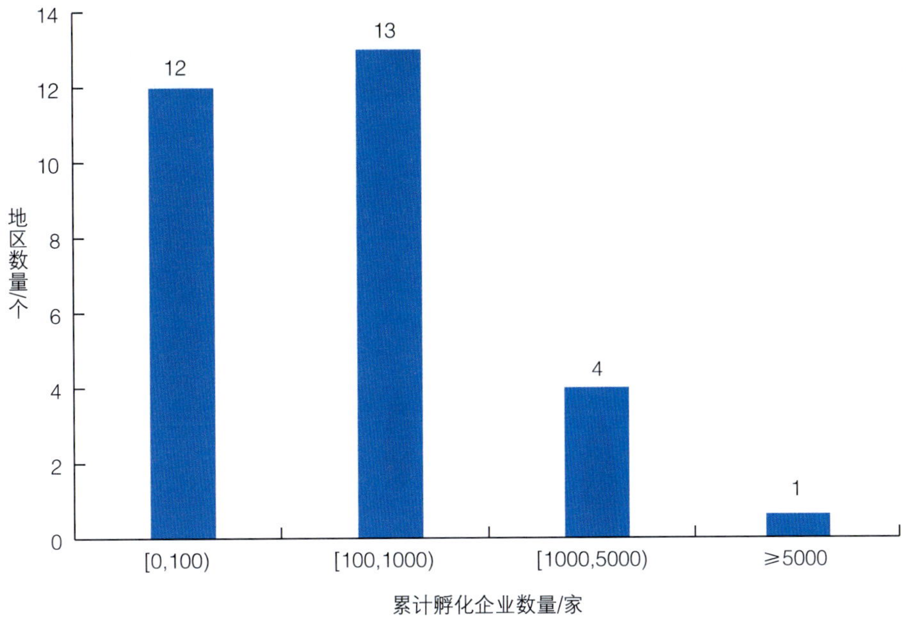

图6-60　2021年30个省（区、市）新型研发机构累计孵化企业数量的区间分布情况

表6-23　新型研发机构累计孵化企业数量和累计孵化企业数量均值排名前十的省（区、市）

排名	省（区、市）	累计孵化企业数量/家	省（区、市）	累计孵化企业数量均值/家
1	江苏省	5905	天津市	27.00
2	广东省	3787	陕西省	23.57
3	山东省	1181	广东省	19.93
4	安徽省	1135	江苏省	11.65
5	湖北省	1011	新疆维吾尔自治区	9.80
6	天津市	756	浙江省	9.42
7	河南省	617	安徽省	8.87
8	浙江省	565	河北省	7.09
9	重庆市	512	四川省	6.67
10	陕西省	495	河南省	6.49

表6-24　计划单列市新型研发机构累计孵化企业数量和累计孵化企业数量均值情况

排名	计划单列市	累计孵化企业数量/家	计划单列市	累计孵化企业数量均值/家
1	深圳市	4078	深圳市	113.28
2	青岛市	314	大连市	24.60
3	大连市	246	宁波市	13.50

续表

排名	计划单列市	累计孵化企业数量 / 家	计划单列市	累计孵化企业数量均值 / 家
4	厦门市	133	青岛市	4.49
5	宁波市	81	厦门市	3.69

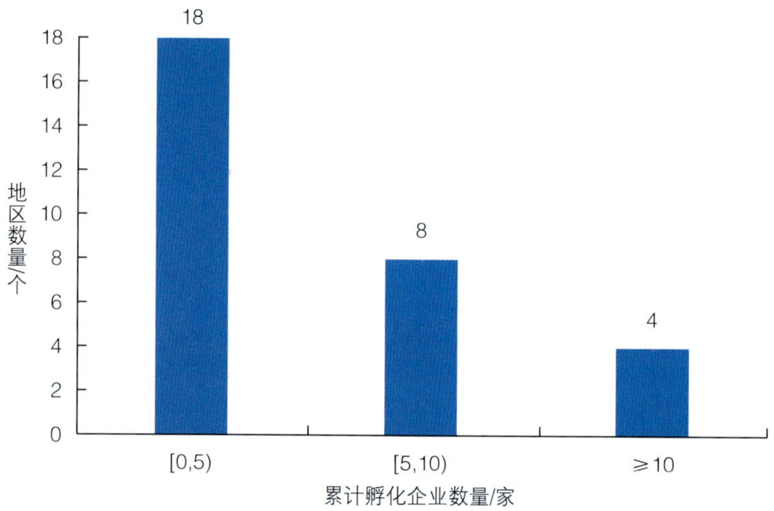

图6-61　2021年30个省（区、市）新型研发机构累计孵化企业数量均值的分布情况

附件一　新型研发机构典型案例

报告根据地方科技管理部门推荐和机构自荐情况，并综合考虑新型研发机构管理运行状况、辐射带动作用、改革经验典型性等因素，选取29家机构作为典型案例，就其发展状态、建设经验和发展成效等情况进行分析和介绍。

一、北京智源人工智能研究院

（一）基本情况

北京智源人工智能研究院（简称“智源研究院”）于2018年11月由北京市科委和海淀区推动成立，自成立以来，按照《北京市支持建设世界一流新型研发机构实施办法（试行）》（京政字〔2018〕1号）文件要求，积极探索新型研发机构体制机制创新，打造民非类新型研发机构的“智源模式”，勇做科技体制改革先锋，打造创新样板，“聚人”“成事”，目前已在团队建设、前沿研究，基础设施建设、成果转化等方面取得了显著成效，推动北京市人工智能开放创新生态的构建，打造国家战略科技力量，服务我国新一代人工智能2030年总体领先目标的实现。

（二）运行机制与模式

1.创新运行机制，探索理事会领导下的院长负责制

智源研究院成立已满三年，理事会审议决策智源年度预算、工作计划等重大事项。组建由领衔科学家、科研管理专家和社区运营专家等组成的优势互补的管理团队，在理事会的带领下持续探索新型研发机构建设及管理新模式。为完善组织架构，智源研究院了成立学术顾问委员会和审计委员会。

2.开展全生命周期审计，强化内部管理控制

一是开展年度财务审计和民非年检工作，截至目前，年检结论均为“合格”。二是接受北京市科委对智源研究院进行的非任务财政科技经费专项审计，并研究制定了审计反馈整改方案，有序推进整改工作。三是以专项审计和抽审等形式，开展科研项目专项资金审计。四是委托第三方审计机构对智源研究院进行三年内部控制有效性进行审计评价。五是以审计发现为契机，力促研究院各项工作迈上新台阶，在抓好整改完善的同时，注重实践经验的总结，研究形成长效的工作

机制。

3.加快科研布局和科研保障，组建科研单元和职能部门

智源研究院组建研究中心、创新中心、开放实验室等科研单元，形成前沿研究、工程化落地和重大基础设施建设等在内的科研序列。其中，研究中心已组建 9 个，创新中心已建设 11 个，与旷视、京东、美团、寒武纪、一流科技等创新企业共建 13 个开放实验室，联合开展协同攻关。另外，为服务智源研究院的日常运转，已组建综合运营部、科技创新部、社区运营部等 5 个职能部门。近四年间，智源研究院从无到有，已建设成为体制机制灵活、建制基本完备、运行规范高效、科研布局相对齐备的新型研发机构，形成争创世界一流科研机构的组织基础。

4.探索新时期“集中力量办大事”的科研攻关组织模式

智源研究院保持对重大科学问题的敏锐眼光，组织顶尖专家科学研判既是产业发展急需，又满足国家战略需求的重大科学问题或重大研究方向，以需求导向和问题导向布局重大科研任务，建立大项目快速论证启动机制，经院务会确定后即可立即启动，组建跨机构、大协同的大团队，为项目配备经费、数据、算力等各类资源支持，以“集中力量办大事”的方式快速推进，产出可满足工业级应用的大平台、大系统、大工程等，催生一批人工智能重大原创性成果。

5.打造支持“青年人才挑大梁、当主角”的人才成长路径。

智源研究院在人才使用上推崇“代表作文化”，不论资排辈、不看帽子，只注重有没有成为标杆的潜力、是否取得标杆性成就，放手让青年学者领衔大项目，通过在大项目中进行历练，帮助青年人才快速成长。

（三）发展成效

智源研究院搭建高水平人才团队，遴选了 94 位智源学者开展人工智能基础前沿研究，截至 2021 年底共计在人工智能领域核心期刊和国际顶级会议发表论文 1690 余篇，持续产出具有国际领先水平的突破性成果。

建设高性能智算平台，推动构建开源开放的 AI 自主软硬件生态体系。智源研究院建设“超大规模人工智能模型训练平台”，搭建体系架构先进、高速互联互通、可扩展高效并行的智算平台，包括搭建高性能智算平台，研发并开放“信息、生命”领域超大规模智能模型，建设行业数据集，推动数据、算法等资源有序开放。目前智源智算平台算力规模已达 300P，在北京市发改委支持下，建设人工智能重大基础设施“超大规模人工智能模型训练平台”（“九鼎”智算平台），在建算力 1000P，支撑通用智能大模型、AI for Science 等未来科研新范式。

以国家战略需求为导向布局重大科研任务，产出“悟道”大模型等重大原创成果。2021 年 3 月 20 日，智源研究院发布我国首个超大规模信息智能模型“悟道 1.0”。2021 年 6 月 1 日，发布“我国首个”及“全球最大”的超大规模智能模型“悟道 2.0”，在多个国际人工智能基准测试榜单的 9 项任务上取得领先成绩，实现了我国在该领域的自主可控及前沿引领。2021 年 12 月 30 日，

发布“智源指数”CUGE，提出人工智能大模型全面综合评测的“新考卷”，建立了全面系统的评测体系和多层次维度评测方案，涵盖7种重要的语言能力、17个主流自然语言处理任务和19个代表性数据集，并在数据集、任务和语言能力等不同层次逐层进行评测，系统性和可靠性大大加强。

二、清华大学天津高端装备研究院

（一）基本情况

清华大学天津高端装备研究院（简称“清华天津装备院”）是于2014年7月16日，由天津市东丽区政府与清华大学签署协议联合建设的清华大学外派专业研究院。

清华天津装备院依托于清华大学机械工程系，以高端装备设计、制造和技术服务为切入点，凭借“校地协同发展、平台支撑转化、科技金融助力”三大发展模式，打造集协同创新、产业孵化、成果转化服务为一体的综合性科技成果转化创新服务平台，加速推进科技成果转化最后一公里产业化进程。

（二）运行机制与模式

1.构建科学决策机制

清华天津装备院院级战略决策采取领导小组指导下的院长负责制。领导小组成员由清华大学、东丽区政府、清华机械工程系以席位制构成。重大事项决策、重要人事任免、重大项目安排和大额度资金运作事项均需由清华天津装备院院务会集体讨论并决策，必要时会组织召开党政联席会、职工代表大会等，面对专业性、技术性较强的事项，会进行专家论证、技术咨询、决策评估。

2.形成五位一体业务布局

清华天津装备院充分发挥研究院在机器人与智能制造、微纳制造与节能环保、生医机械与大健康、高端装备四大战略领域的科研优势，实施“科技研发、成果转化、产业孵化、科技金融、人才培养”五位一体总战略，力争打造产业高质量发展“强引擎”。

3.着力成果转化

清华天津装备院以“承上启下 + 双向助力”的形式形成科技成果转化“握手区”。从正向，将学校的学科成果以技术转移转化形式投放市场、服务地方；从反向，结合天津市“双万双服”“院企对接”“揭榜挂帅”等转化形式将市场需求反馈至团队，针对性研发，将高校成果转化落在实处。此外，微创型成果也可通过水木客众创空间进一步培养。

4.产学研协同创新机制

推进人才引进与软环境建设，创新合作机制。清华天津装备院吸引以清华大学为代表的京津冀高等院校、科研院所的团队，并逐步辐射到全国优秀团队，建设院级专家人才库。

加快搭建科技金融有效机制。借助“一院一园一基金”发展规划，结合天津市海河产业基金、清华产业基金等市场金融资源，补足清华天津装备院自身业务在金融领域不能伸展手脚的短板。

科研团队在清华天津装备院平台上顺利转化后，会孵化出各自的产业化公司，作为院衍生企业，均实行“产权清晰、权责明确、院企分开、管理科学”的现代企业制度，清华天津装备院不干涉公司运营，给予自主空间，但会以政策引导、知识产权入股等支持衍生，并保持协助。

（三）发展成效

在人才团队建设上，截至 2021 年，全院员工总数达到 396 人。研发人员占总员工人数的比例超过 70%；博士或高级职称人员总数为 108 人，占员工总数的比例超过 27.27%。设有院士工作站、天津市专家服务基地、清华大学博士生东丽社会实践基地依托单位、中国机械行业卓越工程师实训基地等，承接了清华大学智能装备设计与制造全日制工程硕士项目的联合培养工作。

在创业孵化上，清华天津装备院水木客众创中心于 2018 年 6 月在东丽区科技局完成备案，是清华天津装备院面向社会服务的孵化平台。截至 2021 年 12 月，水木客众创中心共引入创业团队及企业 57 个，覆盖光电、环保、新能源、自动化控制等行业领域。

在科研活动上，截至 2021 年底，清华天津装备院在研科研项目 500 余项，合同经费超 10.4 亿元，到账 5.36 亿元。申请专利 260 项，有效专利 148 项，软件著作权 31 项。承担省部级以上课题 60 余项，委托研发项目 400 余项，合同经费 4.3 亿元。2021 年新增发明专利 31 项，软件著作权 2 项，团体标准 3 项。

三、中科空间信息（廊坊）研究院

（一）基本情况

中科空间信息（廊坊）研究院（简称“廊信院”）是廊坊经济技术开发区管理委员会联合中国科学院空天信息创新研究院（简称“空天院”）于 2017 年成立的独立法人事业单位。廊信院本着发展卫星应用战略性新兴产业，推进产业转型升级，建设智慧城市，实现科技服务共建共享的建院宗旨，围绕空间信息产业、卫星应用和建设智慧城市等方面的科技需求，形成了以空间信息技术创新、行业应用服务和关键技术产业化为主要内容的协同创新平台，打造了高端科技人才聚集地、关键技术研发孵化地和创新成果转移转化地。

（二）运行机制与模式创新

廊信院具有廊坊经济开发区临空经济与京津冀协同发展的核心区位优势，在空天院遥感卫星应用国家工程实验室科研团队和研究成果的支撑下，以专业化发展带动产业链高质量发展为理念，围绕京津冀地区大智移云产业、卫星应用和建设智慧城市等方面的科技需求，以“研究院 +

企业”的创新模式运作。

廊信院新型研发机构实行理事会领导下的院长负责制，下设科学的管理体系，建立现代化管理办法和机制，最大限度地发挥资源配置与利用的效用。为打造创新服务与绩效的3个基础能力（驱动力、过程和绩效），建立了一套有效支持研究院发展战略的绩效管理体系。

项目运作与科研发展方面，充分发挥航空航天领域产业创新的优势，在当前空间基础数据服务能力蓬勃发展的基础上，不断扩展外部应用领域，主要以课题组与管理部门相结合的管理形式，形成矩阵式管理结构，以市场为导向进行研发工作。从科技到产业进行多元化产业布局，不断建设与完善科研条件，促进产学研协同创新，一体化发展。

四、山西高等创新研究院

（一）基本情况

山西高等创新研究院（简称“高研院”），是在山西省委、省政府及省直相关厅、局的大力支持下，由山西转型综合改革示范区管理委员会发起，通过山西汾飞发展集团有限公司（原山西转型综合改革示范区投资开发控股集团有限公司）举办的具有独立法人资格的新型科研事业单位，是山西省“晋商晋才回乡创业创新工程”和综改示范区重点项目之一。

（二）运行机制与模式

1.投入与建设方式

高研院由示范区全资支持公共服务平台建设，授权高福院士团队运营管理，开展年度绩效考核。管理团队成员来自政府、院校、企业等多个领域，具有现代管理理念和较强的实际操作能力。

2.治理架构与决策机制

高研院实行由理事会领导下的管理体制。理事会按规定的职责、议事规则开展工作，协调与解决涉及山西省发展需求、研究院发展需求、体制机制创新等重要事宜。理事会下设秘书处，负责理事会日常工作。理事会设立下属委员会，包括：战略发展顾问委员会、学术管理委员会、转移转化管理委员会。

3.用人机制与项目实施

在用人机制上，高研院在设立之初追求的就是一个“活”字，让人才流动、经费使用、项目运行更加遵循市场规律。高研院通过“无编制、无预算、无级别”实现“人员能进能出、薪酬可高可低、岗位能上能下”。

同时，高研院采取PI负责制—以科学家为中心。独立课题科学家（PI）建组首轮经费支持的评审周期为3年，由学术管理委员会审议，通过后开展下一轮经费支持。非首轮经费支持的评审周期可缩短为2年，是否提前或延迟评审可由学术管理委员会独立决断。

4.产学研协同创新机制

高研院以抗体筛选研发平台为基础，为省内外机构提供开放和共享服务。高研院和山西大学、山西医科大学、山西农业大学等大学进行共建学科、共建实验室，和山西白求恩医院、山大一院、山大二院等医院进行临床试验研究工作，和同达药业、英威福赛等企业进行合作开发、科研攻关等活动。

五、蓝金高端环保装备及新材料创新中心

（一）基本情况

蓝金高端环保装备及新材料创新中心（简称“创新中心”）是由沈阳工大蓝金环保技术研究院有限公司联合沈阳工业大学、省内骨干环保企业组建的省市级备案新型研发机构，是集环保产业技术研发、技术转移转化、技术服务、科技企业孵化与高端产业人才培养和集聚的“五位一体”专业化公共服务平台。创新中心采用多元化投资、企业化管理和市场化运作，是主要从事科学研究与技术开发及相关的技术转移、衍生孵化、技术服务等活动的独立法人机构。

（二）运行机制与模式

1.决策机制与组织架构

采取公司化运营模式，实行董事会领导下的院长负责制，下设战略管理中心、科技服务中心、技术研发中心和技术推广中心。

2.业务布局与开展方式

蓝金高端环保装备及新材料创新中心采用校企共建的模式，以“汇聚一流人才，促进科技创新，推动产业转型，服务经济发展”为宗旨，瞄准重大战略需求与前沿技术发展方向，以高端环保装备、环境功能新材料为核心，聚焦节能环保领域科技研发和技术服务，全力打造东北地区知名的专注于节能环保领域（包括智能装备、新材料、智慧环保等）的开放型、国际化新型研发平台和技术成果转移孵化平台。

技术研发：采用与高校、科研院所合作模式，形成了“创新人才培养－应用基础研究－关键技术攻关－产业化”创新链条。

企业培育：利用线上线下模式，实现与中小微企业、高校、科研院所和各类创客群体有机结合，助推科技型环保企业培育。

成果转化：构建“新型研发机构＋产业联盟＋产业孵化器”科技成果转化与孵化的国际化“共生体系”，推进科技成果高效转移转化。

创业孵化：构筑完整的创业孵化链条，打造了关键技术产品“应用研发－技术及产品开发－

产品工程化－科技型企业”孵化链条。

人才引进：构建“科技研发人员＋技术经纪人＋高端管理人才＋创业导师＋战略专家库”的专业人才矩阵，精准提供专业化科技创新服务。

3.科技成果转化分配制度

以孵化内部成果和外部成果的组合方式进行科技成果转化，以沈阳工业大学为依托，与省内外高校及科研院所长期合作，确定科技成果转化收益分配制度，通过体制机制完善激活保障创新源头活力。

在成果转化中，创新中心鼓励人才团队持股。人才团队以技术入股，占股95%，沈阳工业大学占股5%。

4.产学研协同创新机制

创新中心依托高校院所、企业、服务机构组建了辽宁蓝金高端环保装备与新材料产学研联盟。联盟坚持“产业聚焦、企业主体、市场导向、政府引导、开放自由”的产学研协同创新机制，构建绿色技术创新中心、科技资源共享服务平台，形成新的合作创新机制和科研成果转化机制。

（三）发展成效

创新中心攻克了一批拥有自主知识产权的关键性技术并实施成果转化。2021年度发表高水平论文21篇，申请授权专利19项，研发新技术、新工艺、新产品6项，拥有注册商标14项。2021年度实施科技成果转移转化项目24项。

创新中心引导创新要素向企业集聚。在节能环保领域，凝聚了一批专业化、高水平的创新人才及专家团队，形成了一批高效低耗水处理技术，掌握了一批核心技术，拥有了一批自主知识产权，完成了一批具有国际竞争力的项目。

创新中心在企业孵化上取得重要进展。依托蓝金创客·环保技术专业众创空间，2021年新注册入孵企业2家，新入孵团队7个，目前蓝金创客在孵初创企业及团队30余个。

六、吉林省绿色食品工程研究院

（一）基本情况

吉林省绿色食品工程研究院（简称“省绿院”）成立于2001年，为企业类新型研发机构。成立初期，省绿院主要业务是充分利用吉林省的绿色资源优势，从事绿色食品的研发、技术转让、咨询服务，随着业务领域的不断拓展，省绿院逐渐发展成为集绿色食品技术转移、工程咨询设计与国际交流合作为一体的专业技术服务机构。

（二）运行机制与模式

1.决策管理与主要业务

省绿院依照章程管理运行，实行院长责任制，下设 7 个部门，其中专家委员会由聘请的国内外知名行业专家组成，负责为机构的研发工作提供论证依据和技术支持。

省绿院致力于探索可作为食品原料的长白山特色生态资源及相关产品开发。采取产学研结合的方式，与国内著名高校、科研院所合作，通过提高免疫力的作用机制和长白山特色生态资源功效成分的分析，筛选出具有提高免疫力作用的长白山特色生态资源并进行验证实验，探究筛选出的长白山特色生态资源作为食品原料利用的可能性，开发具有国内自主知识产权的功能性食品。

2.绩效管理与激励机制

省绿院制定《研发人员绩效考核奖励制度》，将技术研发人员的考核内容划分为工作业绩、工作态度、工作能力，考核过程分为计划沟通阶段、计划实施阶段和考核阶段；而绩效结果是通过薪酬及奖金调整和培训的方式运用的。

省绿院建立了《科技成果转化的实施与奖励制度》，对于参与产品开发的各项目小组，依据承担科研任务的比重及对科研成果的贡献程度，按股份制形式进行成果收益的分配。研究成果收益分配主要体现科研经费投入主体、科研软硬件平台、科研人员三个方面。成果收益的奖励制度是年薪制、绩效奖励制度并列的研究人员激励制度，研究人员的成果收益不影响其年薪和绩效奖励的发放。

3.产学研协同创新机制

省绿院与高校、科研院所、企业合作，推动健康食品等产业技术联合创新，提供技术服务与咨询、产品分析、试验以及技术交流认证等多种技术服务，助力企业产品升级和经济增长。

省绿院搭建“东北亚生物科技创新交流平台”，将国内外高校、科研院所前沿技术及行业信息等内容提供给有需求的企业，形成独立的专家顾问式服务新模式。省绿院将政府、企业、科研院所、高校紧密地结合，共享资源、共同研究，建立长期发展合作战略，推动吉林省绿色健康产业的发展。

（三）发展成效

支持企业研发服务和区域产业创新发展取得重要进展。省绿院与 50 余家高校、科研院所及企业建立了全面技术合作模式，有效解决了技术需求者与持有者沟通不畅、信息不对称、合作盲区、市场脱节等问题。省绿院将自主研发的人参不定根培养方法的发明专利，技术转让至省内人参企业；为 3 家企业提供了人参不定根组织培养关键技术、乳酸菌发酵促进剂、营养复合豆沙等方面的技术开发服务；为企业解决了 38 项企业需求，从而带动所在地区和行业的健康发展。

七、东北精密智能制造产业研究院

（一）基本情况

东北精密智能制造产业研究院（简称“研究院”）成立于2019年，由齐齐哈尔高新区管理委员会成立，是以企业需求为导向、以平台为牵引、以哈尔滨工业大学（简称“哈工大”）为支撑，政校企、产学研协同创新合作模式的新型服务平台。属于公益二类事业单位法人性质，2021年获批为黑龙江省新型研发机构。

（二）运行机制与模式

1.吸纳高端人才团队，促进企业融通发展

一是完善人才团队政策体系吸引人才。在人才团队管理体制、人才队伍培养和激励机制等方面改革完善；二是推动落实好人才服务制度，构建起了覆盖全面、上下贯通、职责明确、精准高效的人才服务体系；三是聚焦重点产业发展引进人才。发挥后发优势，大力培育装备制造重点产业，以重点产业发展带动高新区经济发展迈向新阶段。

2.强化服务体系建设，提升企业服务质量

一是实施企业精准帮扶计划，为企业纾困解难。齐齐哈尔高新区与哈工大科研团队积极合作，建立企业帮扶机制，采取“一对一”精准帮扶政策，为企业进行技术服务、设计服务和检测服务；二是引入高端先进设备，提升平台基础设施建设。

3.推进政校企合作，深化产学研协同创新

对外合作覆盖市内大专院校、哈尔滨重点院所，与英国斯克莱德大学、德国先进工业科技研究院（IAIT）、德国莱茵科斯特公司、俄罗斯秋明大学互动交流。与齐齐哈尔市各大高校建立长期合作关系，将高端制造共享平台建设为大学生培训实践基地，让学生在“学中做”“做中学”，培养应用型技术人才。

4.加强知识产权保护，激发企业创新活力

一是在高新区孵化器内成立知识产权维权援助工作站，配备1~2名具备一定知识产权专业知识及业务能力的专兼职工作人员；二是强化科技成果对接。与市科技局承办组织齐齐哈尔市工业领域科技成果推介对接会，推动校企良性互动、精准对接；三是强化科技成果转化。充分利用科淘网等“互联网+”全链条科技成果转化平台，发布工业、科技、农业等领域最新科技成果，科技成果转化率大幅提升，形成了积极参与、共同受益的良好氛围。

（三）发展成效

高质量服务企业。在技术提升上，为齐四机床进行同轴度测试、宇鹤智能切菜机等项目技术服务 135 次；在加工检测上，为华工机床、景宏机械等全市中小企业提供加工检测服务 76 次，促进了中小企业专业化、标准化和品质化发展，提升了企业核心竞争力。

在人才吸纳及培育上取得重要进展。一是吸附英国斯克莱德大学罗熙淳、哈工大闫永达、孙飞虎等 8 个团队，培育出极致科技、星海光电、孟维机床、北方精密铸造产业研究院等；二是举办创新训练营 27 期，培育技术工人和青年学生 2000 余人，根本上保障了齐齐哈尔市智能制造人才的储备供应。

在产品研发上取得重要进展。科研团队所研发的航天模拟器专用加工机床、超精密金刚石车床、超精密液体静压转台、五轴联动精密复合加工机床等精密超精密产品，已成为齐齐哈尔市在精密超精密产业领域的标志性突破。

为中小企业提供综合性的金融服务。积极引进了银行、担保、保险等金融服务机构，对高新技术企业、重点领域、重大项目、具有市场优势和发展潜力的中小企业提供融资租赁、委托贷款等提供综合化的金融服务。现已与中国工商银行齐齐哈尔分行、太平洋保险公司签订金融服务合作协议，助推企业稳步发展。

八、上海国际人类表型组研究院

（一）基本情况

上海国际人类表型组研究院[International Human Phenome Institutes(Shanghai)，简称“IHPI”]是经上海市批准，由复旦大学牵头，联合中国科学院上海营养与健康研究所、万达信息股份有限公司、绿地控股集团股份有限公司、上海临港经济发展（集团）有限公司、上海南翔医疗科技发展有限公司共同举办的社会服务机构类型的新型研发机构，成立于 2019 年 9 月。研究院实施理事会领导下的院长负责制，中国科学院院士、复旦大学校长金力兼任院长。

IHPI 作为组织实施人类表型组国际大科学计划的战略科技力量与核心研发平台，定位为人类表型组计划的战略智库，表型组标准化工作的创新中心，面向全球科学家的信息管理平台，推动国际、国内合作的服务协调机构，生命科学与生物医药领域的高水平研发机构和高质量产业化机构。

（二）建设运行与发展成效

一是构建高水平研究平台。与复旦大学共同建成全球首个跨尺度、多维度、集成化人体精密测量平台。与全球知名的 Springer 出版集团合作，正式出版 11 期学术期刊，上线 68 篇文章。

二是组建高水平研究团队。IHPI 不以论文论英雄，更注重“软实力”，更看重“为我所用”。目前，IHPI 快速建立了一支跨学科、跨领域的核心团队，涵盖生命科学、药学、物理学、信息安全、管理学等多个学科。截至 2022 年 9 月底，IHPI 共有全职员工 46 名，兼职员工 12 名，硕士研究生及以上学历占比 56.8%，拥有高级职称的员工占比 35.1%。IHPI 结合同地区同行业薪酬水平调查，设定了对外具有竞争性、对内具有公平性和激励性的薪酬机制。

三是构建全球协同创新网络。一方面，组建了由国内 70 家一流高校、科研机构等，包括 33 位院士组成的中国人类表型组研究协作组，共同推动人类表型组国际大科学计划的实施。另一方面，建立起包括来自美国、英国等 20 个国家的 23 家高水平科研机构参与的国际人类表型组研究协作组。

四是创新数据管理云服务模式。以科研协同服务云、SciPlus 科研云为基础进行双向联合探索科研服务新思路。同时与研究所在生物信息领域展开研发合作，从多层面、多环节探讨应用信息安全技术。

五是以标准化引领科技创新。先后筹建了上海市遗传学会等，开展团体标准化工作，主导参与 20 余项标准技术研究。

六是推动创新成果产业化。连续 3 年成功举办“中国医疗器械创新创业大赛人体精密测量专场赛”；打造了具备技术转移、创业孵化、早期投资等多种功能的概念验证中心，服务了儿科临床辅助诊断系统、AI（人工智能）血透监护系统等多个创新成果转化项目。

七是促进高水平学术交流。IHPI 积极参与浦江创新论坛等学术活动，连续 4 年举办了“中国人类表型组大会”等学术活动，并召开中国生物物理学会表型组学分会年会等活动，通过前沿科学领域的交流研讨，碰撞思维的火花。

九、江苏集萃集成电路应用技术创新中心

（一）基本情况

江苏集萃集成电路应用技术创新中心（简称“创新中心”）于 2020 年 8 月 5 日正式揭牌成立，由江苏省产业技术研究院、无锡市人民政府和锡山经济技术开发区共同支持建设，省、市、区总投入规模 9 亿元，载体面积共计 2.5 万平方米。

创新中心旨在构建自主可控工业集成电路产业创新体系和供应链，探索集成电路产业技术创新机制，产出标志性原创技术，培育有竞争力的本土化企业。

（二）运行机制与模式

1.投入主体与组建方式

创新中心由无锡市人民政府、锡山经济开发区管理委员会和江苏省产业技术研究院三方共建。由政府引导，为创新中心提供政策、条件、资金支持；由江苏省产业技术研究院主建，为创新中心提供创新资源和资金支持；由江苏省内产业链平台和龙头企业共同建设，为创新中心提供产业链资源。共建方通过理事会参与建设。

2.治理架构与决策机制

创新中心实行理事会领导下的中心主任负责制，中国工程院院士吴汉明任理事长。理事会是创新中心的最高决策机构，由各共建单位和政府机构共同委派代表组成，探索形成政产学研用多方共建共治共享的科学治理结构，指导创新中心开展建设运营工作。技术咨询委员会是创新中心的战略咨询、技术决策机构，由各共建单位推荐、国内外集成电路及应用领域著名技术或产业专家组成。主要负责提出创新中心发展建议等。

3.业务布局与开展方式

应用需求项目的“揭榜挂帅”组织机制。创新中心在组织层面贯彻“联合攻关”，各职能部门协调资源、解决问题，专业团队高效组织、科学决策。在目标层面突出“真实需求”“量产应用”，在实施层面体现“揭榜挂帅”“赛马制”“研测并行”，科学化节点控制，工程化过程管理。

重点项目的“拨投结合”支持机制。创新中心将用于项目研发的财政资金在项目进行市场化股权融资时转化为相应投资权益的支持模式。

柔性人才引进的“项目经理”机制。创新中心在全球范围遴选国际一流领军人才担任项目经理，以项目组形式，组建研发及管理团队，在严格论证的基础上，赋予项目经理决策权，探索实施“包干制”。

（三）发展成效

创新中心围绕工业芯片自主可控供应链的共性技术需求，建设自主可控的公共服务平台，打造核心服务能力，助推江苏省产业链快速升级。

①技术研发方面。目前，创新中心已围绕工业集成电路布局了6项专利。已建设工业芯片全流程设计服务平台，提供工业芯片全流程设计定制服务；已建设车规级芯片测试验证平台，提供车规级芯片测试验证服务；正在建设微纳技工公共服务平台，提供研发及小批量生产传感器等工业芯片的晶圆制造服务。

②产业化方面。创新中心通过“拨投结合”“揭榜挂帅”等项目组织形式，孵化引进落地产业关键重大项目，构建产业集聚地。“拨投结合”落地重大项目，推动江苏省集成电路产业高质量发展。创新中心围绕工业芯片应用需求，以“拨投结合”方式投资落地重大项目5项，共投资超过7000万元。“揭榜挂帅”组织重大项目联合攻关，协同产业链关键节点企业开展研发创新，实现技术突破。

③人才建设方面。创新中心已聚集国家级专家、省双创人才、海内外名校博士等各类高端人才，与公司、高校建立战略合作联系，培养产业急需的创新型人才，已初步组建芯片定制研发和设计服务团队等。创新中心与扬州大学等9所国内知名高校签订战略合作协议，推进创新中心及孵化企业与高校合作，联合培养了20多名集萃研究生；与南京理工大学合作共建集成电路学院，初步完成集萃集成电路创新学院建设方案。

十、北京航空航天大学杭州创新研究院

（一）基本情况

北京航空航天大学杭州创新研究院（简称“北航杭州创新研究院”），是北京航空航天大学和浙江省、杭州市及滨江区三级政府共建的事业单位类型的新型研发机构。

北航杭州创新研究院以“建设信息领域世界一流技术创新平台和创新人才培养平台”为使命，围绕人工智能、大数据与脑机智能、微电子与信息材料等科技前沿方向，构建从基础研究到产业“纵向贯通”兼顾短中长期的研发体系和“四链横向融通”的开放生态，致力于取得一批重大原始创新和关键核心技术突破与应用，力争成为国家战略科技力量的重要组成部分及区域高质量发展的新引擎。

（二）运行机制与模式

1.管理制度现代化

北航杭州创新研究院实行理事会领导下的院长负责制，理事会成员由北京航空航天大学、杭州高新区、杭州市等主要领导构成，院长由理事会任命。理事会下设院务会，院务会是研究院日常运营管理的决策机构和执行机构，负责研究院发展目标和重大问题的决策，对理事会负责。院长是研究院的法定代表人。

2. 构建三位一体微生态创新体系

北航杭州创新研究院正加快构建“白马湖实验室体系 + 白马湖综合技术协同创新体系 + 白马湖未来产业孵化体系”三位一体的微创新生态体系。围绕前沿科技及未来产业发展，着力建立一批实验室及科学装置和高能级研发中心，打造白马湖实验室体系。在此基础上，依托产学研创新联合体打造白马湖综合技术协同创新体系，支持应用研发、产学研合作及各类技术服务；以科技成果产业化为目标打造白马湖未来产业孵化体系，着力孵化培育未来产业集群。

3. 建立高效科研项目组织机制，提升研发活动效率

北航杭州创新研究院实施科技创新平台建设计划，鼓励各研究中心申报科技创新平台 / 项目，开展科研活动。

“首席科学家 + 中心主任 + 平台负责人”是每个平台 / 项目的“标配”。首席科学家原则上由院士或相当级别的科学家担任，负责为本中心的学科和科研发展方向的前瞻性、先进性和可行性进行战略咨询与指导。中心主任作为各中心的责任教授，负责制定整个中心的战略发展规划、人才发展规划、推荐项目负责人和引进高端人才等工作。平台负责人是各中心各科技创新平台 / 项目建设的组织实施者，可由中心主任推荐担任也可自行担任，对项目的调研论证等全权负责。

4. 探索“点面体”产学研融通模式，形成面向区域产业的成果转化体系

“点”模式，即面向重大产业需求的联合项目攻关。北航杭州创新研究院通过与领军企业组成紧密的联合研发团队，探索共同立项、共同投入、共享收益的联合攻关模式，2019 年至今，研究院与企业联合申报的重点重大类纵向项目近 30 项。

“面”模式，即与企业共建联合实验室或研发中心等创新联合体。北航杭州创新研究院旨在通过联合实验室、研发中心等探索出与各类创新主体的长效合作机制，目前，研究院已经和行业领军企业共建了 17 个联合实验室。

“体”模式，即以开放式共性技术研发或服务平台为核心的创新共同体。北航杭州创新研究院为企业、高校、科研院所等创新主体提供研发、转化所需的软硬件设备、技术服务。

5. 探索多模式用人机制，构建复合型人才队伍

在人才引育方式上，北航杭州创新研究院积极探索实施“专职”“双聘”“兼聘”“高端短聘”等灵活的用人机制；与华为等互联网公司探索定向联合培养，与 15 家企业共建北航研究生实习实践基地，探索产教融合新模式。

在人才队伍结构上，北航杭州创新研究院着力构建兼具高学历高水平科研人员和富有丰富实践工程及市场化运营经验的团队，初步建立了一支由科研人员及工程师为主体，辅以技术经理人、企业家等的人员队伍。

（三）发展成效

人才汇聚方面，北航杭州创新研究院始终把人才引育和培养作为推动研究院发展的重中之重，目前已经汇聚形成 300 余人的高水平科研队伍。研究院首席科学家 8 名，海外院士等高端短聘专家 8 人，博士以上人员比例为 60%，初步形成北航双聘专家和研究院专职人才优势互补、创新与攻坚能力协同的创新团队。

平台建设方面，研究院积极开展高水平科研平台建设，孵化并共建国家重大科技基础设施；智能传感材料与芯片集成技术实验室等获批认定为浙江省重点实验室。

技术攻关方面，研究院不断孵化创新成果，初步形成了“极弱磁量子精密测量与应用”等 5 个具有北航特色的优势信息技术集群，作为牵头单位获批各类纵向科研项目近百项，与领域优势企业共建 17 个联合实验室或联合研发中心，签署企业合作项目 120 余项。

十一、哈工大机器人（合肥）国际创新研究院

（一）基本情况

2016 年 6 月，哈尔滨工业大学和合肥市签署战略合作协议，依托哈尔滨工业大学的优势学科，积极推进技术和成果在合肥市转化，促进科技成果产业化和市场化。市校合作工作单位为合

肥经济技术开发区管理委员会和哈工大机器人集团股份有限公司（现更名为严格集团股份有限公司），哈工大机器人（合肥）国际创新研究院（简称“哈工大合肥院”）由双方联合举办，2016年8月正式登记成立。

（二）运行机制与模式

1.决策机制与业务开展

哈工大合肥院执行理事会下的院长负责制，理事会成员由哈工大机器人集团和合肥经济技术开发区各自委派。管理模式及制度具有灵活性、扁平式和企业化的特点。一般事项经院务会和领导班子决定通过，重大事项需经理事会审议通过后执行。

哈工大合肥院已完成组建智能装备研究所等6个研究所，并采用项目团队负责制，由项目负责人主要负责项目开展，所长监督管理，哈工大合肥院定期督查，倾力打造贯通“行为智能－类脑智能－云脑智能”的智能机器人研究体系。

2.绩效管理与激励机制

哈工大合肥院无事业单位编制，高层管理人员和首席科学家采用年薪制，其他技术和职能人员均以市场化的薪酬水平采用合同聘用制，根据绩效发放年终奖金和项目奖金。制定科技成果转化管理办法和实施细则，哈工大合肥院以科技成果作价投资设立孵化公司时，无形资产的出资比例提取不低于70%，最终核心研发团队在孵化公司中的持股比例不低于40%。

3.产学研协同创新机制

哈工大合肥院通过前期“合作伙伴选择机制”对合作伙伴进行选择，合作过程中，通过“激励机制”“约束机制”“管理机制”促进产学研合作主体合作创新功能的实现，合作结束后通过“合作评价机制”总结经验教训。目前哈工大合肥院已与清华大学等高校、中铁工铁装备集团等企事业单位建立了战略合作关系，共同就领先的机器人技术和科技成果进行研发转化，推动技术创新。

（三）发展成效

1. 在人才吸引、科研成果、成果转化等方面的成效

哈工大合肥院集聚高水平人才248人，参与国家级重大项目9项。承担省市级重点项目11项。申请673项知识产权（其中国外发明专利4项，国内发明专利277项），已授权专利81项（其中国外发明专利2项，国内发明专利79项），主持或参与国家／行业标准11项，已完成405项知识产权的科技成果转化，2021年已完成10个项目的科技成果转化。

2.对企业研发服务和支持区域产业创新发展的成效

哈工大合肥院开展创新创业活动14次，服务企业305次。推动本地产业的发展升级，为安

徽江淮汽车集团股份有限公司等大型企业提供产品和技术服务，提升省内支柱产业发展质量和竞争力。

3.创业孵化企业的成效

2021 年哈工大合肥院共计完成 10 个项目的科技成果转化，实现 18 家科技企业的市场化运营，在研待转化项目 14 个。哈工大合肥院引进培育产业链上下游企业 40 余家，累计培育国家高新技术企业 13 家、规上企业 25 家、省市专精特新企业 10 家、亿元规模企业 5 家，形成涵盖软件算法、核心部件、系统集成等技术及产品的全产业链条。

十二、中科吉安生态环境研究院

（一）基本情况

中科吉安生态环境研究院（简称“中吉院”）为中国科学院地理科学与资源研究所（简称“地理资源所”）和江西省吉安市人民政府联合共建的本级独立、公益二类事业法人单位，成立于 2018 年，2019 年被认定为江西省首批省级新型研发机构。

中吉院的建院宗旨是坚持优势互补、合作双赢、共同发展的原则，积极发挥地理资源所的科研、教育、人才优势和吉安市生态资源及绿色产业发展潜力优势，探索产学研结合与科技成果转化的新模式，加快革命老区绿色崛起，推动吉安市生态文明建设的健康发展。战略规划是“立体监测、试验研究、预测预警、修复示范、产业服务”。业务方向是南方红壤丘陵区生态环境动态监测，南方红壤丘陵区农林复合生态系统产业化技术研发、模式示范及成果推广。

（二）建设发展与成效

中吉院建立了较为完善的运行和管理制度，确立了层次清晰的组织架构。中吉院实行理事会领导下的院长负责制，设有理事长、副理事长各 1 名，理事 10 名（地理资源所和吉安市各 5 名）。下设科学研究部、技术服务部和综合办公室 3 个职能部门，包括 11 个研究室。根据四大研究方向，中吉院成立 4 个研究中心：环境污染防控与修复研究中心、红壤物质循环与功能提升研究中心、自然资源与生态环境智慧化管理研究中心和农林复合生态系统产业化研究中心，共包括 13 个研究团队，分别由该领域的青年科学家担任。

中吉院作为江西省红壤农林产业技术创新战略联盟的发起与领头单位，综合考虑各参与单位的研究基础与优势，着力打造集科学研究、试验示范于一体的综合研发平台。依托井冈山农业科技园现有的实验楼、仪器设备，联合共建中科吉安生态环境研究院分析测试中心，增强中吉院综合实力。为了良性可持续发展，中吉院立足亚热带红壤丘陵区，积极申请国家部委等多部门相关项目，争取国家项目落地吉安，提升中吉院的科研支撑能力。通过转换思维方式，瞄准江西省和吉安地区重大的生态环境问题及农业产业化问题，以地方需求为导向，充分发挥地理资源所的智库与技术优势，提出相关的项目申请指南，积极争取江西省内各类别项目，促进中国科学院的科学研究与成果落地转化。

十三、山东产业技术研究院智能计算研究院

（一）基本情况

山东产业技术研究院智能计算研究院（简称“智研院”）由济南市人民政府和山东产业技术研究院共建。智研院成立于 2020 年 3 月，以院长陈益强为领军人才申报的“面向端边云一体化的智能计算技术研究”项目获批为济南市引进创新团队项目。2021 年，智研院入选省级新型研发机构。

（二）运行机制与模式

1.决策机制与业务组织

智研院为理事会领导下的院长负责制，同时设立领导小组，对理事会工作进行监督并指导。下设 5 个平行分支：委员会分支、支撑部门分支、核心技术研发分支、产业化落地机构分支和产业化公司分支。

智研院充分发挥中国科学院计算技术研究所的技术、人才、项目等，以及山东省高端产业基础、创新政策等优势，聚焦人工智能产业前沿技术、关键核心技术与产业共性技术问题，开展产业技术原始性创新、系统集成创新，以及工程化、产品化验证。

2.绩效管理与激励机制

智研院制定了《绩效考核管理暂行办法》，采用定性考核与定量考核相结合的绩效管理原则，考核结果与薪酬发放、岗位职级调整挂钩，充分调动职工的工作积极性。同时，智研院制定了《科技成果转化管理办法（试行）》，鼓励科研人员进行科技成果转化，促进科技成果转化为现实生产力，对成果的完成及转化作出重要贡献的人才予以相应的奖励。

3.产学研协同创新机制

智研院与首都医科大学宣武医院等开展产学研合作，联合申报“5G+ 医疗健康”相关应用试点项目。与山东省人工智能研究院等 8 家单位开展产学研合作，共同建设智能计算公共实训基地。

（三）发展成效

1.人才吸引方面

智研院引进了智能计算技术研究团队，研究面向物端智能的神经网络芯片等技术，并研发原型系统进行评估和初步应用；引进了认知智能与计算协作团队，在互联网等多个领域，专注语音识别、语音理解、图像识别等核心技术和产品的开发；引进了智慧农业团队，成立了农业数据智

能技术研究中心，通过数据进行农业作物相关情势的分析与预判，搭建智能系统咨询服务平台。

2.科研成果方面

在人工智能产业方面，为突破“卡脖子”困境，智研院研发了自主体系支撑的异构融合智能计算平台，建设了6台智能推理服务器、2台智能训练服务器和3台存储服务器；突破了异构融合计算关键技术和分布式隐私联邦计算关键技术。在神经系统类疾病智能辅诊系统方面，研发了面向帕金森病、阿尔茨海默病等疾病的系统和面向儿童注意缺陷障碍的系统。在新一代智能农机农业方面，突破了遥感图像高精度作物地块自动识别技术，研制了基于多层次精细地块网格的大田种植管理与智能作业系统等。

3.成果转化方面

近年来，智研院签订了11项技术服务合同，实施了11项科研成果的推广应用；智研院筹备成立中国信息产业商会联邦边缘计算分会，截至2022年底，已有50余家相关企业申请加入；作为工作组秘书长单位，智研院开展国际IEEE（电气与电子工程师学会）标准“协同边缘计算”的编写工作。智研院培育企业4家，包括山东中科产研智能计算技术有限公司等。

十四、河南中育分子育种研究院有限公司

（一）基本情况

作为国家生物育种产业创新中心科技创新板块的运营主体，河南中育分子育种研究院有限公司（简称“中育分子研究院”）于2019年11月获得河南省新型研发机构认定。中育分子研究院拥有86名员工，包括2名中国工程院院士、2名中原学者、31名高级职称人员，65名研究生及以上学历的科研人员，其中32名博士和33名硕士。其主要工作领域为农作物育种研发。

（二）运行机制与模式

1.创新机制

中育分子研究院采用“双跨单聘”“两权分处”的机制，吸引了来自河南省农科院等优势团队的核心力量加入。通过这种创新模式，不仅引进了优秀人才，也构建了集中资源、高效创新的环境。

2.跨学科合作

中育分子研究院倡导“揭榜挂帅”“联合攻关”的合作形式，促进了作物育种关键技术的合作研发。通过与荷兰瓦赫宁根大学等国际顶尖研究机构签署合作协议，推动了分子设计育种、表型精准鉴定等领域的合作，推进研发成果的转化。

3.联合研发

中育分子研究院通过“省地联动”“科企联合”机制，整合了优势创新资源，培育了一系列重要的创新成果。与地市级农科院所、省属高校和种业龙头企业联合合作，推动了育种成果的转化和推广。

（三）发展成效

在种质资源收集、评价和新品种创制方面，中育分子研究院取得了显著成果。不仅大幅增加了小麦种质资源，还通过分子标记、品质分析、生理选择等技术，创制了多个具有高抗性和优质性的新品种。在新品种推广方面，如郑麦379和郑麦1860等品种已在河南省内取得广泛应用。

此外，中育分子研究院通过与企业合作，共同培育出多个优质新品种，如特种蔬菜领域的“隐形冠军”和高端设施蔬菜新品种。通过“省地联动”“科企联合”机制，实现了优势资源的共享，推动了产业的发展。中育分子研究院通过独特的创新机制和合作模式，为作物育种领域的科研与创新提供了坚实支持。其取得的成果不仅推动了农业生产的发展，也为种业创新贡献了重要力量。

十五、武汉光电工业技术研究院有限公司

（一）基本情况

武汉光电工业技术研究院有限公司（简称“光电工研院”）是由武汉市人民政府和华中科技大学共建的集共性技术研发、中试熟化对接、高端产业孵化、企业研发服务等功能于一体的新型研发机构和产业发展促进机构。目前已获得国家级科技企业孵化器、国家专业化众创空间、国家级众创空间、“科创中国”十大产学研融通组织之一。

（二）运行机制与模式

1.体制机制创新

光电工研院以“三权下放”到“所有权赋权”为核心，通过体制机制创新，成功将科技成果转化挂牌转让，引领了科技成果转化的改革浪潮。光电工研院积极参与国家科技体制改革，为“科技成果所有权和长期使用权”赋权建言献策，推动地区成为新型研发机构建设的重要一极。

2.创新场景+科技成果

光电工研院将“创新场景＋科技成果”作为双轮驱动，积极营造创新氛围。武汉光电工研院通过建设场景实验室与场景孵化器，助力创新中小企业和华润、中国电建、中国电投等大型央企合作，带动大中小企业融通发展。现已成功打造了多个创新场景，涵盖智慧水务、电力巡检、智

慧矿山等，为企业提供了实际解决方案。

（三）发展成效

光电工研院推动了一系列重要技术的突破，其中包括推进首台国产飞秒激光直写设备进行商业化量产、全球可量产最小规格Mini-LED芯片、国内量产首发全光谱健康光源、国内首款全自主计算光刻EDA软件、国内首台高端宽光谱穆勒矩阵椭偏仪、业内首创全时4K超高清内窥镜、全球首创兼具SPR和ELISA功能的全自动分子检测仪、可量产白光MIniLED柔性背光VR显示模组、晶圆级NanoSPR传感芯片等核心技术攻关，在区域科技创新和产业跨越式发展中作出了积极贡献。

通过建立中日先进光电子技术转移中心和中新国际创新平台等国际合作机制，光电工研院积极促进了与40余个国家、500余家科研和市场主体的合作。这一合作努力使得超过300项尖端技术成果，包括Micro LED、OTFT等300余项尖端技术成果在汉转化。

光电工研院通过创新驱动，在高质量企业培育方面取得了显著成绩。其支持了61家高新技术企业、30家瞪羚企业，以及20家省级及以上“专精特新”小巨人及“隐形冠军”企业的发展。这些企业在技术创新和市场竞争中取得了突破，为整个地区产业的升级和发展注入了新的活力。

十六、长沙先进技术研究院

（一）基本情况

长沙先进技术研究院（简称“长沙先进院”）于2019年1月由长沙市人民政府和中国电子信息集团有限公司合资成立，是一家公司化运行的新型研发机构。主要侧重于先进计算、信息安全等领域的研发创新、成果转化、人才集聚和产业培育。

截至2021年底，该研究院在职员工总数为141人，其中包括正高级工程师、研究员和教授级人员共9人。在员工中，硕士研究生及以上学历的员工占比达到40%。长沙先进院设有多个协同创新中心及数字园区。此外，长沙先进院拥有1.2万平方米的办公研发场地，配备了价值上千万元的研发设备，托管并运营着两个产业园区，并设立了两支用于服务成果转化的基金。

（二）运行机制与模式

1.组建与运行

长沙先进院的共建单位包括长沙市人民政府、中国长城计算机集团公司和国家电力投资集团有限公司。通过“政产金三方共同投入”的模式，整合各方资源，减少了从原始创新到产业化的流程，为区域经济社会发展提供了精准的科技支持。

在决策机制与运行管理上，长沙先进院实行董事会领导下的院长负责制，同时采取了“职能团队服务化、技术团队自主化”的运行管理机制。各协同创新中心围绕战略目标自主决策科研方向和招募人才，采取“面向市场、自主运行、独立核算”的发展模式。通过产业基金加速科技成果转化，最终依托产业园区承载成果落地。通过打造市场化运行机制，长沙先进院构建了全过程创新生态链，实现了“战略规划 + 市场牵引 + 人才集聚 + 科技金融 + 产业落地”的目标。

2.人才体系

长沙先进院采用了多种机制，包括“院士专家战略指导、需求导向自主招聘、地方人才政策引进、央企评价体系培育、核心员工持股激励”等。这些机制构建了“院士专家 + 领军人才 + 创新人才”3 代科研创新人才体系。通过发挥院士专家的顶级智库作用，为长沙先进院的科研发展提供了专业指导。创新团队负责人根据项目需求自主招聘人才，同时充分利用地方人才政策，吸引高校教授和专业博士人才团队。

（三）发展成效

长沙先进院构建了服务技术创新、应用转化和成果落地的全流程承载能力。在本地创新资源集聚的优势下，通过市场化运作，长沙先进院建立了资源平台、智库平台、产业基金和产业园区的服务体系，促进了生态要素的集聚，助力产业发展。通过争创湖南省科技协同创新平台、设立产业投资基金、托管运营产业园区等措施，长沙先进院在多领域推动了科技成果的转化和产业化。通过构建全过程创新生态链，实现了“战略规划 + 市场牵引 + 人才集聚 + 科技金融 + 产业落地”的目标，促进了创新生态的良性发展。

十七、广东华中科技大学工业技术研究院

（一）基本情况

广东华中科技大学工业技术研究院（简称“工研院”）位于东莞松山湖高新技术产业开发区，是华中科技大学在东莞地区的战略合作伙伴。成立于 2007 年，工研院牵头建设了广东省智能机器人研究院，并打造了“华科城”科技企业孵化器，致力于推动产业转型升级。工研院以“事业单位、企业化运作”为基本模式，构建了“三无、三有”的机制特色。截至 2021 年底，工研院拥有 600 余人的研发与技术服务团队，以及 1000 余人的工程化团队。

（二）运行机制与模式

工研院以“事业单位、企业化运作”模式为特色，将“无级别、无编制、无运行费”与“有政府支持、有市场盈利能力、有激励机制”相结合，形成了创新的科研体制机制。此外，工研院通过激励机制，鼓励研发团队进行成果转化，将成果转化收益的一部分奖励给团队成员，促进创新活力的发挥。工研院形成了多个特色模式：

1.“青苹果 – 红苹果 – 苹果林”科技创新模式

工研院注重将高校的研究成果转化为高价值的产品。从“青苹果”即高校的研究成果开始，

经过工研院的工程化开发，将其变成与市场需求紧密契合的“红苹果”，最终构建起整个产业的“苹果林”。

2.“近亲－远亲－远邻”人才汇聚模式

工研院从最初的院士教授团队作为“近亲”，逐步扩展到来自各大高校的“远亲”，甚至引进了国际创新团队作为“远邻”，从而实现了多层次、多领域的人才汇聚。

3.“保姆－伙伴－向导”产业发展模式

工研院在产业发展方面，从最初的支持型角色，发展为与产业合作共同创新的“伙伴”，最终发展为引领产业发展方向的“向导”。这一模式不仅满足了产业转型升级的需求，还促进了产业生态的健康发展。

4.“近距离－零距离－负距离”技术服务模式

工研院通过建立技术服务中心，为企业提供多种技术支持。从最初的“近距离”支持，到实现企业主动上门的“零距离”服务，最终构建了更加深入的“负距离”技术服务模式。

（三）发展成效

工研院在智能制造领域取得了显著的成就，在智能制造领域取得了多项核心技术突破，如尺寸测量、RFID 技术、无人自主技术等。这些技术的应用推动了高端产品的研发，一些技术在国内外处于领先地位。工研院获得了众多知识产权，发表了高水平论文，为国家重大工程提供了支持。同时，通过建立集中式技术服务中心，为企业提供多样化的技术支持，包括设计、检测、测量等领域。该中心在检测资质方面表现突出，为国内外众多企业提供高端技术服务，助力产业转型升级。并通过建立多个国家级科技企业孵化器，支持企业发展和创新创业。这些孵化器成为高新技术企业的重要策源地，为所在区域输出了大量高新技术企业。

十八、桂林电器科学研究院有限公司

（一）基本情况

桂林电器科学研究院有限公司（简称“桂林电科院”）成立于 2020 年 10 月，投入主体为中国机械工业集团有限公司、机械工业第六设计研究院有限公司、中国重型机械研究院股份公司。为广西第二批新型研发机构。专注于推动新型电子信息及新能源材料技术领域的研发与创新。通过与国内知名高等院校合作，倡导产学研合作，致力于攻关行业共性、核心和关键技术，促进技术交流与推广。桂林电科院在电工材料基础上拓展业务，不仅向新能源材料技术领域延伸，还通过开发新型电子信息材料、不断学习国外先进技术，为产学研合作打下了坚实基础。

2021 年，桂林电器科学研究院有限公司技术与创新支持中心（简称“桂林电科院 TISC”）

顺利经过世界知识产权组织（WIPO）和国家知识产权局的评估，正式开始运营。这一支持中心成为广西地区首家由企业负责建设的 WIPO 技术与创新支持中心。

（二）运行发展与成效

1.业务布局与开展

桂林电科院在新型电子信息及新能源材料技术领域进行业务拓展，与国内外高校合作，采用产学研合作模式，开展核心技术和行业共性技术研究，以及高新技术成果的工程化规模化生产。在动力电池材料、电子信息材料和薄膜材料专用装备等领域，桂林电科院建立了完整的研发、分析和试验平台，提升了支持产业发展的科技创新和技术服务能力。

2.人才培养

桂林电科院在人才培养方面建立了多元化培训平台，提升了科技人才的能力素质。通过不断吸引和培养专业技术人才，构建了高水平的研发团队，涵盖了材料研发、成套装备设计制造、动力电池研究等领域。

3.在科技项目和成果转化

桂林电科院组织了多项科研项目，包括国家重点研发项目、集团科技项目、地方项目等。在新型电子信息及新能源材料领域，桂林电科院在薄膜材料、电子信息材料等方面取得了积极的科技成果，实现了成果转化收入。

十九、重庆邮电大学工业互联网研究院

（一）基本情况

重庆邮电大学工业互联网研究院（简称“重邮工业互联网研究院”）成立于 2020 年 7 月 16 日，由重庆邮电大学与重庆仙桃数据谷投资管理有限公司共同出资成立。作为具有独立法人资格的公益性事业单位，重邮工业互联网研究院位于重庆市渝北区仙桃国际大数据谷，占地面积 6000 余平方米，投入设备价值 3000 万元。截至 2021 年底，研究院已拥有 70 余名全职人员。

重邮工业互联网研究院围绕工业互联网产业，开展工业互联网、工业大数据、智能制造、工业人工智能等领域的技术开发、产品研制、系统集成、示范应用、成果推广、人员培训与技术服务。

（二）运行机制与模式

1.实行理事会决策

重邮工业互联网研究院采用高校与产业园区深度融合的组织结构，通过理事会作为决策机构

和监督机构的治理结构，实行理事会领导下的院长负责制。投入主体包括重庆邮电大学与重庆仙桃数据谷投资管理有限公司。重邮工业互联网研究院的决策权涵盖重大改革发展举措、重要人事任免、大额资金使用、大额资产处置、技术成果应用等重要事项。

2. 打造产学研相结合的创新体系

重邮工业互联网研究院致力于打造产学研相结合的创新体系，构建工业互联网创新服务大平台与人才培养基地。通过建设工业互联网与智能制造应用创新中心、工业大数据与智能技术应用创新中心、工业互联网平台工程实训基地等，开展相关领域的技术研发、产品研制、系统集成、示范应用、成果推广、人员培训与技术服务。

同时，重邮工业互联网研究院依托多个平台，如中国 - 韩国工业物联网“一带一路”联合实验室等，与国内外领军研究机构与企业开展产学研协同合作。在国际标准制定、项目申请和标准制定等方面，研究院积极参与，为产学研协同创新提供支持。

（三）发展成效

重邮工业互联网研究院通过引进与培育相结合，优化人员配置结构，培育高水平研究团队。目前，重邮工业互联网研究院拥有多名高级职称人员，以及国家级和省部级人才，为科研提供了强大支持。同时，重邮工业互联网研究院建设了“一中心两平台三场景”的工业互联网创新体系，全面打通设备资产、生产系统、管理系统和供应链条。这有助于促进工业企业效率的提升和地方高质量发展。在工业互联网核心技术与产品方面，取得了一系列关键技术成果，包括工业互联网精确时钟同步与智能实时调度、时间敏感网络关键技术与 TSN 交换机、工业 SDN 关键技术与异构网络 SDN 管理器等。同时，重邮工业互联网研究院还孵化了多家科技型企业，推动科技成果的转化与商业化。

二十、成都川哈工机器人及智能装备产业技术研究院有限公司

（一）基本情况

成都川哈工机器人及智能装备产业技术研究院有限公司（简称“川哈工产研院”）是为响应和落实四川省人民政府与哈尔滨工业大学签署的战略合作协议及成都市人民政府与哈尔滨工业大学签署的战略合作框架协议，于 2017 年 12 月，由省、市、区三级政府联创共建的新型研发机构。

川哈工产研院结合自身资源，深耕网、端两大领域，平台专注智能制造软件系统、机器人伺服驱动器、工业关键环节智能视觉系统的研发和转化，孵化子公司专注软件系统、驱动器、智能传感器、农机智能装备等产品的实施应用和产业化。

（二）运行机制与模式

1. 董事会领导下的院长负责制

川哈工产研院由成都市人民政府、四川省机械研究设计院（集团）有限公司、哈尔滨工业大学等共同出资组建，通过政产学研用机制，打造投资主体多元化的新型研发机构。实行董事会领导下的院长（总经理）负责制。董事会负责审定产研院总体发展计划、重大项目和年度预算方案等。下设科技研发部、市场拓展部、综合管理部、国际合作与交流部。

2.加强产业导向的研发和转化激励

川哈工产研院制定《成果转化管理办法》，给予成果完成人 30% ~ 90% 的成果所有权，充分调动科技研发人员的创新积极性；建立成果转化和投资孵化机制，引入社会资本，积极探索多种科技成果转化形式，促进技术创新成果快速转化与产业化，扶持创新型企业孵化；鼓励科技人员以研发成果入股成立公司，川哈工产研院通过自有资金孵化和参股入股公司的模式，推动科技公司做大做强。

（三）发展成效

川哈工产研院在“平台、公司、研究院”三位一体的模式下取得了显著成效。在研究方向上，川哈工产研院聚焦于软件、伺服和智能感知等关键研发领域，与合作伙伴共同开展科研项目，已累计开展科研项目 20 余项。在智能制造软件系统领域，川哈工产研院与国内顶尖软件开发团队合作，研发了操作系统下的智能制造软件系统；在伺服驱动器研发方向上，产研院依托哈尔滨工业大学等合作伙伴的优势资源，成功研制了国产化的交流伺服驱动器，已在多家军工单位进行试用，实现了伺服驱动器的完全国产化和自主可控；在智能感知与测量系统领域，通过引进优秀团队，开展智能 3D 相机系列产品的研发。

二十一、贵州医药大健康产业研究院有限公司

（一）基本情况

2020 年 8 月，遵义高新区管委会与遵义医科大学、上海诗丹德标准技术服务有限公司达成三方合作协议，共同建立贵州医药大健康产业研究院有限公司（简称“贵州大健康产业研究院”）。贵州大健康产业研究院主要立足于贵州中药民族药资源特色，致力于深入实施创新驱动发展战略，推动新型研发机构建设，提升遵义高新区创新体系整体效能，推动遵义高新区医药大健康产业发展，并服务全市，辐射西南地区。

（二）运行机制与模式

1.多方联合共建，企业化运营

贵州大健康产业研究院采用协同合作的模式，根据《贵州医药大健康产业研究院建设三方合作协议》，贵州大健康产业研究院由遵义高新区管委会作为主要出资方，联合遵义医科大学与上海诗丹德标准技术服务有限公司，共同投入资金建立。

该研究院以有限公司形式运营，以上海诗丹德标准技术服务有限公司为运营管理主体，遵义医科大学为理事单位。这一合作机制充分发挥了各方优势，推动了研究院的高效运行。

2.构建协同发展的人才体系

贵州大健康产业研究院与遵义高新区和遵义医科大学达成全面战略合作协议，充分利用遵义医科大学的人才优势资源，以平台共享、技术共享的模式，推动研究院与遵义医科大学科技园人才队伍双覆盖，将高新区产业园管理人才与遵义医科大学技术人才有机结合，并引入上海诗丹德标准技术服务有限公司高新技术人才，搭建了专业技术人才、高新技术人才负责研究开发，专业运营管理和产业园管理人才负责运营的人才体系。

另外，按照不同项目的层次，以市场化为导向，开放合作的模式，将不同领域的技术专家纳入研究院人才体系，极大降低了研究院的运营成本。

（三）发展成效

贵州大健康产业研究院利用遵义医科大学人才优势开展科学研究、技术创新、研发服务、技术转化和企业孵化，充分发挥上海诗丹德标准技术服务有限公司在标准技术领域的优势，结合贵州中医药发展实际，开展中药物质基础研究、中医药产业相关技术服务、中药产品检测等研究工作，推动遵义高新区中医药产业原始性创新和协同创新、基础研究与应用研究融通发展，解决从实验室到工厂之间的关键衔接问题。

二十二、北京航空航天大学云南创新研究院

（一）基本情况

北京航空航天大学云南创新研究院（简称“北航云南创新研究院”）自2018年5月6日挂牌成立以来，以《北航入滇发展合作协议》约定的建设目标和任务，进行了前瞻式的战略规划和发展布局，推进了一系列科研项目和成果应用。截至2021年底，北航云南创新研究院共建了10个联合实验室，推动企业相关领域的科技与产业技术快速提升。与外部单位共建了9个实验室，内部也建设了13个实验室，总占地面积约1500平方米。研究院累计购置了406项科研设备。

（二）运行机制与模式

1.实行理事会领导下的院长负责制

北航云南创新研究院采用理事会领导下的院长负责制，建立了由理事会、院务会、综合管理部、科创发展部、人才开发部、资产财务部和规划拓新部等组成的组织运行架构。这些部门高效运作，实现交叉协同，推动研究院运行。

2.围绕重点领域构建多元业务板块

北航云南创新研究院以航空航天和信息技术为主题，构建了 3 个科技创新板块、1 个数据支持平台、1 个教学板块。科技创新板块涵盖智能无人系统、智慧网络与信息、智能制造，包括多个研究中心和研究所。此外，建设数字孪生与智慧信息应用中心，提供开放共享的数据支持平台，为科研工作提供资源支持。

（三）发展成效

北航云南创新研究院以云南省科技厅重点支持的“云顶计划”项目为依托，已完成关键核心技术 4 项。其中包括烟叶等级模型，其准确率已达 70%，并已用于系统硬件环境进行现场测试；多源数据融合的大范围场景三维重建与理解技术，实现了场景数据分割和不同类型物体的三维网格数据优化，实现大范围场景的智能分割与优化；新型区块链体系架构技术具备多种优点，如拓展扩容、跨链融合、隐私保护等；基于 Event-B 模型的智能合约形式化设计技术实现了智能合约的可信设计与验证。

同时，北航云南创新研究院联合中国移动通信集团云南有限公司、华为技术有限公司研发的“5G 彩云一号”无人氦气飞艇在楚雄元谋圆满完成测试任务，成为全国首个通过无人飞艇搭载 5G 基站的成功案例。北航云南创新研究院还参与国家重大专项，负责国家某飞行器动力系统可靠性试验，研制了超视距通信终端，为试验任务的成功实施作出了杰出贡献。

二十三、陕西光电子先导院科技有限公司

（一）基本情况

陕西光电子先导院科技有限公司（简称“光电子先导院”）是由中国科学院西安光学精密机械研究所联合高新区、科技厅于 2015 年共同发起成立的新型研发机构，统筹学科、人才、技术优势及金融等资源，打造的国内首家专业化以“政产学研资用孵”相结合的光电子产业基地。

（二）运行机制与模式

1.产学研共建与治理

光电子先导院由西安中科光机投资控股有限公司等企业及地方政府共同构成股东结构，整合各方资源，建立了政府、产业、学界、研究机构、金融等合作共赢的光电子集成产业创新平台。作为创新中心的主要依托单位，光电子先导院共有 5 个股东单位。光电子先导院采用公司化的运营模式，通过责权明确、科学管理的方式进行自主决策。公司实行总经理负责制，股东会领导下的决策机制，股东会由全体股东组成，作为公司权力机构发挥着重要作用。

2.促进科技与产业协同的发展机制

光电子先导院建立了独特的“政产学研资用孵”相结合的机制，通过政府的财政和政策支持，创新中心得以建设和运营，同时依托产学研用协同创新的机制，开展核心技术及共性技术研发、成果转化和行业服务。充分整合了技术、人才、资本和服务，通过市场化运营机制激发创新活力，将市场需求与科研开发相结合，实现产学研的深度融合，推动企业与平台共同发展。

（三）发展成效

截至 2021 年底，光电子先导院已成功引进了 30 多个海外领军人才及项目，孵化了 80 多家光电子企业，突破了一批填补国内空白。例如，西安炬光科技股份有限公司在高功率半导体激光器领域取得了重大突破，实现了高端激光光源整形和耦合–系统集成技术。陕西源杰半导体科技股份有限公司在 25GDFB 激光器方面实现了高速半导体激光器芯片领域的突破，填补了国内高功率激光器芯片的空白，技术实力在国内领先、全球排名靠前。西安奇芯光电科技有限公司通过 VCSEL 外延片制造技术，填补了国内外调制激光器的空白，为国际龙头企业供货。西安唐晶量子科技有限公司则成功解决了大尺寸 GaAs 外延依赖进口的问题，成为国内首家具备量产能力的 VCSEL 企业。西安赛富乐斯半导体科技有限公司成为全球首家可以量产工业级半极性氮化镓材料的硬科技企业，成功开发了 2 微米像素尺寸的全彩 Micro LED 阵列芯片，成为全球率先批量生产的量子点 Micro LED 芯片，实现了从实验室向商业化的成功转变。

二十四、西部矿业集团科技发展有限公司

（一）基本情况

西部矿业集团科技发展有限公司成立于 2016 年 12 月 21 日，是西部矿业集团有效整合公司科技资源，与矿冶科技集团有限公司和江西理工大学共同成立的集科技管理、技术研发及分析检测为一体的新型研发机构。公司拥有青海省首家博士后科研工作站，以及青海省高原矿物加工工程与综合利用重点实验室、青海省有色矿产资源工程技术研究中心、院士工作站、专家工作站等国家级、省级科技创新平台，现代化选矿、冶金、盐湖化工、分析检测实验室和中试与产业化验

证基地。在研究基础方面，公司围绕高原资源开发、综合利用、环保技术研发和推广等方面进行技术研发和技术集成，积累了丰富的高海拔环境下资源开发、生产管理、技术研发等方面的经验。

（二）机制与模式创新

依据创新激励政策，进行科技奖励和人才激励。依据上级公司出台的关于科研项目、科技成果转化的相关办法，开展人才激励，助推公司科技创新人才队伍建设。

进一步加强技术创新平台的自身建设 。一是加大现有研发平台基础建设力度。对国家企业技术中心、省级重点实验室等创新平台进行改造升级，进一步完善试验基础设施，加强人员配置，依托重点实验室建立了选冶研究所、盐湖化工研究所和分析检测中心，以满足越来越多的针对生产实际开展的科研试验的需要。二是通过人才引进平台建设，加大了高层次创新人才引进力度。

加强了技术创新体系的运行。一是始终将创新平台基础建设作为科技创新重点工作之一，近3年，公司在建设中试与产业化印证基地、实验室改造、仪器设备购置加大了投资力度，并在组织机构、体制建设、制度健全等各方面进行了完善。二是进一步加强技术人员的引进培养机制，加大高端人才、急需人才的引进工作力度。三是在年度生产经营计划中专项设置科技计划，在年度预算中列支科研经费专项，用于全公司开展科技创新活动，包括所开展科研项目的研发投入，项目实施过程中分别单独设立专账。公司在极力推动企业精细化管理和全面预算管理的同时，鼓励各下属企业加大各种科技创新活动和技术创新工作的投入。四是依托院士工作站、专家工作站、青海省“人才之家”等平台，采用柔性引进、客座教授、顾问专家、联合培养等多种形式，为公司的科技创新体系不断输送和补充新鲜血液。同时利用西部矿业集团有限公司科学技术协会等加深了与政府和行业协会、学术团体的有机结合，得到了政府相关部门和行业协会、社会团体的大力支持。

二十五、石河子协同创新研究院

（一）基本情况

为深入实施创新驱动发展战略，建设面向新疆生产建设兵团及石河子产业发展和科技发展的新型研发机构，在大连高新区、石河子高新区的支持下，2018 年 12 月石河子市协同创新研究院有限公司在石河子高新区成立，并建设了集“科技研发 + 科技成果转移转化 + 科技服务 + 孵化器 + 加速器 + 离岸创新基地建设”等功能为一体的新型研发机构——石河子协同创新研究院（简称“石河子协同院”）。石河子协同院充分利用国家对口援疆政策，集聚全国科技援疆力量，放大科技援疆效应，开展多层次的兵团科技创新平台体系示范性试点建设，形成跨区域跨行业的研发和创新服务网络。

（二）机制与模式创新

一是投入多元化。除主体投入外，石河子协同院聚集了新疆校企合作委员会的几十所高校院所、丝绸之路经济带核心区全国高校产业创新联盟的24所高校院所的人才及技术资源、各类服务机构和服务团队等；地方政府给予相应的优惠政策。

二是管理机制企业化。石河子协同院在人员聘用、项目管理、财务核算、奖励措施等方面，采取企业化的管理。

三是人才队伍弹性化。石河子协同院根据实际需求灵活配置人才，并制定人才发展战略和人才激励政策。研究院拥有催化技术研发团队、环境技术研发团队、现代农业研发团队和信息安全研发团队4个研发团队；每年高校及科研院所专家弹性办公50人以上。

四是研发活动需求导向化。石河子协同院紧扣兵团及石河子产业发展方向，面向企业技术需求，开展研发、设计、检测等活动。石河子协同院与新疆大全新能源股份有限公司、石河子大学、天津大学联合承担“N-型高效单晶硅生产成套技术与工程示范项目”；与新疆天富垃圾焚烧发电有限责任公司开展“垃圾焚烧飞灰新型高效稳定剂的合成与应用”工作，经测算，该技术将可为新疆天富垃圾焚烧发电有限责任公司每年节省费用300万元，具有良好的经济效益和社会效益。截至目前，围绕兵团及石河子重点产业，开展科技研发、产学研合作和技术转移工作，累计促进科技成果转化合作23项。

五是平台建设多层化。石河子协同院集“科技研发+科技成果转移转化+科技服务+孵化器+加速器+离岸创新基地”的多层化建设，建设了石河子离岸（大连）创新基地和大连离岸（石河子）加速转移转化基地，并建有八大技术创新中心；与大连理工大学等多所高校院所协同合作，共享国家及省部级重点实验室、工程技术研究中心等；建有“丝路协同创新平台”线上平台，截至2021年12月，汇聚科技成果信息近20 000项，聚集各类创新创业服务机构和服务团队30家；推动兵团各师市与对口援疆省市开展兵团（离岸）创新基地建设，形成“兵团离岸+异地孵化”“异地孵化+兵团加速”的新型创新创业模式，集聚资源，推动兵团的科技创新体系建设和产业升级发展。

二十六、大连理工大学人工智能大连研究院

（一）基本情况

大连理工大学人工智能大连研究院（简称“人工智能研究院”）注册成立于2018年11月，是由大连市人民政府与大连理工大学协商共建的新型研发机构，是隶属于大连市人民政府的独立法人事业单位。人工智能研究院主要从事产业共性关键技术研究、科技成果转化与孵化、科学技术服务、人才引进与培养。人工智能研究院获批辽宁省新型研发机构、辽宁省科技成果转化政策激励试点单位。

（二）运行机制与模式

1.决策机制及协同运行模式

人工智能研究院设有管理委员会、专家委员会、院务会。专家委员会由东北大学、清华大学、上海交通大学、中国科学院、百度等单位的国内著名学者、科研人员和人工智能领域企业家联合组成，其中包括中国工程院院士2人、国家级行业领军人才6人，为人工智能研究院发展战略、项目评估、产业基金创投评估及人才招聘等方面提供咨询。具体事务管理实行管理委员会领导下的院长负责制，采用“院长负责、集体讨论、分工落实、责任到人”的决策机制，建立“任务牵引、模块组合、资源共享、灵活高效”的协同运行模式。做到科学谋划、民主决策。人工智能研究院出台《科技成果转化项目管理暂行办法》《关于承担国家项目匹配经费方案》《科研项目管理制度》《科研诚信管理制度》等一系列创新性制度，助推高校科技成果转化。

2.灵活的用人机制

人工智能研究院采取联合招聘、专兼职结合、柔性引进等灵活用人机制，累计引进国家高层次创新人才6人，副教授以上60余人，硕士、博士科研人才近百人，“带土移植”引进人才、项目2个。

3.“1+5+25”的组织架构模式

人工智能研究院探索形成了独特的“1+5+25”的组织架构模式。即“1”家研究院全资控股的产业投资平台；“5”大产业技术中心，主要为大连支柱产业赋能；“25”个高层次创新团队，每个团队创办一家创业公司，主要转化高校科研成果。为促进沪连更加紧密合作，充分发挥人工智能研究院平台作用，2021年在沪设立大连理工大学人工智能大连研究院上海区块链分院。

（三）发展成效

人工智能研究院秉持“科技引领、赋能产业、协同发展、智创未来”的理念，大力引进国内外人工智能领域高端人才，打造可持续发展的与大连产业需求紧密结合的人工智能研发平台、产业转化平台、技术服务平台与培训服务平台。累计引进高层次创新团队25个，孵化科技型企业25家。在复杂工业软件测试技术等方面成果显著，取得自主知识产权200余项。累计签订技术项目合同额6000余万元，带动就业200余人，各项税收贡献300余万元，带动经济效益超10亿元。

二十七、宁波工业互联网研究院

（一）基本情况

宁波工业互联网研究院（简称“宁波工互研究院”）于2018年4月注册成立。围绕“智能制造”和“工业互联网”，宁波工互研究院集中关注工业信息安全、工业大数据、智能制造、机器人等领域，致力于推动国家工业转型发展、重大关键核心技术的创新突破和技术成果转化。2021 年宁波工互研究院牵头建设的“浙江省智能工厂操作系统技术创新中心”成功入选浙江省级首批技术创新中心。建设的“科创中国”工业互联网创新基地于 2022 年入选首批“科创中国”创新基地（产学研协作类）。

（二）运行机制与模式

1.投资主体多元化

打破一般研究院由国有资本单一投资的传统模式，宁波工互研究院由国投创业投资管理有限公司、维科控股集团股份有限公司共同投资组建，充分释放各类投资主体活力。在项目孵化培育过程中，保障创业团队话语权，从种子期、天使期、成长期等阶段，提供全方位的一站式服务。

2.企业运行市场化

一头连接高校院所，携手上海交大宁波人工智能宁波工互研究院，搭建产学研用高端创新资源的合作平台，与浙江大学共建工业自动化国家工程研究中心；另一头连接企业，以企业需求为第一导向，2021 年签署对外服务合同近百个，覆盖数字化工厂、机器视觉、数字化改革、网络安全等方向，为企业精准提供技术支撑、产品销售、技术研发合作等，实现尖端技术研发和科技成果转化的无缝对接；并依托 supOS 工业操作系统，打造工业互联网生态圈，推动工业互联网产业发展。

3.产学研一体化

一是与上海交大宁波人工智能研究院紧密合作，形成“共享公共服务资源、管理资源、产业孵化资源；共建实验室平台、研究生导师队伍以及产业生态”的创新体系，创始人褚健及各事业部负责人兼任上海交大宁波人工智能研究院硕士生导师，联合培养硕士研究生。二是与宁波城市职业技术学院共建工业互联网产业学院，开展工业互联网产业学院实验实训基地建设。三是运用自有研发的工业互联网平台安全实训平台和工控安全试验场，深入实践企业生产安全组织方式、设备工艺流程改革等，运用云计算、信息安全等信息技术建设校企合作安全服务系统，联合培养教学创新团队，搭建培养培训搭建平台。四是与浙江大学、上海交通大学、西北农业大学等高校、研究院所建立合作关系，接收高校实习生；与浙大共建工业自动化国家工程研究中心宁波研究院、工业自动化国家工程研究中心工业操作系统实验室等。

（三）发展成效

在人才集聚方面。截至 2021 年，系列项目已集聚来自美国、英国及北京、上海等地各类高科技人才近 500 名，其中硕博比例 30%。引进中国工程院院士沈荣骏和王天然合作建站，聘请钟山等 5 位院士为新一代信息技术专家委员会顾问。

在技术研发方面。一是推进“工业安卓”智能工厂操作系统——supOS 关键核心技术及生态应用的研发，操作系统连续3年入选工业和信息化部跨行业跨领域工业互联网平台，已应用于30余个行业，汇聚600多家生态企业，建设2600多个“supOS+APPs”新型智能工厂。二是启动工控网络安全研发测试平台建设，自主研发的“控制器完整性监测与恢复系统V2.0”和“控制器防护系统V2.0”填补了我国工控安全领域工业控制器针对性防护方面的空白。

在企业孵化方面。已成功孵化高科技公司10余家，累计认定国家高新技术企业3家、规上企业3家，其中蓝卓数字科技有限公司两轮融资共引进资金8.3亿元，目前估值已达60亿人民币。

二十八、国家高端智能化家用电器创新中心

（一）基本情况

国家高端智能化家用电器创新中心（简称“创新中心”）于2021年11月正式获批国家级制造业创新中心。青岛国创智能家电研究院有限公司作为创新中心的依托公司和承载主体，由海尔集团联合中国家电院、中国电科院及行业龙头企业和上下游合作伙伴等共同发起，成立于2019年2月。

（二）运行机制与模式

1.政产研金各类主体投入共建

创新中心由青岛国创智能家电研究院有限公司负责运营。目前，运营公司现有股东14家，包括家电骨干企业6家，其中本领域国内排名前五企业有3家，市场份额超60%，覆盖山东、广东、安徽、浙江四大制造基地；另有2家国家级行业研究院、4家上游创新企业、2家有政府背景的投资机构，实现了创新要素的深度融合。

2.实行公司化运营

创新中心实行公司化运营，遵循自主经营、自主投资，风险自担，独立核算和合理盈利的模式。公司设立股东会、董事会和监事会，股东会是公司最高权力机构，决定公司的经营方针和投资计划。运营公司实施技术和管理双驱动组织模式，设立技术专家委员会和投资咨询专家委员会，作为创新中心的技术咨询机构，汇聚高端智能家电领域产学研一流专家，推动创新中心发展规划、项目投资和科技创新等工作的开展，提高创新中心决策能力。运营公司下设研究院、产业发展服务中心、综合管理办公室。

3.开展有效激励机制探索

一是创新中心执行高目标、高价值、高增值、高分享的薪酬制度，以此激励员工不断改善绩效，为企业创造更大的价值。二是针对不同层次的研究人员设立专项经费，鼓励联盟单位中的企业科技人员、高校博士及硕士研究生参与创新中心的基础性研究工作，培养出一批在高端智能家电关键技术领域有所建树的中青年学术带头人和科研骨干。三是派出专家指导联盟单位的自主研

发工作，采用产学研相结合的方式，发挥创新中心及成员单位中企业、科研机构和高校的优势，培养高端智能家电技术后备力量，为企业提供持续的人才支撑。

（三）发展成效

经过一年的建设，实现技术突破 8 项；形成新产品、新材料 5 项；4 项技术成果实现首次商业化；通过委托研发、成果转化、技术服务等方式累计服务企业达到 71 家。累计申请专利 21 项，新增发明专利 12 项，新增软件著作权 4 项。团队累计参与标准制定 10 项。

二十九、深圳光启高等理工研究院

（一）基本情况

深圳光启高等理工研究院（简称“光启研究院”）成立于 2010 年，是广东省首批引进海外创新团队建立的国家重点学科领域——超材料领域的民办非企性质的新型科研平台。光启研究院定位为“基础研究－技术攻关－工程化应用－产品产业化－人才建设”全过程创新生态链的践行者，不断深化产学研融合的技术创新体系，提升原始创新能力，在促进机构高质量发展方面取得了丰硕的成果，机构整体效益良好。

（二）运行机制与模式

1.制定科研激励制度

光启研究院聚焦科研人员关心的突出问题，实施《光启集团科研项目管理制度》《光启集团科研项目奖惩制度（试行）》《光启集团公开发表学术论文的奖励制度（试行）》等科研激励制度，着力激发科研人员及科技工作者的创新创造活力。进一步规范和优化科研项目申请、过程管理及验收流程，改进管理方式，提升执行效率，适应科研活动实际需要。

2.开展产学研合作

光启研究院结合高校情况，与之建立特色合作关系，如开展项目合作致力于解决应用基础研究问题与重大技术攻关，搭建人才实践基地致力于校企联动服务人才战略，制定联合培养计划致力于为超材料产业输送专业对口人才。与哈尔滨工业大学、南方科技大学、中国科学院深圳先进技术研究院等共同承担多个科技项目，形成强强联合、优势互补的友好合作关系。

（三）发展成效

1.注重人才集聚，关注人才队伍建设

光启研究院已引进和培养博士后 152 名，已出站博士后 107 名，其中 2021 年在站博士后 8

名，出站博士后3名。已形成了一支多学科的500人的高水平研发团队，涉及新型人工超材料、微波电磁场、太赫兹器件等多个领域。截至2021年底，通过深圳市电子信息专业中级专业技术资格评委会（超材料）培养了正高级研究员3名，高级工程师42名，中级工程师52名，助理工程师10名。

2.重视知识产权布局和核心技术保护

截至2021年底，光启研究院申请专利1876件，其中发明专利1585件；授权专利1442件，其中发明专利1151件。光启研究院在超材料领域的专利具有压倒性的优势，申请量占该领域专利申请总量的86%，完成了超材料底层技术专利覆盖。

3.持续领衔技术及产品标准制定

光启研究院联合其他相关企业单位共同起草了《电磁超材料术语》（GB/T 32005—2015）、《机载超材料天线罩通用规范》（GB/T 37657—2019）、《机载吸波超材料通用规范》（GB/T 37766—2019）、《电磁超材料术语》（GB/T 32005—2015）等国家标准。

4.积极承担科研项目

截至2022年底，光启研究院共承担或参与国家、省、市级政府科研项目近百项，包括“863”计划“超材料空间调制技术研究与产业化”、承担广东省引进创新科研团队专项“超材料的研究与产业化”、承担广东省战略新兴产业核心攻关项目“超材料设计及制造关键技术攻关及应用”项目。

5.开展创业孵化活动

光启研究院积极推进科技成果转化，通过研究现有成熟的孵化机制，建立光启特色的孵化平台。在产业孵化方面，通过创新技术成果转化及投资并购，已成功孵化了2家上市公司、6家高新技术企业。

附件二　中央层面支持新型研发机构发展的政策文件

文件名	发布单位	成文 / 发布日期	发文字号	政策要点
深化科技体制改革实施方案	中共中央办公厅、国务院办公厅	2015 年 9 月		（六）推动新型研发机构发展，形成跨区域、跨行业的研发和服务网络 27. 制定鼓励社会化新型研发机构发展的意见，探索非营利性运行模式
国家创新驱动发展战略纲要	中共中央、国务院	2016 年 5 月		（五）壮大创新主体，引领创新发展 4. 发展面向市场的新型研发机构。围绕区域性、行业性重大技术需求，实行多元化投资、多样化模式、市场化运作，发展多种形式的先进技术研发、成果转化和产业孵化机构
国务院关于印发“十三五”国家科技创新规划的通知	国务院	2016 年 7 月 28 日	国发〔2016〕43 号	三、培育发展新型研发机构 发展面向市场的新型研发机构……制定鼓励社会化新型研发机构发展的意见，探索非营利性运行模式
国务院关于促进综合保税区高水平开放高质量发展的若干意见	国务院	2019 年 1 月 12 日	国发〔2019〕3 号	7. 建设创新高地。综合运用综合保税区政策功能优势，支持国家产业创新中心、国家技术创新中心、国家工程研究中心、新型研发机构等研发创新机构在综合保税区发展。（发展改革委、科技部、海关总署负责）
中共中央 国务院关于构建更加完善的要素市场化配置体制机制的意见	中共中央、国务院	2020 年 3 月 30 日		（十七）培育发展技术转移机构和技术经理人……支持科技企业与高校、科研机构合作建立技术研发中心、产业研究院、中试基地等新型研发机构
国务院关于促进国家高新技术产业开发区高质量发展的若干意见	国务院	2020 年 7 月 13 日	国发〔2020〕7 号	二、着力提升自主创新能力 （四）大力集聚高端创新资源……积极培育新型研发机构等产业技术创新组织。对符合条件纳入国家重点实验室、国家技术创新中心的，给予优先支持

续表

文件名	发布单位	成文 / 发布日期	发文字号	政策要点
中华人民共和国国民经济和社会发展第十四个五年规划和2035年远景目标纲要	十三届全国人大四次会议表决通过	2021年3月12日		支持发展新型研究型大学、新型研发机构等新型创新主体，推动投入主体多元化、管理制度现代化、运行机制市场化、用人机制灵活化
国务院办公厅关于改革完善中央财政科研经费管理的若干意见	国务院办公厅	2021年8月5日	国办发〔2021〕32号	（二十）支持新型研发机构实行“预算＋负面清单”管理模式。鼓励地方对新型研发机构采用与国际接轨的治理结构和市场化运行机制，实行理事会领导下的院（所）长负责制。创新财政科研经费支持方式，给予稳定资金支持，探索实行负面清单管理，赋予更大经费使用自主权。组织开展绩效评价，围绕科研投入、创新产出质量、成果转化、原创价值、实际贡献、人才集聚和培养等方面进行评估。除特殊规定外，财政资金支持产生的科技成果及知识产权由新型研发机构依法取得、自主决定转化及推广应用
中华人民共和国科学技术进步法	第十三届全国人大常委会第三十二次会议修订通过	2021年12月24日		国家支持发展新型研究开发机构等新型创新主体，完善投入主体多元化、管理制度现代化、运行机制市场化、用人机制灵活化的发展模式，引导新型创新主体聚焦科学研究、技术创新和研发服务

附件三　国家部委层面支持新型研发机构发展的政策文件

文件名	发布单位	成文 / 发布日期	发文字号	政策要点
教育部　财政部　国家发展改革委印发《关于高等学校加快“双一流”建设的指导意见》的通知	教育部、财政部、国家发展改革委	2018 年 8 月 8 日	教研〔2018〕5 号	（十）提升科学研究水平 突出一流科研对一流大学建设的支撑作用。充分发挥高校基础研究主力军作用，实施高等学校基础研究珠峰计划，建设一批前沿科学中心，牵头或参与国家科技创新基地、国家重大科技基础设施、哲学社会科学平台建设，促进基础研究和应用研究融通创新、全面发展、重点突破。加强协同创新，发挥高校、科研院所、企业等主体在人才、资本、市场、管理等方面的优势，加大技术创新、成果转化和技术转移力度；围绕关键核心技术和前沿共性问题，完善成果转化管理体系和运营机制，探索建立专业化技术转移机构及新型研发机构，促进创新链和产业链精准对接。主动融入区域发展、军民融合体系，推进军民科技成果双向转移转化，提升对地方经济社会和国防建设的贡献度。推进中国特色哲学社会科学发展，从我国改革发展的实践中挖掘新材料、发现新问题、提出新观点、构建新理论，打造高水平的新型高端智库。探索以代表性成果和原创性贡献为主要内容的科研评价，完善同行专家评价机制
科技部印发《关于新时期支持科技型中小企业加快创新发展的若干政策措施》的通知	科技部	2019 年 8 月 5 日	国科发区〔2019〕268 号	12. 加强科技服务机构培育建设。制订出台促进新型研发机构发展的政策举措，开展新型研发机构培育建设试点，引导面向科技型中小企业创新需求开展成果转化与创新服务。在高等学校、科研院所培育建设一批专业化技术转移机构，为科技型中小企业吸纳科技成果提供专业化服务
科技部印发《关于促进新型研发机构发展的指导意见》的通知	科技部	2019 年 9 月 12 日	国科发政〔2019〕313 号	详见表后全文

续表

文件名	发布单位	成文 / 发布日期	发文字号	政策要点
科技部　发展改革委　教育部　中科院　自然科学基金委关于印发《加强“从 0 到 1”基础研究工作方案》的通知	科技部、国家发展改革委、教育部、中国科学院、自然科学基金委	2020 年 1 月 21 日	国科发基〔2020〕46 号	（二十二）加大地方政府和社会力量对基础研究的投入。鼓励和支持地方政府结合自身优势和特色，制定出台加强地方基础研究和应用基础研究的政策措施，加大对基础研究的支持力度。探索共建新型研发机构、联合资助、慈善捐赠等措施，激励企业和社会力量加大基础研究投入。北京、上海、粤港澳科技创新中心和北京怀柔、上海张江、合肥、深圳综合性国家科学中心应加大基础研究投入力度，加强基础研究能力建设
科技部办公厅　财政部办公厅　教育部办公厅　中科院办公厅　工程院办公厅　自然科学基金委办公室关于印发《新形势下加强基础研究若干重点举措》的通知	科技部办公厅、财政部办公厅、教育部办公厅、中国科学院办公厅、工程院办公厅、自然科学基金委办公室	2020 年 4 月 29 日	国科办基〔2020〕38 号	4. 支持企业和新型研发机构加强基础研究。引导企业面向长远发展和竞争力提升前瞻部署基础研究。扫除高校、科研院所和企业间人才流动的制度障碍。支持企业承担国家科研项目。支持新型研发机构制度创新，在科研模式、评价体系、人才引进、职称评定、内控制度等方面积极探索，先行先试。支持新型研发机构建设创新平台、承担国家科研任务。推动产学研协作融通，形成基础研究、应用研究和技术创新贯通发展的科技创新生态
科技部　深圳市人民政府关于印发《中国特色社会主义先行示范区科技创新行动方案》的通知	科技部、深圳市政府	2020 年 7 月 4 日	国科发区〔2020〕187 号	五、建设科技创新治理样板区 （十二）支持深圳制定新型研发机构项目申请、分类支持等配套政策。推进创业板改革，实行注册制，推进发行、上市、信息披露、交易、退市等基础性制度改革。优化政策环境，重点支持符合国家战略的高新技术产业和战略性新兴产业领域的高新技术企业在创业板上市

续表

文件名	发布单位	成文 / 发布日期	发文字号	政策要点
农业农村部办公厅关于国家农业科技创新联盟建设的指导意见	农业农村部办公厅	2020 年 6 月 29 日	农办科〔2020〕12 号	以习近平新时代中国特色社会主义思想为指导，牢固树立和深入贯彻新发展理念，以国家重大战略需求、区域重大需求和现代农业产业重大需求为导向，以实现农业产学研深度融合为目标，坚持把联盟建设作为推动农业科技创新的重要抓手，集聚各类创新资源，激活各类创新要素，构建高效创新机制，突破关键技术瓶颈，形成协同创新合力，加快构建一批产学研用一体化的创新联合体（新型研发机构），有力带动全国农业科技整体跃升，为实施乡村振兴战略和实现农业农村现代化提供强有力的科技支撑。 建立共建共享机制，打造共建共享平台，提升农业种质、信息、大数据等科技资源全国“一盘棋”的共建共享效率。鼓励联盟以企业为主体，吸引科研院校优势团队和社会资本共同参与，打造新型研发机构或实体化联合体。围绕行业、产业和区域发展的瓶颈制约和共性难题，充分发挥联盟学科交叉、成果集成、人才集中的优势，提供“一体化”综合技术解决方案。 鼓励联盟根据其定位与使命，通过牵头单位或主要依托单位联合申报、或成立实体化机构（新型研发机构）等方式，获得国家有关部门或地方科技专项支持，或承担国家和地方相关部门委托任务。引导和鼓励联盟内企业加大研发、孵化、推广投入力度，发挥主导作用，并吸引其他社会力量、金融资本共同参与联盟建设发展
科技部　国家发展改革委　工业和信息化部　人民银行　银保监会　证监会关于印发《长三角 G60 科创走廊建设方案》的通知	科技部、国家发展改革委、工业和信息化部、中国人民银行、中国银保监会、中国证监会	2020 年 10 月 27 日	国科发规〔2020〕287 号	（七）共同建设重大研发平台。加强安徽合肥综合性国家科学中心建设，支持布局建设国家技术创新中心、国家产业创新中心、国家制造业创新中心等国家级科技创新基地，推进 G60 脑智科创基地、作物种质创新与保藏基地建设，加快提升原始创新能力。加强产学研联动，推动跨区域合作共建联合实验室、技术中心。鼓励国内外知名科研机构、高等院校、科学家和科研团队设立研发基地。在基础研究、关键共性技术研发与创新成果转化领域，探索建立投资多元化、运行市场化的新型研发机构

续表

文件名	发布单位	成文 / 发布日期	发文字号	政策要点
科技部印发《关于加强科技创新促进新时代西部大开发形成新格局的实施意见》的通知	科技部	2020 年 12 月 4 日	国科发区〔2020〕336 号	（四）加大科技型企业培育力度。聚焦西部地区壮大科技型企业规模和提升企业创新能力的需求，支持实施高新技术企业培育计划，研究进一步加大高新技术企业税收优惠力度，引导加大对高新技术企业发展的支持。支持企业与高校、科研院所联合建立新型研发机构，加强西安、成都、兰州等地区公共技术服务平台建设，为中小企业创新活动提供技术供给和研发服务支撑。实施“科技型中小企业成长路线图计划 2.0”，促进企业与投资机构、金融机构对接，支持西部优质企业通过“新三板”、科创板上市融资
科技部关于印发《长三角科技创新共同体建设发展规划》的通知	科技部	2020 年 12 月 20 日	国科发规〔2020〕352 号	强化各类创新主体的协同和联动。支持长三角地区建设一批世界一流大学和世界一流学科。依托“双一流”建设高校在集成电路等领域布局建设一批国家产教融合创新平台，为高校和企业协同开展人才培养、科学研究、学科建设提供支撑。充分发挥长三角高校协同创新联盟作用，整合高校优势科技资源，在重大基础研究和关键核心技术突破等方面形成联合攻关机制。建立长三角一流高校与科研机构的智库联盟，逐步形成引领型智库网络。鼓励有条件的高校、科研机构和企业牵头设立跨区域的新型研发机构
关于加快推动制造服务业高质量发展的意见	国家发展改革委、教育部、科技部、工业和信息化部、司法部等	2021 年 3 月 16 日	发改产业〔2021〕372 号	（十三）制造业研发设计能力提升行动。推动新型研发机构健康有序发展，支持科技企业与高校、科研机构合作建立技术研发中心、产业研究院、中试基地等新型研发机构，盘活并整合创新资源，推动产学研协同创新。大力推进系统设计、绿色设计和创意设计的理念与方法普及，开展高端装备制造业及传统优势产业等领域重点设计突破工程，培育一批国家级和省级工业设计研究平台，突出设计创新创意园区对经济社会发展的综合拉动效应，探索建立以创新为核心的设计赋能机制，推动制造业设计能力全面提升。（科技部、工业和信息化部、发展改革委按职责分工负责）

续表

文件名	发布单位	成文 / 发布日期	发文字号	政策要点
国家知识产权局 中国科学院 中国工程院 中国科学技术协会关于推动科研组织知识产权高质量发展的指导意见	国家知识产权局、中国科学院、工程院、中国科协	2021 年 3 月 31 日	国知发运字〔2021〕7 号	(一)加强知识产权统筹协调和制度建设。建立知识产权统筹协调机制，制定与国家重大战略需求和重点科研任务相适应的知识产权中长期目标。改革完善知识产权考核机制，加快建立以知识产权转化绩效为重要指标的科技创新考评体系，推动重大科技成果知识产权市场转化。积极实施创新过程知识产权管理国际标准，推动知识产权管理深度嵌入创新活动全过程。支持新型研发机构、国家重点实验室、国家实验室制度创新，鼓励在评价体系、职称评定、内控制度、科研模式等方面，开展有利于促进知识产权转化运用的探索
国家发展改革委 科技部关于深入推进全面创新改革工作的通知	国家发展改革委、科技部	2021 年 4 月 7 日	发改高技〔2021〕484 号	(一)构建高效运行的科研体系。主要包括：鼓励社会以捐赠和建立基金等方式多渠道投入基础研究，落实科研经费“放管服”改革，赋予科研机构更大人事自主权，推动科研仪器设备向社会开放，建立支持新型研发机构发展的体制机制等
财政部 海关总署 税务局关于“十四五”期间支持科技创新进口税收政策的通知	财政部、海关总署、税务总局	2021 年 4 月 15 日	财关税〔2021〕23 号	一、对科学研究机构、技术开发机构、学校、党校(行政学院)、图书馆进口国内不能生产或性能不能满足需求的科学研究、科技开发和教学用品，免征进口关税和进口环节增值税、消费税
科技部 中国农业银行印发《关于加强现代农业科技金融服务创新支撑乡村振兴战略实施的意见》的通知	科技部、中国农业银行	2021 年 4 月 20 日	国科发农技〔2021〕95 号	三、加大现代农业科技信贷支持力度 未来 3 年，中国农业银行将向现代农业科技和基层创新领域提供总金额不低于人民币 1000 亿元的意向信用额度，强化金融支持农业高新技术产业发展、将更多的金融资源引入农科园区、县域和科技企业，助力推进农业农村现代化。中国农业银行根据实际需要不断健全完善支持政策和特色金融服务措施。鼓励中国农业银行一级分行在符合法律法规和监管规定的前提下，对辖内农科园区、创新型县(市)、科技企业出台专属金融服务方案和产品，专项用于支持现代农业科技创新、农科园区建设、县域创新驱动发展、新型研发机构培育和科技企业成长，为乡村振兴科技支撑行动提供全方位金融支持

续表

文件名	发布单位	成文 / 发布日期	发文字号	政策要点
科技部　中国农业银行印发《关于加强现代农业科技金融服务创新支撑乡村振兴战略实施的意见》的通知	科技部、中国农业银行	2021 年 4 月 20 日	国科发农技〔2021〕95 号	八、扶持新型研发机构和科技企业加快成长 科技部和中国农业银行将加强资源整合力度，共同加大对新型研发机构、科技企业融资支持力度。根据工作需要，各地方科技主管部门可向中国农业银行各分支机构提供区域内新型研发机构和科技企业的合规数据。中国农业银行各分支机构要及时主动了解辖内新型研发机构和科技企业的金融需求，联合地方科技主管部门开展银企（机构、院所）对接活动、培训及政策宣讲，探索建立投贷联动的科技金融服务模式，提供“融资 + 融智”全方位服务
关于印发《中央引导地方科技发展资金管理办法》的通知	财政部、科技部	2021 年 11 月 30 日	财教〔2021〕204 号	（二）科技创新基地建设。主要指地方根据本地区相关规划等建设的各类科技创新基地，包括依托大学、科研院所、企业、转制科研机构设立的科技创新基地（含省部共建国家重点实验室、临床医学研究中心等），以及具有独立法人资格的产业技术研究院、技术创新中心、新型研发机构等
交通运输部关于印发《交通运输部促进科技成果转化办法》的通知	交通运输部	2022 年 5 月 24 日	交科技发〔2022〕67 号	第十四条 支持有条件的单位联合企业建立技术创新中心、产业研究院、中试基地等新型研发机构，共同开展研究开发、成果应用与推广、标准研究与制定等活动
科技部办公厅　贵州省人民政府办公厅关于印发《“科技入黔”推动高质量发展行动方案》的通知	科技部办公厅、贵州省政府办公厅	2022 年 6 月 23 日	国科办区〔2022〕87 号	支持贵州创新和完善东西部科技合作长效机制，吸引国家级科研单位、重点大型企业和高等学校在黔布局建设新型研发机构、开展技术研发和成果转化。推动省内科研院所、高校、企业与中科院、清华大学、上海交通大学、同济大学、南方科技大学等持续开展务实合作。不断拓宽与东部省市的科技合作与创新协作领域，积极构建“东部研发 + 贵州制造”“东部成果 + 贵州转化”合作模式，提升科技支撑创新发展的能力。支持贵州贵阳深化与中关村国家自主创新示范区的科技合作，共建公共大数据国家重点实验室，推动人工智能、区块链、智能制造等领域科技成果贵州本地转移转化，促进贵州数字经济高质量发展

续表

文件名	发布单位	成文 / 发布日期	发文字号	政策要点
科技部 财政部 教育部 中科院关于持续开展减轻科研人员负担激发创新活力专项行动的通知	科技部、财政部、教育部、中国科学院	2020 年 10 月 22 日	国科发政〔2020〕280 号	3. 新型研发机构服务行动。对重点新型研发机构实行“一所一策”，在内部管理、科研创新、人员聘用、成果转化等方面充分赋予自主权。研究制定新型研发机构的统计指标，加快建设新型研发机构数据库和信息服务平台，发布新型研发机构年度报告。推动地方根据区域创新发展需要，从科技计划项目、创新平台、成果转化、人才团队等方面加强专题研究，给予更多针对性的政策支持。指导和推动新型研发机构实行章程管理、理事会决策制、院长负责制。（科技部、统计局按职责分工）
科技部等六部门关于印发《关于加快场景创新以人工智能高水平应用促进经济高质量发展的指导意见》的通知	科技部、教育部、工业和信息化部、交通运输部、农业农村部、国家卫生健康委	2022 年 7 月 29 日	国科发规〔2022〕199 号	9. 鼓励高校院所参与场景创新。 支持高校、科研院所、新型研发机构等探索人工智能技术用于重大科学研究和技术开发的应用场景。鼓励在成果转化中主动对接城市、产业的人工智能技术需求，开展场景创新的产学研合作，提高科研工作的市场化导向，激活科研人员创新潜力。鼓励科研人员参与场景创业，挖掘人工智能科研成果场景创意，加速人工智能技术产业化应用。 10. 培育壮大场景创新专业机构。 鼓励行业领军企业、科技龙头企业、科技类社会组织、新型研发机构等以人工智能技术与产业融合创新为导向开展人工智能场景创新实践，聚焦产业智能化场景创新需求，建设人工智能场景创新支撑环境、引入行业场景资源、联合开展场景创建、孵化新企业新业务。鼓励市场化人工智能场景创新促进服务机构发展，在人工智能场景发现、发布、对接、推广、培育等方面积极开展理论研究和实践，探索多元主体合作的场景创新新机制
科技部 财政部关于印发《企业技术创新能力提升行动方案（2022—2023 年）》的通知	科技部、财政部	2022 年 8 月 5 日	国科发区〔2022〕220 号	9. 加强产学研用和大中小企业融通创新。支持企业与高校、科研院所共建一批新型研发机构。开展促进科技成果转化专项行动，推动各类科技成果转化项目库向企业开放，加快各级科技计划等成果在企业转化和产业化。支持将高校、科研院所职务科技成果通过许可等方式授权企业使用。面向重点行业龙头企业征集技术产品问题，组织中小企业“揭榜”。在大企业牵头承担的科技计划项目中安排一定比例的中小企业参加。鼓励各地培育大中小企业融通创新平台和基地，促进产业链上下游企业合作对接。引导大中小企业融通型特色载体进一步提升服务能力，为融通创新提供有力支撑。依托中国创新创业大赛和“创客中国”中小企业创新创业大赛等，持续开展大中小企业融通创新竞赛

科技部印发《关于促进新型研发机构发展的指导意见》的通知

国科发政〔2019〕313号

各省、自治区、直辖市及计划单列市、副省级城市科技厅（委、局），新疆生产建设兵团科技局：

为深入实施创新驱动发展战略，推动新型研发机构健康有序发展，提升国家创新体系整体效能，科技部制定了《关于促进新型研发机构发展的指导意见》，现印发给你们，请认真贯彻执行。

科技部

2019年9月12日

（此件主动公开）

关于促进新型研发机构发展的指导意见

为深入实施创新驱动发展战略，推动新型研发机构健康有序发展，提升国家创新体系整体效能，提出如下意见。

一、新型研发机构是聚焦科技创新需求，主要从事科学研究、技术创新和研发服务，投资主体多元化、管理制度现代化、运行机制市场化、用人机制灵活的独立法人机构，可依法注册为科技类民办非企业单位（社会服务机构）、事业单位和企业。

二、促进新型研发机构发展，要突出体制机制创新，强化政策引导保障，注重激励约束并举，调动社会各方参与。通过发展新型研发机构，进一步优化科研力量布局，强化产业技术供给，促进科技成果转移转化，推动科技创新和经济社会发展深度融合。

三、发展新型研发机构，坚持“谁举办、谁负责，谁设立、谁撤销”。举办单位（业务主管单位、出资人）应当为新型研发机构管理运行、研发创新提供保障，引导新型研发机构聚焦科学研究、技术创新和研发服务，避免功能定位泛化，防止向其他领域扩张。

四、新型研发机构一般应符合以下条件：

（一）具有独立法人资格，内控制度健全完善。

（二）主要开展基础研究、应用基础研究，产业共性关键技术研发、科技成果转移转化，以及研发服务等。

（三）拥有开展研发、试验、服务等所必需的条件和设施。

（四）具有结构相对合理稳定、研发能力较强的人才团队。

（五）具有相对稳定的收入来源，主要包括出资方投入，技术开发、技术转让、技术服务、技术咨询收入，政府购买服务收入以及承接科研项目获得的经费等。

五、多元投资设立的新型研发机构，原则上应实行理事会、董事会（以下简称“理事会”）决策制和院长、所长、总经理（以下简称“院所长”）负责制，根据法律法规和出资方协议制定章程，依照章程管理运行。

（一）章程应明确理事会的职责、组成、产生机制，理事长和理事的产生、任职资格，主要经费来源和业务范围，主营业务收益管理以及政府支持的资源类收益分配机制等。

（二）理事会成员原则上应包括出资方、产业界、行业领域专家以及本机构代表等。理事会负责选定院所长，制定修改章程、审定发展规划、年度工作计划、财务预决算、薪酬分配等重大事项。

（三）法定代表人一般由院所长担任。院所长全面负责科研业务和日常管理工作，推动内控管理和监督，执行理事会决议，对理事会负责。

（四）建立咨询委员会，就机构发展战略、重大科学技术问题、科研诚信和科研伦理等开展咨询。

六、新型研发机构应全面加强党的建设。根据《中国共产党章程》规定，设立党的组织，充分发挥党组织在新型研发机构中的战斗堡垒作用，强化政治引领，切实保证党的领导贯彻落实到位。

七、推动新型研发机构建立科学化的研发组织体系和内控制度，加强科研诚信和科研伦理建设。新型研发机构根据科学研究、技术创新和研发服务实际需求，自主确定研发选题，动态设立调整研发单元，灵活配置科研人员、组织研发团队、调配科研设备。

八、新型研发机构应采用市场化用人机制、薪酬制度，充分发挥市场机制在配置创新资源中的决定性作用，自主面向社会公开招聘人员，对标市场化薪酬合理确定职工工资水平，建立与创新能力和创新绩效相匹配的收入分配机制。以项目合作等方式在新型研发机构兼职开展技术研发和服务的高校、科研机构人员按照双方签订的合同进行管理。

九、新型研发机构应建立分类评价体系。围绕科学研究、技术创新和研发服务等，科学合理设置评价指标，突出创新质量和贡献，注重发挥用户评价作用。

十、鼓励新型研发机构实行信息披露制度，通过公开渠道面向社会公开重大事项、年度报告等。

十一、符合条件的新型研发机构，可适用以下政策措施：

（一）按照要求申报国家科技重大专项、国家重点研发计划、国家自然科学基金等各类政府科技项目、科技创新基地和人才计划。

（二）按照规定组织或参与职称评审工作。

（三）按照《中华人民共和国促进科技成果转化法》等规定，通过股权出售、股权奖励、股票期权、项目收益分红、岗位分红等方式，激励科技人员开展科技成果转化。

（四）结合产业发展实际需求，构建产业技术创新战略联盟，探索长效稳定的产学研结合机制，组织开展产业技术研发创新、制订行业技术标准。

（五）积极参与国际科技和人才交流合作。建设国家国际科技合作基地和国家引才引智示范基地；开发国外人才资源，吸纳、集聚、培养国际一流的高层次创新人才；联合境外知名大学、科研机构、跨国公司等开展研发，设立研发、科技服务等机构。

十二、鼓励设立科技类民办非企业单位（社会服务机构）性质的新型研发机构。科技类民办非企业单位应依法进行登记管理，运营所得利润主要用于机构管理运行、建设发展和研发创新等，出资方不得分红。符合条件的科技类民办非企业单位，按照《中华人民共和国企业所得税法》、《中华人民共和国企业所得税法实施条例》以及非营利组织企业所得税、职务科技成果转化个人所得税、科技创新进口税收等规定，享受税收优惠。

十三、企业类新型研发机构应按照《中华人民共和国公司登记管理条例》进行登记管理。鼓励企业类新型研发机构运营所得利润不进行分红，主要用于机构管理运行、建设发展和研发创新等。依照《财政部 国家税务总局 科技部关于完善研究开发费用税前加计扣除政策的通知》（财税〔2015〕119号），企业类新型研发机构享受税前加计扣除政策。依照《高新技术企业认定管理办法》（国科发火〔2016〕32号），企业类新型研发机构可申请高新技术企业认定，享受相应税收优惠。

十四、地方政府可根据区域创新发展需要，综合采取以下政策措施，支持新型研发机构建设发展：

（一）在基础条件建设、科研设备购置、人才住房配套服务以及运行经费等方面给予支持，推动新型研发机构有序建设运行。

（二）采用创新券等支持方式，推动企业向新型研发机构购买研发创新服务。

（三）组织开展绩效评价，根据评价结果给予新型研发机构相应支持。

十五、鼓励地方通过中央引导地方科技发展专项资金，支持新型研发机构建设运行。鼓励国家科技成果转化引导基金，支持新型研发机构转移转化利用财政资金等形成的科技成果。

十六、科技部组织开展新型研发机构跟踪评价，建设新型研发机构数据库，发布新型研发机构年度报告。将新型研发机构纳入创新调查和统计调查制度实施范围，逐步推动规模以下企业类新型研发机构纳入国家统计范围。地方科技行政管理部门负责协调推动本地区新型研发机构建设发展、开展监测评价、进行动态调整等工作。

十七、建立新型研发机构监督问责机制。对发生违反科技计划、资金等管理规定，违背科研伦理、学风作风、科研诚信等行为的新型研发机构，依法依规予以问责处理。

十八、地方可参照本意见，立足实际、突出特色，研究制定促进新型研发机构发展的政策措施开展先行先试。

附件四　地方政府层面支持新型研发机构发展的政策文件

天津市

天津市人民政府办公厅
关于加快产业技术研究院建设发展的若干意见

津政办发〔2018〕24号

各区人民政府，各委、局，各直属单位：

为深入实施创新驱动发展战略，加快推进产业技术研究院建设，打造具有国际影响力的产业创新中心生态体系，结合本市实际，经市人民政府同意，提出以下意见。

一、指导思想

以习近平新时代中国特色社会主义思想为指导，全面贯彻党的十九大和十九届二中、三中全会精神，以习近平总书记对天津工作提出的“三个着力”重要要求为元为纲，以新发展理念为引领，抢抓京津冀协同发展历史性窗口期，深化体制机制改革，广聚国内外科技资源，加快引进培育、发展壮大一批产业技术研究院，不断完善企业为主体、市场为导向、产学研深度融合的技术创新体系，着力推进创新型城市和产业创新中心建设，推动实现高质量发展，为全面建成高质量小康社会、加快“五个现代化天津”建设提供有力支撑。

二、功能定位与建设原则

（一）功能定位

本意见所称产业技术研究院，是指在天津注册，聚焦人工智能、生物医药、新能源新材料等战略性新兴产业创新链后端，在工程技术开发、技术商品化、科技成果转化和企业衍生孵化等方面具有鲜明优势与特色的新型研发机构，是投资主体多元化、建设模式国际化、运行机制市场化、管理制度现代化的独立法人组织。

主要功能包括：

——集聚资源。吸引聚集海内外高端人才、重大成果、产业资本等高端要素；突出对京津冀资源的协同整合，充分吸纳北京科技创新中心溢出资源。

——技术供给。向社会提供关键共性技术、产品样机、生产工艺、装备等面向生产的技术成果；打通科学研究与产品开发之间“最后一公里”。

——转化孵化。加快技术成果转移转化，推动企业内部创业和裂变发展，衍生孵化一批具有爆发式增长潜力的科技型企业。

——人才输送。加速人才在高校院所和产业间自由流动，加快人力资本活化，促进创新人才向产业人才、创业者、企业家转变。

——战略导航。以全球化视野聚焦天津产业基础和发展战略，进一步加强对全社会技术创新的引导和服务能力，增强研发的组织协调性和目标导向性。

（二）建设原则

——市场运作，政府引导。发挥市场在科技资源配置中的决定性作用，根据市场需求，遵循市场规则和科研规律，由市、区两级政府共同支持引导产业技术研究院的建设和运行。

——改革探索，攻坚破冰。探索建立以增加知识价值为导向、有利于激发科研人员创新活力的新型体制机制，聚焦改革难点痛点，打造高校院所科研体制改革的“试验田”。

——聚焦高端，宁缺毋滥。高标准遴选产业技术研究院予以扶持，本着面向产业链、创新链的中高端，竞争上游，上游竞争，引领产业转型升级。

——整合力量，开放创新。充分调动“产、学、研、用、资”各方力量，实现产业技术研究院创新要素高度集成，立足天津、辐射京冀、服务全国、面向世界，推动创新发展互利共赢。

三、建设目标

到 2020 年，经认定的产业技术研究院达到 20 家，累计开展 3000 次以上技术服务（含委托研发、技术转让），开发新技术、新产品、杀手锏产品 400 项，衍生孵化企业 200 家，成为产业创新中心生态体系中最活跃、最高效的组成部分。

到 2025 年，经认定的产业技术研究院达到 30 家，累计开展 1 万次以上技术服务（含委托研发、技术转让），开发新技术、新产品、杀手锏产品 1000 项，衍生孵化企业 600 家；涌现出一批自身及衍生企业总收入过百亿元的产业技术研究院，孵化出一批在行业内具有重要影响的上市企业，成为具有国际影响力的产业创新中心的重要支撑。

四、主要任务措施

（一）建立产业技术研究院认定管理制度

市科技主管部门负责制定产业技术研究院的认定标准，委托第三方机构开展产业技术研究院资格认定工作。通过认定的产业技术研究院，有效期为 3 年。从获得资格认定年度起，享受与产业技术研究院有关的扶持政策。

（二）建立产业技术研究院年度考核与财政资金奖励制度

着眼于激发产业技术研究院创新活力，培育新兴产业，加速科技与经济融合发展，对上年度产业技术研究院开展技术开发、成果转化、企业孵化和对地方经济贡献的绩效进行评价；建立年度考核和财政资金奖励制度，根据评价考核结果择优给予奖励，每家每年奖励额度最高不超过1000万元，特殊情况（特别优秀的）可突破奖励补贴上限，给予大力支持。

（三）支持产业技术研究院创新能力建设

产业技术研究院或衍生企业牵头承担国家科技重大专项和国家重点研发计划重点专项项目的，市、区两级财政共同给予国家支持额度1：1的配套资金支持，其中市、区各占50%。产业技术研究院申报市级科技计划的，不受申报项目数量限制。对于进口国内不能生产或者性能不能满足需要的科学研究和科技开发等仪器设备，未能享受进口税收优惠的，市财政根据产业技术研究院上年度进口科学研究和科技开发等仪器设备的应纳税额，给予不高于50%的补贴，每家每年补贴额度不高于500万元。领军企业产学研用创新联盟将秘书处设在产业技术研究院的，优先支持由联盟组织实施本市科技重大专项并提出指南建议，由符合条件的联盟成员单位进行申报。

（四）加快衍生企业发展

产业技术研究院衍生企业主要负责人优先纳入本市新型企业家培养工程。对产业技术研究院发起设立的天使基金和创投基金，天津市天使投资引导基金和创业投资引导基金同等条件下优先给予参股支持。对投资于产业技术研究院衍生且在天津市注册企业的天使类投资，发生投资损失的，由天津市天使投资引导基金给予投资机构不超过实际投资损失额50%的补偿，单个企业项目投资损失最高补偿300万元。

五、组织保障

（一）加强组织领导

市级有关部门、各区（功能区）要加强协调配合，优化办事流程。市科技主管部门负责产业技术研究院的认定和管理工作，并会同市财政局做好产业技术研究院年度考核和财政资金支持工作。各区（功能区）科技主管部门负责辖区内产业技术研究院的相关管理工作。

（二）加大财政支持

市财政统筹现有科技资金，支持产业技术研究院建设发展。各区（功能区）要将对产业技术研究院的支持纳入本级财政预算。

（三）强化政策落实

市、区联手建立人才引育、落户和机构引建等已有政策落实机制，实行“一对一”联系服务，确保逐项落实到位。对支撑和引领全市科技进步、高端人才培育、产业升级发展具有重大意义的产业技术研究院，市、区两级可采取“一院一策”的方式，共同给予更大力度扶持。各部门、各区（功能区）要抓好现有政策落地实施，鼓励出台更大力度的支持政策。

本意见自发布之日起实施，2020年后将视实施情况优化完善。

天津市人民政府办公厅

2018年8月27日

河北省

河北省科学技术厅
关于印发《河北省新型研发机构建设工作指引》的通知

冀科平函〔2019〕49号

各市（含定州、辛集市）、县（市、区）科技局，雄安新区管委会改发局，各有关单位：

为深入实施创新驱动发展战略，推动我省新型研发机构的健康有序发展，加快建立以市场需求为导向的产业技术研发服务体系，推进京津冀协同发展和产学研融合发展，培育经济社会高质量发展的新引擎新动能，省科技厅制定了《河北省新型研发机构建设工作指导》，现印发你们，请结合实际，认真贯彻落实。

附件：河北省新型研发机构建设工作指引

河北省科学技术厅

2019年12月11日

河北省新型研发机构建设工作指引

为贯彻《中共河北省委河北省人民政府关于深化科技改革创新推动高质量发展的意见》（冀发〔2019〕4号），落实科技部《关于促进新型研发机构发展的指导意见》（国科发政〔2019〕313号），构建市场导向的产业技术研发服务体系，特就我省新型研发机构建设发展提出以下指导意见。

一、重要意义

新型研发机构，是加强科技创新、实施创新驱动发展战略的新生力量，聚集高层次科技资源，融通科研开发体系与产业应用体系，培育高质量发展新动能的重要抓手。加快建设发展新型研发机构，引导支持高等学校、科研院所的创新创业团队和海外留学归国人员落户河北，面向我省企业产业发展进行科研开发和成果转化，打通从“科学”到“技术”到“产品”的通道，攻克产业关键核心技术和共性技术难题，孵化培育前沿技术应用和先进成果产业化的科技型企业，建立以市场需求为导向、产学研深度融合的技术创新体系，对于促进我省战略新兴产业发展和传统产业改造升级，提升全省科技创新实力，加快创新型河北建设步伐，具有重要意义。

二、功能定位和特征特点

新型研发机构，是指多主体投资、多模式组建、企业化管理、市场化运作，主要从事科学研究与技术开发以及与之相关的技术转移、衍生孵化、技术服务等创新创业活动，具有功能定位综合化、研发模式集成化、运行模式柔性化等新特征，独立核算、自主经营、自负盈亏、可持续发展，政产学研用实质性紧密结合，明显区别于传统国有独立科研机构的新兴研发机构。

（一）主营业务

1. 开展科研开发。开展科学研究和技术研发，解决产业发展中的科学难题和技术瓶颈，支持企业突破关键技术和共性技术难题，引领产业技术方向。

2. 孵化科技型企业。以技术成果为纽带，联合产业基金和社会资本，技术、人才、资本、服务一体化，技术转让、技术入股等相结合，孵化和培育科技型企业。

3. 科技成果转移转化。完善中试条件，建立技术转移和转化合作机制，开展基础研究、应用基础研究、前沿技术、产业共性关键技术、高新高端产品等科研成果向产业应用的“二次开发”和技术服务，加快科研成果、先进技术的转化应用。

4. 集聚和培养创新创业人才。创新体制机制，营造良好环境，立足河北、面向京津、放眼世界，吸纳、支持国内外优秀人才或团队带成果带技术带资本到河北创业发展。

5. 提供技术服务。发挥人才资源优势和研发设施优势，开展产业规划研究、技术进步路线研究、技术诊断、工业设计、技术集成、成果应用等技术性服务，支撑企业自主创新能力的提升和行业科技进步水平的提高。

（二）基本特征

1. 投资主体多元化。由科技人员、高等学校、科研院所、企业、政府国有资本投资平台、其他社会资本等多元主体共同投资，实行投管分离、独立核算，建立起“利益共享、风险共担”的股份或契约合作关系，具有独立法人资格，自主选用技术开发公司、研究院（所）、研发（创新）中心等名称。

2. 管理体制现代化。实行董事会或理事会决策和法人代表负责制，制定了研发机构章程，建有企业化管理的组织结构、工作体系、规章制度，实行全员聘用、自主招聘、固定人员和流动人员相结合、“能进能出”的灵活用人机制，采用按岗位按业绩按贡献定酬取酬的薪酬体系。

3. 主营业务科技化。以科研为产业、技术为商品、技术研发与服务为核心业务，引进吸纳高等学校、科研院所和海外创新创业人才团队及研发成果，面向企业产业开展合同研发、合同技术转让、合同咨询服务、技术入股和科技型企业孵化（以下简称“合同科研”），不直接从事市场化的产品生产和销售。

4. 运行机制市场化。根据需求动态灵活设置研究单元、自主组织创新创业团队，以“合同科研”为业务开展的主要方式，科研来自市场需求，成果交由市场检验，绩效通过市场评估，财政支持由市场贡献决定，科技人员收益由创新贡献和市场效益取得，“岗位薪酬”、“收益分成”、“股权期权”作为主要激励措施。

5. 研发、转化、孵化、服务、投资多功能一体化。科研开发、成果转化、企业孵化、技术入股、创业投资等一体化实施，创新链、产业链、资金链、价值链深度融合，研发业绩、创新成果、产业贡献直接体现在承接的委托研发服务合同、“合同科研”产生的创新成果、成果转化孵化育成的科技型企业、技术转让推广的数量以及服务支持的企业产业发展上。

6. 人才团队市场化。建立开放的引人用人机制，持续引进海内外高端人才及团队，持续培养产生高水平创新创业人才，科研开发领军人才领衔新型研发机构的建设和发展，技术人员领军成果转化和企业孵化。

（三）机构类型

1. 公司制法人企业类型。由自然人、高等学校、科研院所、企业、政府投资机构和其他社会组织以现金、技术成果、资产、投资基金等共同出资创办，科技研发团队领办，高校、科研院所科研成果及知识产权作价入股，主要从事技术研发、成果转化、科技企业孵化、技术服务等业务，按照《中华人民共和国公司登记管理条例》登记注册的企业法人性质的研发机构。

2. 事业单位类型。国内外高等学校、科研院所和创新创业团队与地方政府及各类功能区等合作共建，机构编制部门按照事业单位分类管理原则审批设立或备案登记，以科研开发以及与之相关的创新创业服务为主营业务，在科研开发、人员聘用及薪酬分配、科研成果处置、创新创业投资等方面拥有充分自主权，实行自主经营、企业化管理的非公益类事业单位性质的研发机构（不包括财政拨款的公益事业单位）。

3. 科技类民办非企业单位类型。企业、事业单位、社会团体和其他社会力量以及公民个人利用非国有资产举办，主要从事科研开发以及与之相关的科技服务业务，经营所得主要用于机构管理运行、建设发展和研发创新等业务支出，出资人不分取红利，在民政部门登记注册的非营利社会组织法人性质的研发机构。

三、基本条件

河北省新型研发机构应具备以下基本条件：

1. 具有独立法人资格。在河北省行政区域内注册登记成立，办公场所在河北省境内，主要服务河北省的企业和产业，治理结构现代化。

2. 体制机制新型。具有区别于传统国有独立科研机构的新型管理体制、市场化的运作机制、科学的创新组织模式、灵活的用人机制及薪酬制度、高效的成果转化机制、规范的机构章程和健全的内部管理制度。

3. 科研开发为主营业务。主要开展基础研究、应用基础研究、产业共性关键技术研发以及与之密切相关的科技成果转移转化和技术服务业务。主营业务收入主要来自科技创新活动，技术开发、技术转让、技术服务、技术咨询、政府购买技术性服务收入和技术股权投资收益占到年收入总额的 60% 以上，来自企业的委托研发经费占总研发经费的比例不低于 50%。

4. 具有稳定的科研成果来源。依托国内高等学校、科研院所、龙头企业、国家级或省级科技研发平台等创新资源，或与境外知名高校院所、知名跨国公司等合作共建，技术成果具有产业化基础和市场化前景。

5. 具有结构合理、相对稳定、研发能力强的人才团队。人才团队拥有创新能力和核心技术，研发人员占全部员工总数的比例不低于30%、占固定人员总数的比例不低于50%，创办领办的科技人员入股持股并占有主导地位。

6. 拥有开展研发、试验、服务等所必需的设施条件和装备条件。科研场地、仪器设备等能够满足开展科学研究、技术开发、中间试验、企业孵化、技术服务等活动的需要。

7. 具有相对稳定的收入来源和研发经费投入。出资方投入，技术开发、技术转让、技术咨询、技术服务收入，技术股权收益，政府购买技术服务收入以及承担政府科研项目获得的经费等，能够保障机构的建设发展需要，年度研究开发经费支出额占年收入总额的比例不低于30%。

8. 在科研开发和转化孵化方面特色明显、初具成效。有吸纳人才和成果的能力，转化成果、孵化培育科技型企业的经验，开展科研创新和服务企业的实际工作业绩。

四、管理体制和工作机制

（一）省科技厅是全省新型研发机构建设发展工作的综合指导和宏观管理部门。负责制订我省支持新型研发机构建设发展的政策措施，建立相关制度，会同各市各部门推进全省新型研发机构的建设发展。

（二）各设区市（含定州、辛集市）、雄安新区、各县（市区）及各类功能区（以下简称“市县及功能区”），是新型研发机构建设发展的工作主体和责任主体。承担引进科研团队、引进创新创业项目、落地组建新型研发机构、支持新型研发机构建设发展的工作职责。负责研究制定本地新型研发机构的发展规划和政策措施，引进省内、北京、天津及省外、海外创新创业团队落户本地创办新型研发机构，并在项目落地落户方面给予用地、基础设施建设、配套经费、人才政策等方面的支持，推动新型研发机构在本地的多层次建设和不断发展壮大。

（三）高等学校、科研院所、高新技术企业的科技人员及创新团队，是领办创办新型研发机构的骨干力量。省内高等学校、科研院所、高新技术企业，要创造环境条件，制定具体政策措施，引导支持科技人员和创新创业团队带成果带技术到市县及功能区，面向企业和产业创办领办研究所、校地产业技术研究院、校企技术创新中心等新型研发机构，推动教学、科研、产业服务融合贯通，把科研开发的成果、人才培养的业绩更多地体现在引领支撑我省经济的发展壮大上。

（四）建立省级备案管理和重点支持制度。省科技厅研究制定新型研发机构省级备案管理办法和绩效评价办法，对成立一年以上的新型研发机构择优筛选，进行省级备案、绩效评价和动态管理，在市县及功能区为主体推动建设、给予支持的基础上，对纳入省级备案管理的新型研发机构进一步提升创新水平和服务能力，给予重点扶持。

（五）建立政府目标导向和重大任务牵动的资源整合利用机制。河北省产业技术研究院按照功能定位和确定的重点领域及重大工作任务，通过筛选加盟、共同组建、组织重大技术集成创新项目等方式，整合利用新型研发机构等创新资源。

五、科学建设和规范运行

（一）促进新型研发机构发展，要突出体制机制创新，强化政策引导保障，注重激励约束并举，调动社会各方参与。通过发展新型研发机构，进一步优化科研力量布局，强化产业技术供给，促进科技成果转移转化，推动科技创新和经济社会发展深度融合。

（二）发展新型研发机构，坚持“谁举办、谁负责，谁设立、谁撤销”的原则。举办单位（业务主管单位、出资人）应当为新型研发机构建设运行、研发创新提供保障，引导新型研发机构聚焦科学研究、技术创新和研发服务，避免功能定位泛化，防止向其他领域扩张。

（三）组建新型研发机构，应当有明确的服务产业、技术领域和建设规划、发展定位、研究内容、阶段性目标及合理的经费预算。合作各方应充分协商，提出建设方案和签订合作协议，根据法律法规和出资方协议制定章程。其中，需市县及功能区国有资本投资平台出资支持建设的，合作协议须经专家咨询论证。

（四）由高校、科研院所创新创业团队与市县及功能区国有资本投资平台、社会资本等合作共建的新型研发机构，原则上要求高校、科研院所及科研团队的出资比例不低于30%，鼓励创新创业团队人员现金入股并控股，支持高校、科研院所以技术成果和相关知识产权投资入股，选择技术成熟、产业化前景良好的项目，以团队、技术、资金、资产捆绑的形式进行组建。

（五）以专有技术、秘密配方、技术诀窍、商标等无形资产作价出资入股的，其无形资产应当确权，经第三方评估后将其所有权、使用权、收益权等转移至新型研发机构，并按作价出资协议享有相应的权益。

（六）市县及功能区引进建设由知名企业或企业集团主导的新型研发机构，应以企业为主出资联合相关资源创办并面向市场客户提供科研开发和技术服务，政府给予配套支持。

（七）新型研发机构应实行理事会、董事会（以下简称“理事会”）决策制和院长、所长、总经理（以下简称“院所长”）负责制，根据出资人协议制定章程，依照章程管理运行。

1. 章程应明确理事会的职责、组成、产生机制，理事长和理事的产生、任职资格，主要经费来源和业务范围，主营业务收益管理以及政府支持的资源类收益的分配机制等。

2. 理事会成员原则上应包括出资方、产业界、行业领域专家以及本机构代表等。理事会负责制定修改章程、审定发展规划、年度工作计划、财务预算决算、薪酬分配等重大事项。

3. 法定代表人一般由院所长担任。院所长全面负责科研业务和日常管理工作，推动内控管理和监督，执行理事会决议，对理事会负责。

4. 建立咨询委员会，就机构发展战略、重大科学技术问题、科研诚信和科研伦理等开展咨询。

（八）新型研发机构应当建立科学化的研发组织体系和内部管理制度，根据科学研究、技术创新和研发服务的实际需要，自主确定研发选题，动态设置研发单元，灵活配置科研人员、组织研发团队、调配科研设备。

（九）新型研发机构应当采用市场化的用人机制、薪酬制度，充分发挥市场机制在配置创新资源中的决定性作用，自主面向社会招聘人员，对标市场化薪酬合理确定职工工资水平，建设与创新能力和创新绩效相匹配的收入分配机制。

（十）新型研发机构应当全面加强党的建设。根据《中国共产党章程》规定，设立党的组织，充分发挥党组织和党员在新型研发机构中的战斗堡垒作用，强化政治引领，切实保证党的领导贯彻落实到位。

六、支持政策和保障措施

（一）符合条件的新型研发机构，可以适用以下政策措施

1. 申报国家和省市科技计划项目、科技创新基地、人才计划和科学技术奖励。

2. 组织和参加职称评审，新型研发机构科技人员参与职称评审与岗位考核时，发明专利及转化应用情况可折算论文指标，技术转让成交额可折算纵向课题指标。

3. 按照国家和本省促进科技成果转化的法规政策，通过股权出售、股权奖励、股票期权、项目收益分红、岗位分红等方式，奖励科技人员开展科研开发和科技成果转化。

4. 组建产业技术创新战略联盟，组织开展技术研发创新、制订行业技术标准。

5. 参与国际科技和人才交流合作，建设国际合作基地、引才引智示范基地，开发利用国外人才资源，联合境外知名大学、科研机构、跨国公司等开展研发，设立研发、服务等机构。

6. 符合条件的科技类民办非企业性质的新型研发机构，按规定享受相关的税收优惠政策。

7. 企业类新型研发机构，按规定享受相应税收优惠。

（二）市县及功能区可根据本区域创新发展需要，综合采取以下政策措施，支持新型研发机构建设发展

1. 在科研办公条件、科研设备购置、人才住房配套服务以及运行经费等方面给予支持，推动新型研发机构落地组建和有序建设运行。

2. 采用创新券等支持方式，推动企业和行业机构向新型研发机构购买研发服务。

3. 组织开展对本地区新型研发机构的绩效评价，根据评价结果给予新型研发机构相应支持。

4. 对科研成果在本地转化或实现产业化并产生重要效益的新型研发机构，给予一次性奖励。

5. 通过股权投资、风险补偿、贷款贴息等方式对新型研发机构创新成果转化和产业化给予支持。

6. 积极协调解决新型研发机构建设发展中的困难和问题：

（1）已签订协议的建设内容、目标等，与建设发展实际不符的，可协商变更合作协议或签署补充协议。

（2）体制机制不顺严重影响建设发展的，可协商调整研发机构体制，变更单位注册性质。

（3）政府给予新型研发机构的建设经费已按科技计划项目下达需要调整支出的，可根据实际需要，按规定程序审定后调整经费支出结构。

7. 本省高校、科研院所等事业单位科研人员离岗在冀创办新型研发机构或到企业开展科技成果转化，五年内保留人事关系，原单位代缴社会保险和住房公积金，档案工资和专业技术职务正常晋升。期满后重返原单位工作的，工龄连续计算，按最新专业技术职务参加岗位聘用。高校、

科研院所科技人员到企业兼职，可按规定领取相应报酬或奖励。

8. 新型研发机构的科研设施建设项目依法优先安排建设用地，省市县有关部门优先审批。

9. 符合条件的新型研发机构进口科研用仪器设备免征进口关税和进口环节增值税、消费税。未能享受以上税收优惠的，市县及功能区可根据新型研发机构上年度进口科研用仪器设备金额给予一定比例的补助经费支持。

（三）引导推动省级以上研发平台创办领办新型研发机构

1. 引导支持省级技术创新中心、产业技术研究院等技术研发服务平台创新管理体制和运行机制，建立多元化投资、现代化管理、市场化运行的独立法人制度，面向市场客户开展“合同科研”和综合科技创新服务，整体转型升级为新型研发机构。

2. 鼓励省级以上学科重点实验室、企业重点实验室、技术创新中心、工程研究中心、产业技术研究院等研发平台及其创新团队参加新型研发机构组建，以技术、成果等投资入股新型研发机构或与新型研发机构联合开展科研开发、成果转化、技术服务，为新型研发机构提供智力和技术支持。

各设区市（含定州、辛集市）、雄安新区、各县（市区）及各类功能区以及高校、科研院所、企业，可参照本指引，立足实际、突出特色，研究制定本地本单位促进新型研发机构发展的具体政策和具体措施，开展先行先试。

河北省科学技术厅
关于印发《河北省新型研发机构管理办法》的通知

冀科平规〔2023〕1号

各市（含定州、辛集市）科技局，雄安新区管委会改革发展局，省直有关部门：

为推动我省新型研发机构健康有序发展，省科技厅修订了《河北省新型研发机构管理办法》。现印发给你们，请遵照执行。

河北省科学技术厅

2023年1月1日

河北省新型研发机构管理办法

第一章　总　则

第一条　为进一步推动我省新型研发机构健康有序发展，依据《中华人民共和国科学技术进步法（2021年修订）》、《关于促进新型研发机构发展的指导意见》（国科发政〔2019〕313号）和《河北省新型研发机构建设工作指引》（冀科平函〔2019〕49号）等文件精神，结合实际，制定本办法。

第二条　本办法所称河北省新型研发机构（以下简称省新型研发机构），是指在河北省内注册并运营，聚焦我省传统产业升级和未来产业培育发展需求，主要从事科学研究、技术创新和研发服务，投入主体多元化、管理制度现代化、运行机制市场化、用人机制灵活化的独立法人机构，可依法注册为企业、事业单位和科技类民办非企业单位（社会服务机构）。

第三条　省新型研发机构有别于传统科研事业单位，是聚集整合政产学研资源和社会力量，采取共同出资、技术入股、共建平台、人才引进、协作研发等方式，共同参与、共同组建、共同负责的独立法人机构；是面向市场需求，建立市场化的运作机制、科学的创新组织模式、灵活的用人机制及薪酬制度、高效的成果转化机制，机构章程和内部管理制度健全，在创新投资、引人用人、薪酬激励、业务发展等方面享有充分决策自主权的产业技术创新组织；是聚焦科技创新需求，开展基础研究、应用基础研究、产业技术研发、科技成果转移转化、科技型企业孵化培育、技术服务等活动，促进产业链创新链融通发展，培育壮大新动能的新型创新主体。

第四条　省新型研发机构建设发展重点围绕我省重点产业和县域特色产业集群，聚焦产业发展需求，凝炼关键共性技术和“卡脖子”技术，组织开展技术研发和创新服务，推动科技成果转移转化，强化产业技术供给，为提高产业基础高级化、产业链现代化水平提供有力科技支撑。

第五条　河北省科学技术厅（以下简称省科技厅）负责全省新型研发机构相关业务指导和管理，组织开展省新型研发机构的申报、综合评议和动态管理等工作，择优支持省新型研发机构建设发展。各市（含定州、辛集市）科技管理部门、雄安新区改革发展局是省新型研发机构的归口管理部门，负责本行政区域内省新型研发机构的培育、评审推荐和监督管理等工作。

第六条　坚持“谁举办、谁负责、谁设立、谁撤销”。举办单位（业务主管单位、出资人）应当为新型研发机构管理运行、研发创新提供保障，引导新型研发机构聚焦科学研究、技术创新和研发服务。

第二章　申报条件与程序

第七条　省新型研发机构分为初创型和成长型两个档次。

（一）初创型省新型研发机构必须满足以下基本条件和绩效目标：

1. 基本条件

（1）具有企业或事业单位或科技类民办非企业单位独立法人资格。注册地、主要办公和科研场所均在河北省行政区域内，申报时须注册成立一年以上。

（2）投入主体多元化。建设投入主体至少包括企业、科研院所、高校、政府、社会服务机构、科研团队六类主体中的两类。

（3）具有新型的体制机制。多元化投入设立的原则上应实行理事会（董事会）领导下的院长（所长、总经理）负责制。制定机构章程，建立咨询委员会。内部管理制度健全，形成企业化的经营管理机制、市场化的人员激励机制、灵活高效的创新组织模式和成果转化机制，在创新投资、引人用人、薪酬激励、业务发展等方面享有充分的决策自主权。

（4）科技创新活动为主营业务。业务内容至少包含以下领域中的三类：基础研究、应用基础研究、产业技术研发、科技成果转化、科技创业孵化、其他技术服务。产品销售收入占总收入比例不高于30%。

（5）近三年未发生科研失信和社会失信行为、重大安全事故、重大质量事故。

（6）党的组织健全。坚持和加强党的全面领导，根据《中国共产党章程》规定，凡是有正式党员三人以上的，都应当成立党的基层组织，充分发挥党组织战斗堡垒作用，强化政治引领，切实保证党的领导贯彻落实到位。

2. 绩效目标

（1）具有稳定的研发经费投入。出资方投入和主营业务收入等能够保障机构的建设发展需要，近三年年均研究开发经费支出额不少于200万，占平均年收入额的30%（含）以上。

（2）具有研发基础条件。科研办公场所不少于800平方米，科研仪器设备原值不低于500万元。软件开发类研发机构科研办公场所500平方米（含），科研仪器设备原值不低于200万元（含）。

（3）具有结构合理稳定的研发团队。在职研发人员占全部员工总数的比例不少于50%，且不少于20人；引进和培养至少1名行业内领军人才（“两院”院士、外籍院士、科技部创新人才推进计划专家、长江学者、国家杰出青年科学基金获得者、国家优秀青年科学基金获得者、中科院百人计划专家、国家和省重大科研项目负责人、国家科技奖励及省科技奖励一等奖前 5 名成员、省级科技人才计划入选者、国家和省级科技创新平台负责人等）。

（4）拥有高水平科研成果。近三年拥有的自主知识产权、制定省级以上（含行业）标准和省级科技进步二等奖及以上科技成果的数量之和不少于 3 项。

（5）科技创新活动成效明显。近三年技术性收入（包括技术开发、技术转让、技术许可、技术咨询、技术服务、技术入股、中试产品取得的收入）占三年总收入的 60%（含）以上。服务企业数量不少于 8 家，来自企业的收入占总收入的比例 30%（含）以上。

（二）成长型省新型研发机构必须满足以下基本条件和绩效目标

1. 基本条件

除具备初创型省新型研发机构的基本条件之外，还须拥有实力强的投入主体：由省、市政府，省直部门（单位），国家级或省级高新区管委会，中科院及所属专业所，国家及省属重点高校、科研院所，国家级科技研发平台，或者中央直属企业、世界 500 强企业、省科技领军企业、高新技术企业、技术创新示范企业、专精特新“小巨人”企业等发起设立。

2. 绩效目标

（1）具有稳定的研发经费投入。近三年年均研究开发经费支出额不少于 500 万，占平均年收入额的 30%（含）以上。

（2）具有良好的研发基础条件。科研用房不少于 2000 平方米，科研仪器设备原值不低于 1000 万元（软件开发类研发机构科研用房不少于 1000 平方米，科研仪器设备原值不低于 500 万元）。

（3）具有高水平研发队伍。已入驻 1 个（含）以上创新创业团队，研发人员中至少有 1 名高层次领军人才（“两院”院士、外籍院士、科技部创新人才推进计划专家、长江学者、国家杰出青年科学基金获得者、国家优秀青年科学基金获得者、中科院百人计划专家等在全国同行业中具有较大影响的领衔专家）；在职研发人员不少于 30 人，具有硕士学位、副高（含）以上技术职称的研发人员数占研发机构总人数的比例达 40%（含）以上。

（4）拥有重大原创科研成果并转化为产品。近三年获得河北省科技进步一等奖以上的科技成果或拥有的自主知识产权转化为产品，且该产品填补省内或国内空白。

（5）科技创新服务业绩突出。近三年技术性收入占三年总收入的 60%（含）以上。来自企业的收入占总收入的比例 40%（含）以上。已创办或孵化企业 1 家（含）以上，且企业累计营业收入达 1000 万元（含）以上。

第八条　申报省新型研发机构须提交以下材料：

（一）河北省新型研发机构申报书；

（二）与申报书相关的佐证材料，包括：

1. 申报机构的统一社会信用代码证复印件；

2. 申报机构章程和管理制度复印件；

3. 申报机构与合作单位签订的合作协议书复印件；

4. 投资主体及所属类型的相关佐证材料；

5. 科研人员和全体员工说明情况；

6. 经具有资质的机构出具的近三个会计年度的财务会计报告（包括会计报表、会计报表附注和财务情况说明书）；

7. 经具有资质的机构鉴定的近三个会计年度研究开发费用支出、技术性收入专项审计或鉴证报告，并附说明材料。其中，各类科研项目经费应提供市级以上政府科技计划项目、自主立项研发项目、合作及委托研发项目等清单、立项任务书或合同（协议）复印件等。技术性收入应提供清单及其收入到账佐证材料；

8. 获得科技进步奖励或拥有的自主知识产权及转化为产品等相关材料；

9. 创办或孵化企业应提供创办或孵化企业的概况、企业营业收入到账等相关佐证材料；

10. 现有原值十万元以上的科研仪器设备和基础系统软件清单；

11. 最近一个年度的工作报告。

第九条　申报机构应本着诚信原则，对申报材料的真实性、准确性负责。

第十条　省新型研发机构不包括主要从事生产制造、教学培训、园区管理、单纯检验检测等活动的机构或单位。

第十一条　省新型研发机构申报每年组织一次，实行集中申报、归口审评、综合评价的方式。

第十二条　省新型研发机构申报评价程序：

（一）发布通知。省科技厅发布年度申报省新型研发机构的通知及有关要求。

（二）组织申报。申报机构按照通知要求，通过管理系统登记注册、在线填报《河北省新型研发机构（初创型）/（成长型）申报书》，上传有关佐证材料，并向归口管理部门提交盖章后的纸质申报材料。

（三）归口审评。归口管理部门组织专家按照《省新型研发机构（初创型）/（成长型）基本条件审查表》进行基本条件审查；对通过基本条件审查的，按照《省新型研发机构（初创型）/（成长型）绩效评价指标》进行审评，必要时进行现场考察；对审评结果通过的予以推荐，并将纸质申报材料加盖公章后与专家审评意见一并报送省科技厅。

（四）综合评价。省科技厅会同或委托第三方专业机构聘请相关领域的专家组成评审组，对归口管理单位推荐申报的机构进行综合评估，提出评价结果和意见。综合评价可采用网络评审、会议评审等方式。

（五）结果发布。省科技厅根据专家组评价结果和意见，择优确定省新型研发机构（初创型、成长型）名单，在省科技厅网站上进行社会公示。对公示无异议的，省科技厅发文公布当年度省新型研发机构（初创型、成长型）名单。

第三章　支持措施

第十三条　省新型研发机构自发文公布之日起有效期三年，有效期内可按《关于促进新型研发机构发展的指导意见》（国科发政〔2019〕313 号）、《河北省新型研发机构建设工作指引》（冀科平函〔2019〕49号）等文件要求享受相应支持政策。

第十四条　鼓励省新型研发机构申报国家、省科技计划项目和科技创新平台。

第十五条　对加入河北省大型科研仪器设备资源开放共享服务平台、对外提供科研仪器开放共享服务、符合相关条件的省新型研发机构，按照有关规定给予大型科研仪器设备开放共享后补助经费奖励。

第十六条　对我省重点支持的新型研发机构，采取“一事一议、一院一策”方式进行综合评议。

第四章　动态管理

第十七条　省新型研发机构三年有效期满需要延续的，应在到期前重新申报。省科技厅按照省新型研发机构申报评价程序进行综合评价，对评价结果通过的，确定为省新型研发机构。

第十八条　省科技厅对省新型研发机构定期开展统计调查。省新型研发机构应按要求填报年度发展情况报表、提交年度工作报告，接受统计调查和监测。

第十九条　省新型研发机构发生名称、法人代表变更的，应及时通过河北省新型研发机构管理系统提交变更事项佐证材料，省科技厅进行核实后，予以变更。发生法人性质、业务范围等重大事项变更的，应重新申报。

第二十条　省新型研发机构有下列情况之一的，省科技厅予以取消：

（一）三年期满未重新申报的；

（二）发生重大事项变更且未重新申报导致资格失效的；

（三）提供虚假材料和数据的；

（四）未按规定时限报送年度发展情况报表的；

（五）发生严重违法行为受到重大处罚的；

（六）被纳入社会信用“黑名单”的；

（七）违背科研诚信等行为的；

（八）机构经营状态发生吊销、注销、迁出河北省等情况的。

第二十一条　被取消省新型研发机构的，自取消之日起，不再享受省新型研发机构相关支持政策。

第五章　附　则

第二十二条　各市（含定州、辛集市）、雄安新区、各县（市、区）可参照本办法，立足实际、突出特色，研究制定促进本行政区域内新型研发机构建设发展的政策措施。

第二十三条　本办法由省科技厅负责解释。

第二十四条　本办法自印发之日起施行，有效期五年。《河北省新型研发机构管理办法》（冀科平规〔2021〕1号）同时废止。

（此件主动公开）

山西省

关于加快建设新型研发机构的实施意见

晋办发〔2021〕12号

新型研发机构是聚焦科技创新需求，主要从事科学研究、技术创新和研发服务，具有投资主体多元化、管理制度现代化、运行机制市场化、用人机制灵活等特征的独立法人机构，是国家重点支持发展的创新载体。为推动全省新型研发机构健康有序发展，优化创新要素配置，打造一流创新生态，提出如下实施意见。

一、建设要求

深入贯彻党中央、国务院关于强化国家战略科技力量的重大决策部署，按照省委“四为四高两同步”总体思路和要求，坚持科技创新和制度创新“双轮驱动”，立足“凝练一流课题、搭建一流平台、汇聚一流团队、引进一流人才、出好一流成果”，加强关键核心技术攻关，创新科技成果转移转化机制，构建现代科技治理模式和治理体系，促进全省创新效能有效提升。

二、建设目标

按照“引进共建、培育新建、整合组建、提升改建”的方式，建设多种类新型研发机构，打通从基础应用研究到产业化的创新链条，服务产业基础高级化和产业链现代化。

到2023年，体制内存量研发机构逐步改造为新型研发机构；利用财政资金新设立的研发机构，全部符合新型研发机构建设标准；对社会资本参与成立的研发机构，通过政策引导，支持其建设为新型研发机构。

到2025年，建设新型研发机构500家，其中省级200家，引进一流创新人才和团队200名（个），集聚科研人员10000名，培育国家级创新载体5家以上，打造一批覆盖科技创新全周期、全链条、全过程的高水平创新平台，成为一流创新生态的重要力量。

三、建设标准

新型研发机构可依法注册或登记为科技类民办非企业单位（社会服务机构）、事业单位或企业，应当具备灵活有效的人才激励机制、科学自主的创新组织模式、高效协同的科技攻关优势、市场导向的成果转化链条、多元持续的资金投入保障，面向我省基础产业做强做优、新兴产业培育壮大、未来产业超前布局的重点领域，开展基础研究、应用研究、产业共性关键技术研发、科技成果转移转化以及研发服务等活动。

省级新型研发机构应着重在建立多元化投入机制、创新人才激励机制、开展关键核心技术研发、打造协同联动创新体系、畅通科技成果转化通道等方面积极探索，打通产学研用创新链、产业链、价值链。

各市和省级行业主管部门可建设一批具备仪器、装备、场地等必要条件，实质性开展研究开发、成果转化、衍生孵化和技术服务等工作的地方新型研发机构和行业新型研发机构。

四、政策支持

（一）强化科研引领。省级新型研发机构可按要求申报各类国家及省级科技项目、创新基地和人才计划。省科技厅对省级新型研发机构定向征集重大科技项目需求，符合条件的可依照相关规定通过委托方式支持其牵头承担省级重点研发计划项目；对承担国家重大科研项目的，按规定给予相应补助。

（二）加大财政支持。根据绩效评价和研发经费实际支出等情况，按照建设周期持续对省级新型研发机构给予最高不超过500万元的补助；已享受其他各级财政研发费用补助的，不再重复补助。

（三）激发创新活力。新型研发机构可根据相关规定自主面向社会公开招聘人员，建立与创新能力和创新绩效相匹配的收入分配机制。赋予符合条件的省级新型研发机构相应级别职称评审权。支持高校、科研机构科研人员到省级新型研发机构兼职开展研发和成果转化，获得的职务科技成果转化现金奖励不计入本单位绩效工资总量。按规定带项目或成果离岗到省级新型研发机构工作的，返回原单位时工龄连续计算，待遇和聘任岗位等级不降低。

（四）鼓励成果转化。新型研发机构可通过股权出售、股权奖励、股票期权、项目收益分红、岗位分红等方式，激励科技人员开展科技成果转化。新型研发机构科技成果在晋转移转化的，可享受我省科技成果转移转化的相关补助政策。省财政可依照相关规定，按新型研发机构上年度技术成交额，给予其最高10%的后补助，最高不超过100万元。

（五）优化建设环境。各级政府应加大对新型研发机构的政策支持力度，重点为新型研发机构高层次人才提供居留落户、社会保险、子女入学等方面的便利条件。各级自然资源部门对新型研发机构项目用地开辟“绿色通道”，采取提前介入、积极协调、主动服务、特事特办等方式给予优先保障。

五、评价体系

建立新型研发机构评价体系，纳入全省创新调查和统计调查制度实施范围，重点围绕科研设施条件建设、研究开发、成果转化、人才聚集和企业孵化等效果开展评价分析，实行动态管理及信息披露制度，推动新型研发机构高质量发展。

关于印发《省新型研发机构认定和管理办法（试行）》的通知

晋科发〔2021〕38号

各市科技局，山西转型综改示范区、长治高新区，有关单位：

为进一步引导和规范山西省新型研发机构建设发展，省科技厅制定了《省新型研发机构认定和管理办法（试行）》，现予印发，请遵照执行。

附件：省新型研发机构认定和管理办法（试行）

山西省科学技术厅

2021年4月29日

省新型研发机构认定和管理办法（试行）

第一章　总　则

第一条　为深入实施创新驱动、科教兴省、人才强省战略，打造一流创新生态，按照科技部《关于促进新型研发机构发展的指导意见》（国科发政〔2019〕313号）和省委办公厅、省政府办公厅《关于加快建设新型研发机构的实施意见》等文件精神，进一步引导和规范山西省新型研发机构建设发展，特制定本办法。

第二条　本办法所称新型研发机构是指在山西省内注册设立并运营，聚焦科技创新需求，主要从事科学研究、技术创新和研发服务，投资主体多元化、管理制度现代化、运行机制市场化、用人机制灵活的独立法人机构，可依法注册为科技类民办非企业单位（社会服务机构）、事业单位和企业。

第三条　新型研发机构应当具备科学自主的创新组织模式、高效协同的科技攻关优势、市场导向的成果转化链条、灵活有效的人才激励机制、多元持续的资金投入保障，面向我省战略性新兴产业集群和基础产业升级重点领域，开展基础研究、应用基础研究、产业共性关键技术研发、科技成果转移转化以及研发服务等活动。

第四条　发展新型研发机构，坚持“谁举办、谁负责，谁设立、谁撤销”。举办单位（业务主管单位、出资人）应当为新型研发机构管理运行、研发创新提供保障，引导新型研发机构聚焦科学研究、技术创新和研发服务，避免功能定位泛化，防止向其他领域扩张。

第五条　省科技厅负责指导推动全省新型研发机构建设发展，组织开展省级新型研发机构申报、认定、绩效评价和动态管理，制订并发布有关政策文件。省级行业主管部门和各市可聚焦基础产业、新兴产业和未来产业培育发展，建设一批具备仪器、装备、场地等必要条件，实质性开展研究开发、成果转化、衍生孵化和技术服务等工作的地方（行业）类新型研发机构。

第二章　认定条件与程序

第六条　山西省省级新型研发机构分为山西省新型研发机构和山西省高端新型研发机构。

第七条　山西省新型研发机构应具备以下条件：

（一）具备独立法人资格。申报单位须是在山西省内注册或登记的具有独立法人资格的企业、事业单位和科技类民办非企业单位（社会服务机构），主要办公和科研场所均设在山西省，注册或登记后运营 1 年以上。

（二）具备一定的研发条件。具备研究、开发和试验所需要的仪器、装备和固定场地等基础设施，办公和科研场所不少于 500 平方米；拥有必要的测试、分析手段和工艺设备，且用于研究开发的仪器设备原值不低于 200 万元。

（三）具有稳定的研发人员和研发投入。常驻研发人员占职工总数比例不低于 30% 且不少于 10 人，上年度研究开发经费支出占年收入总额比例不低于 30% 且不低于 100 万元。

（四）实行灵活开放的体制机制。具有灵活的人才激励机制、开放的引人和用人机制；具有现代化的管理体制，拥有明确的人事、薪酬和经费管理等内部管理制度；建立市场化的决策机制和高效率的科技成果转化机制等。

（五）发展方向明确。面向我省战略性新兴产业集群和基础产业升级的重点领域，以开展产业技术研发活动为主，具有清晰的发展战略和明确的研发方向，在基础研究、应用基础研究、产业共性关键技术研发、科技成果转移转化以及研发服务等方面特色鲜明，具备产业服务支撑能力。

（六）具有相对稳定的研发经费来源。主要包括出资方投入，技术开发、技术转让、技术服务、技术咨询收入，政府购买服务收入以及承接科研项目获得的经费等。

（七）近一年内未出现违法违规行为或严重失信行为。

主要从事生产制造、教学培训、园区管理等活动，以及单纯从事检验检测活动的单位原则上不予受理。

第八条　山西省高端新型研发机构在符合山西省新型研发机构申报条件的基础上，需进一步满足以下条件：

（一）高标准战略定位。面向世界科技前沿，聚焦国家和我省重大发展战略需求，积极探索原始创新到产业化的新模式，开展前瞻性、引领性科学技术研究和关键共性技术攻关，具备承担国家和省级重大科研项目的能力。

（二）高层次人才团队。机构负责人或科研带头人一般应为省级及以上高层次人才；机构研发人员数量不少于 50 人，具有硕士、博士学位或高级职称人员的比例不低于 50%，常驻研发人员不低于 20 人且占机构总人数的 40% 以上。

（三）高强度的研发投入。上一年度研究开发经费投入不低于1000万元。

（四）完善的研发基础条件。拥有先进的仪器设备，科研用房建筑面积一般不低于2000平方米，科研仪器设备原值不低于1000万元；

（五）掌握核心技术。在重点产业领域取得1项及以上可自主自控的重大原创性科研成果。

第九条　省级新型研发机构申报认定程序如下：

（一）自评申报。省科技厅发布申报通知，对照本办法和申报通知，自评符合申报条件的单位在规定时间内按要求完成申报，并提交至推荐单位。

（二）审核推荐。各市科技行政主管部门及国家级高新区为本辖区推荐单位，对申报单位的申报材料真实性完整性进行审查，并对符合要求的申报单位提出推荐意见，出具推荐函，与申报材料一并提交至省科技厅。

（三）评审论证。评审论证包括网络评审、会议评审、现场考察等多种形式。省科技厅按照有关规定，提出评审标准和要求，组织专家进行评审论证，根据评审论证意见视实际情况选择部分申报单位进行现场考察。具备条件的设区市和国家级高新区可申请在省科技厅指导下开展本辖区内的评审论证工作。

（四）结果公示。省科技厅根据专家评审论证意见及现场考察情况提出认定意见，并在省科技厅网站进行公示。

（五）审定发布。对公示无异议的申报机构，由省科技厅统一发文公布。

第十条　对省委省政府决定重点支持的机构或我省产业发展急需的机构，省科技厅可根据需要按照“一事一议”的原则，单独组织论证。

第三章　支持政策

第十一条　省级新型研发机构可按要求申报各类国家和省级科技项目、创新基地和人才计划。省科技厅定向征集重大科技项目需求，符合条件的可依照相关规定通过委托方式支持其牵头承担省级重点研发计划项目；对承担国家重大科研项目的，按规定给予相应补助。

第十二条　根据绩效评价和研发经费实际支出等情况，对省级新型研发机构按周期持续给予补助，已享受其他各级财政研发费用补助的，不再重复补助。

第十三条　省级新型研发机构科技成果在晋转移转化的，可享受我省科技成果转移转化的相关补助政策；省财政按上年度技术成交额，可依照相关规定给予其最高10%的后补助，最高不超过100万元。

第十四条　可依照科技部和我省出台的相关文件精神享受相应扶持政策。

第四章　评价和管理

第十五条　经认定的省级新型研发机构有效期为3年。从获得资格年度起的3个自然年内，可享受与新型研发机构有关的政策扶持。

第十六条　省级新型研发机构实行动态管理，在3年资格期满前，省科技厅委托第三方机构进行绩效评价，评价合格的继续获得3年省级新型研发机构资格，评价不合格的予以6个月整改期，整改后仍不合格的，取消其资格。

第十七条　省科技厅建立全省各类新型研发机构统计评价体系，纳入创新调查和统计调查制度实施范围，重点围绕科研设施条件建设、研究开发、成果转化、人才聚集和企业孵化等方面评价分析，统计数据作为认定和绩效评价的重要参考。

第十八条　获得财政专项资金资助的省级新型研发机构，须遵守财政、财务规章制度和财经纪律，自觉接受监督检查。专项资金实行专账核算、专款专用，并纳入研发投入统计。

第十九条　省级新型研发机构发生名称变更、投资主体变更、重大人员变动等重大事项变化的，应在事后两个月内以书面形式向省科技厅报告，省科技厅进行资格核实后，维持有效期不变。如不提出申请或资格核实不通过的，取消其省级新型研发机构资格。

第二十条　有下列情况之一的，撤销省级新型研发机构资格：

（一）重大事项变更导致资格失效的；

（二）绩效评价结果为不合格的；

（三）逾期未报送绩效评价材料的；

（四）提供虚假材料和数据经核实严重影响评价结果的；

（五）因严重违法行为受到刑事、行政处罚的；

（六）因其他严重失信行为被纳入社会信用“黑名单”的；

（七）机构法人资格被依法终止的。

第二十一条　被撤销省级新型研发机构资格的，自撤销之日起，两年内不得再次申请认定省级新型研发机构。

第五章　附　则

第二十二条　省直行业主管部门、各市、各国家级高新区可参照本办法制定相关实施细则，开展本行业本级新型研发机构认定管理与绩效评价等工作。

第二十三条　本办法由省科技厅负责解释，自2021年6月1日起实行，有效期两年。

内蒙古自治区

内蒙古自治区科学技术厅
关于印发《内蒙古自治区新型研发机构备案工作指引》的通知

内科发高字〔2021〕15 号

各盟市科技局，满洲里市工信和科技局，二连浩特市教育科技局，各有关单位：

为着力促进产业链、创新链深度融合，提升自治区创新体系整体效能，促进自治区新型研发机构健康发展，自治区科技厅制定了《内蒙古自治区新型研发机构备案工作指引》，现印发给你们，请结合实际贯彻执行。

内蒙古自治区科学技术厅

2021 年 10 月 12 日

内蒙古自治区新型研发机构备案工作指引

第一章　总　则

第一条　为贯彻落实科技部《关于促进新型研发机构发展的指导意见》（国科发政〔2019〕313 号）和《关于加快推进“科技兴蒙”行动支持科技创新若干政策措施》（内党发〔2020〕17 号），融通科研开发体系与产业应用体系，有效破解自治区科技创新资源不足、高层次人才短缺、传统科研机构体制机制活力不足的难题，推动自治区新型研发机构健康有序发展，结合自治区实际，制定本工作指引。

第二条　本工作指引所称新型研发机构是指以开展科学研究、技术创新、研发服务为核心功能的科技类民办非企业单位（社会服务机构）、不纳入机构编制核定范围的非营利性事业单位（以下简称“事业单位”）或企业等独立法人机构。新型研发机构须在自治区境内注册，具有投资主体多元化、管理制度现代化、运行机制市场化、用人机制灵活等特征。

第三条　鼓励区内外高等院校、科研机构、企业等以产学研合作形式在我区创办新型研发机构，鼓励大型骨干企业组建企业研究院等新型研发机构。

第四条　坚持“谁举办、谁负责”原则，举办单位应当为新型研发机构管理运行、研发创新和可持续发展提供保障。新型研发机构实行理事会（董事会）领导下的院（所）长负责制，根据法律法规和各方协议制定章程，依照章程管理运行。

第五条　新型研发机构实行备案制管理。自治区科技厅负责新型研发机构备案相关政策制定、统筹协调、宏观指导等工作。新型研发机构归口管理部门（包括：盟市科技主管部门、自治区相关部门、区内外高校、科研院所、中央驻自治区单位等）负责本地区、本行业、本单位新型研发机构的备案工作。

第二章　备案条件

第六条　新型研发机构备案应具备以下条件：

（一）独立法人资格。由区内外高等院校、科研机构、企业等投资主体单独或联合出资举办，按照科学规范的管理章程运行，在自治区注册独立法人机构。

（二）必须的科研条件。具备开展研究、开发和试验所需的科研设施、仪器设备及固定办公和科研场所，举办单位能够共享研发条件的，要签订共享协议，按协议执行。

（三）灵活开放的体制机制。建立适应市场化运营的现代科研机构、科研项目、科研经费管理制度和研发人员激励约束制度；具有灵活的人才激励机制、开放的引人和用人机制；建立高效的科技成果转化机制。

（四）稳定的研发团队和研发投入。常驻研发人员占职工总数比例不低于 30%，依托举办单位创新资源形成了固定、有效、可持续的研发队伍和研发链接机制；具有稳定的研发经费投入，年度研究开发经费支出占年收入总额比例不低于 30%，且不低于 100 万元（当年注册成立的不做此要求）。

（五）明确的发展方向和功能定位。符合国家和自治区经济社会发展需求，具有清晰的发展目标和战略规划，围绕自治区优势特色产业和战略性新兴产业创新需求开展创新活动；形成开展前沿技术研究、工程技术开发、科技成果转化、高端人才集聚和培养、科技企业孵化、公共技术服务等一体化的功能体系。

第三章　备案登记

第七条　备案登记程序：

（一）注册信息。申请备案机构按要求，在“内蒙古自治区新型研发机构备案信息服务平台”（以下简称“服务平台”）注册登记基本信息，在线填报《内蒙古自治区新型研发机构备案登记表》（以下简称《登记表》）。

（二）审核信息。归口管理部门对管辖范围内拟备案登记单位填报的《登记表》内容进行审核确认。内容不完整、不真实的，请申请备案单位补正。

（三）完成备案。经审核符合条件的，由归口管理部门在“服务平台”公示 10 个工作日。公示无异议的，在“服务平台”公告，纳入新型研发机构备案名单，将备案结果向自治区科技厅报备，并由“服务平台”为备案新型研发机构赋予新型研发机构备案登记编号。

第八条　新型研发机构备案有效期为3年，期满可再次通过归口管理部门按本工作指引第七条规定程序办理。已备案登记新型研发机构应在每年3月底前通过“服务平台”对《登记表》中的信息进行更新。

第九条　已备案登记新型研发机构发生更名或与第二章规定的条件有关的重大变化的，应在三个月内通过“服务平台”填报变化情况。

第十条　已备案新型研发机构有下列行为之一的，由归口管理部门撤销其备案资格并报请自治区科技厅在“服务平台”公告：

（一）机构发生重大变化，不再符合第二章规定条件的；

（二）存在严重弄虚作假行为的；

（三）发生科研严重失信行为的；

（四）未按期更新《登记表》信息的。

第十一条　归口管理部门负责对已备案新型研发机构进行抽查，对经抽查或核实确认不符合条件的，由归口管理部门按照第十条规定处理。

第四章　支持政策

第十二条　新型研发机构为企业等市场主体提供产品研发、设计、检测、设施共享等创新服务，可享受科技创新券支持政策。

第十三条　符合条件的科技类民办非企业单位和事业单位性质的新型研发机构，进口国内不能生产或性能不能满足需求的科学研究、科技开发和教学用品，免征进口关税和进口环节增值税、消费税。

第十四条　符合《关于加快推进“科技兴蒙”行动支持科技创新若干政策措施》（内党发〔2020〕17号）规定的，可享受上述政策支持。

第五章　附　则

第十五条　本工作指引由自治区科技厅负责解释。

第十六条　本工作指引自2021年10月12日施行。

辽宁省

关于印发《辽宁省新型创新主体建设工作指引》的通知

辽科创办发〔2019〕3号

省科技创新工作领导小组各成员单位，各市人民政府，各有关单位：

《辽宁省新型创新主体建设工作指引》已经省科技创新工作领导小组同意，现印发给你们，请结合实际推进落实。

辽宁省科技创新工作领导小组办公室

2019年5月9日

辽宁省新型创新主体建设工作指引

（涉及新型研发机构的内容）

为贯彻落实省委、省政府《关于以培育壮大新动能为重点激发创新驱动内生动力的实施意见》（辽委办发〔2018〕130号），加快培育适应市场发展方向的新型创新主体和创新机制，推进瞪羚独角兽企业、新型研发机构、大企业平台化和离岸创新中心（域外创新中心）等四类新型创新主体建设，结合我省发展实际，特制定本工作指引。

一、总体思路和目标

牢牢把握高质量发展的总方向，以全省高新区和沈大自创区为主要载体，加快推进瞪羚独角兽企业、新型研发机构、大企业平台化和离岸创新中心（域外创新中心）等新型创新主体建设。新型创新主体应坚持高起点、高标准和高水平建设，强化顶层设计和系统谋划，围绕主导产业和新兴产业，加快培育瞪羚独角兽企业，布局建设新型研发机构，推进大企业平台化发展，建设一批离岸创新中心和域外创新中心。强化各类创新主体整合融通功能，盘活科技创新资源，打通产业创新链条，全面激发全省创新创业及经济活力。

到2020年，全省培育瞪羚、独角兽企业100家；推进有条件的龙头企业、高校院所牵头组建新型研发机构30家；建设集成创新能力强、快速增长的平台型大企业20家；指导科技园区、企业设立离岸创新中心和域外创新中心10家。到2025年，在全省打造若干具有竞争力的新兴产业，形成完善的企业梯度培育机制，培育瞪羚、独角兽企业达300家；组建新型研发机构达100

家；建设平台型大企业达50家；设立离岸创新中心和域外创新中心达30家。经过努力，将新型创新主体打造成为我省新旧动能转换、激发创新驱动内生动力的重要力量。

二、功能定位

……

（二）新型研发机构：新型研发机构是集聚高端研发资源、促进科技成果转移转化、培育孵化科技型企业的重要载体，它是由企业或高校院所牵头，采用多元化投资、企业化管理和市场化运作，主要从事科学研究与技术开发及相关的技术转移、衍生孵化、技术服务等活动的独立法人机构。

……

三、建设条件

……

（二）新型研发机构

1. 具备独立法人资格。新型研发机构应为在辽宁省内注册运营的独立法人机构，主要办公和科研场所设在辽宁省内，具有一定的资产规模和相对稳定的资金来源。可由政府部门、产业园区、高校、科研院所、企业及社会组织等主体自建或联合建设，鼓励人才团队控股。

2. 具有明确的发展方向。围绕辽宁省经济发展需求，具有明确的发展方向和战略规划。在前沿技术研究、产业关键共性技术研究、科技成果转化、科技企业孵化培育、高端人才集聚等方面具有鲜明特色与成效。

3. 具有灵活开放的体制机制。具有现代化的管理体制，拥有明确的人事、薪酬和经费管理等内部管理制度。建立市场化的决策机制和高效率的科技成果转化机制等。具有灵活的人才激励机制，拥有市场化的薪酬机制、企业化的收益分配机制、开放的引人和用人机制。

4. 具有稳定的研发人员和科研课题成果来源。常驻研发人员占职工总数比例不低于30%，上年度研究开发经费支出占年收入总额比例不低于30%，具备开展研究、开发和试验所需的科研设施、科研仪器以及固定场地。

5. 具有明显运营成效。主持或担任国家、省、市技术攻关项目的能力和经验，年受理专利数不少于10项，其中发明专利受理数不少于3项，每年至少有1项以上重大科技成果产业化；年引进孵化科技型企业2家以上，或合同开发、科技服务收入达到200万元以上，且年度企业服务收入占比不低于30%。

……

四、组织服务

（一）组织领导

建立省市区协同推进新型创新主体工作体系，整合财政、税收、金融、土地、人才等资源，支持新型创新主体发展。各市级科技主管部门、各高新区管委会和沈大自创区相关管理部门要结合实际，建立工作推进机制，明确责任分工，制定扶持政策和专项资金，加快推进新型创新主体培育工作。

（二）备案管理

加大推动新型创新主体力度，省科技管理部门采取备案制对四类新型创新主体进行管理。备案流程如下：

1. 由市级科技主管部门指导本地区四类新型创新主体建设工作。条件成熟时可组织省级新型创新主体备案申报工作，并进行形式审查后择优向省科技管理部门推荐。

2. 省科技管理部门对以公函形式报送的新型创新主体的申报材料，按照有关标准和条件审核后确定备案名单，向社会予以公布。

（三）绩效评价

省科技管理部门按照新型创新主体建设规律，进行绩效评价，评价结果作为备案和政策支持的依据。各市级科技主管部门、各高新区管委会和沈大自创区相关管理部门要加大服务力度，及时总结新型创新主体建设的成功经验，塑造一批品牌载体，营造良好舆论氛围。

五、政策扶持

（一）大力支持新型创新主体建设。省科技计划优先支持新型创新主体承担的科技项目，重点支持创新平台建设、人才引进培育、科技研发投入、关键技术攻关等内容。

……

（三）支持全省高新区围绕主导产业集群建设新型研发机构。高新区要优先保障新型研发机构的建设用地和相关配套设施。对产业支撑作用明显的新型研发机构，根据成果转化及孵化科技型企业的成效，给予奖补支持。

……

（六）组织成立新型创新主体创新联盟，结合瞪羚独角兽企业、新型研发机构等需要，提供特定主题的培训服务，开展学习交流、金融对接等活动，组织参加国际性产业大会、境内外展会，引导瞪羚独角兽企业、新型研发机构等国际化发展。

吉林省

吉林省人民政府关于印发吉林省加快新型研发机构发展实施办法的通知

吉政发〔2018〕31 号

各市（州）人民政府，长白山管委会，长春新区管委会，各县（市）人民政府，省政府各厅委办、各直属机构：

现将《吉林省加快新型研发机构发展实施办法》印发给你们，请认真组织实施。

吉林省人民政府

2018 年 11 月 30 日

（此件公开发布）

吉林省加快新型研发机构发展实施办法

第一章　总　则

第一条　为贯彻党的十九大“深化科技体制改革”部署，落实《国家创新驱动发展战略纲要》和《中共吉林省委吉林省人民政府关于深入实施创新驱动发展战略推动老工业基地全面振兴的若干意见》（吉发〔2016〕26 号）精神，加快我省新型研发机构发展，结合实际，制定本办法。

第二条　本办法所称新型研发机构是指围绕吉林省重大科技创新需求，采用多元化投资、企业化管理和市场化运作，主要从事科学研究与技术开发及相关的技术转移、衍生孵化、技术服务等活动的独立法人机构。

第三条　新型研发机构应具备现代化的高效治理模式，具备完善的议事机制、决策机制及监督机制，根据国家法律、法规和出资者的约定，实行章程管理。

第四条　新型研发机构发展应遵循创新机制、民办公助、企业运作、突出特色和服务产业的原则。鼓励域外名企、名校和高端人才来我省设立新型研发机构；鼓励在吉中直机构与本地产业需求结合设立新型研发机构；鼓励本省科研单位和高校创新机制设立新型研发机构；鼓励以企业为主体产学研金联合设立新型研发机构。

第五条　围绕全省“一主、六双”产业空间布局，在节能、新能源与智能网联汽车、先进轨道交通装备、现代中药、生物医药和高性能医疗器械、卫星、通用航空、精密仪器与装备、大数据、人工智能与新一代信息技术、新材料、新能源、现代农业等领域，以及未来颠覆性技术领域，重点依托长春新区、国家级开发区、农业科技园区、可持续发展实验区等区域和创新型企业、高校、科研院所，培育引进一批新型研发机构。

第二章　认定与管理

第六条　新型研发机构的基本条件：

（一）新型研发机构应为在我省注册的独立法人机构，鼓励人才团队控股；

（二）依托国内一流科研院所、高校和行业龙头企业科研平台，或境外国际知名大学、跨国公司、研究机构等高水平研发平台，具有稳定的科研课题成果来源；

（三）拥有一支国内外高层次人才团队领衔的研发队伍，且研发人员占职工总人数比例不低于 50%；其中硕士或中高级职称以上研发人员应占研发人员总数的 50% 以上；

（四）新型研发机构以技术研发与服务为核心功能，研究成果以技术许可和转让方式等予以转化。

第七条　新型研发机构的确认程序：

（一）拟申报新型研发机构的企业应在完成工商注册后到省科技厅备案，同时编制建设方案并向省科技厅提出认定申请。

（二）省科技厅在企业报送相关材料基础上组织相关专家进行咨询论证，对通过论证并经公示无异议的企业确认为新型研发机构。对省委、省政府重点扶持和产业发展急需的新型研发机构，可单独组织论证，采取“一事一议”的方式进行支持。

第三章　政策支持

第八条　资金支持及管理。

（一）省科技创新等专项资金，以后补助的方式支持新型研发机构建设和发展，后补助额度依据相关绩效评估结果确定。

（二）对符合条件的新型研发机构，鼓励各类创投基金优先给予股权投资；鼓励各类担保基金优先提供科技担保服务；积极推动其上市挂牌融资。

（三）各级政府在承担科技计划项目、重大科研设施和大型科研仪器开放共享、开展职称评审等方面，给予新型研发机构与科研院所、高等学校同等的待遇。

（四）试行创新券等方式，支持企业向新型研发机构购买研发服务。

第九条　落实税费优惠政策。

（一）对符合条件的新型研发机构从事技术开发、技术转让以及与之相关的技术咨询、技术服务所得的收入，免征增值税；一个纳税年度内，技术转让所得不超过 500 万元的部分，免征企业所得税，超过 500 万元的部分，减半征收企业所得税。

（二）新型研发机构为开发新技术、新产品、新工艺发生的研究开发费用，未形成无形资产计入当期损益的，在按照规定据实扣除的基础上，在2018年1月1日至2020年12月31日期间，再按照实际发生额的75%在税前加计扣除；形成无形资产的，在上述期间按无形资产成本的175%在税前摊销。

（三）对符合相关条件的新型研发机构进口科研用仪器设备免征进口关税和进口环节增值税、消费税，具体名单由省科技厅报长春海关备案。

（四）符合相关条件的新型研发机构在2018年1月1日至2020年12月31日期间新购进的仪器、设备，单位价值不超过500万元的，允许一次性计入当期成本费用，在计算应纳税所得额时扣除，不再分年度计算折旧；单位价值超过500万元的，可缩短折旧年限或采取加速折旧的方法，最低折旧年限不得低于《中华人民共和国企业所得税法实施条例》规定。

第十条　人才激励措施。

（一）股权激励。新型研发机构拥有科技成果的所有权和处置权，鼓励让科技人员通过股权收益、期权确定等方式更多地享有对技术升级的收益，实现研发人员创新劳动同其利益收入对接。鼓励新型研发机构牵头与地方园区、人才团队共同组建研发中心，探索各方共同出资、由研发团队控股的运营公司，增值收益按股权分配。

（二）新型研发机构在薪酬待遇上探索年薪制，加大对重大科研团队负责人和重点引进人才的薪酬奖励，对外聘的事业单位人员可采取市场化薪酬。

（三）在新型研发机构开展职称自主评定试点，对引进的海外高层次人才、博士后研究人员、特殊人才畅通直接认定“绿色通道”。

（四）对于新型研发机构引进的人才（团队），及时兑现高层次人才引进优惠政策，优先支持申报国家、省级人才计划。

（五）新型研发机构中符合相关规定的人才可享受相应的人才安居政策。

第十一条　鼓励引进培育高端研发资源，打造新型高端研发机构。鼓励在全球遴选国际一流领军人才或项目经理人，领办创办新型高端研发机构，赋予其组织研发团队、提出研发课题、决定经费分配的权利。

第四章　考核管理

第十二条　省科技管理部门按照有关规定提出标准和要求，委托第三方对新型研发机构进行绩效考核，第三方应根据实际情况选择合适的考核方式，考核结果作为新型研发机构奖励及淘汰依据。

第五章　附　则

第十三条　本办法由省科技厅负责解释。

第十四条　本办法自印发之日起执行。

关于印发《吉林省新型研发机构认定管理办法》的通知

吉科发政〔2019〕356号

各有关单位：

《吉林省新型研发机构认定管理办法》已经省科技厅厅务会审议通过，现印发给你们，请遵照执行。

吉林省科学技术厅

2019年12月23日

吉林省新型研发机构认定管理办法

第一章　总　则

第一条　为贯彻落实《关于促进新型研发机构发展的指导意见》（国科发政〔2019〕313号）、《吉林省加快新型研发机构发展实施办法》（吉政发〔2018〕31号）文件要求，规范我省新型研发机构管理，促进新型研发机构健康发展，结合我省实际，制定本办法。

第二条　本办法所称新型研发机构是指围绕吉林省重大科技创新需求，采用多元化投资、企业化管理和市场化运作，主要从事科学研究与技术开发及相关技术转移、衍生孵化、技术服务等活动的独立法人机构。

第三条　新型研发机构应具备现代化的高效治理模式，具备完善的议事机制、决策机制及监督机制，根据国家法律、法规和出资者的约定，实行章程管理。新型研发机构发展应遵循创新机制、民办公助、企业运作、突出特色和服务产业的原则。

第四条　省科技厅负责组织开展吉林省新型研发机构的申报、认定、管理和绩效评价等工作。

第五条　各市（州）、县（市、区）及省级以上高新区、国家各类开发区、工业园区科技管理部门负责辖区内新型研发机构的培育、建设和日常管理工作。

第二章　认　定

第六条　申报吉林省新型研发机构须符合以下条件：

（一）新型研发机构为在我省注册的独立法人机构，鼓励人才团队控股，注册运营1年以上，内控制度健全完善。

（二）新型研发机构以技术研发与服务为核心功能，主要开展基础研究、应用基础研究，产业共性关键技术研发、科技成果转移转化、创业孵化育成，以及研发服务等，研究成果以技术许可和转让方式等予以转化。

（三）新型研发机构依托国内一流科研院所、高校和行业龙头企业科研平台，或境外国际知名大学、跨国公司、研究机构等高水平研发平台，具有稳定的科研课题成果来源；拥有开展研发、试验、服务等所必需的条件和设施；具有相对稳定的收入来源，主要包括出资方投入，技术开发、技术转让、技术服务、技术咨询收入，政府购买服务收入以及承接科研项目获得的经费等。

（四）新型研发机构具有结构相对合理稳定、研发能力较强的人才团队，研发人员占职工总人数比例不低于 50%，其中硕士或中高级职称以上研发人员应占研发人员总数的 50% 以上。

（五）新型研发机构具有灵活开放的体制机制，包括健全的管理制度、高效的运行机制和灵活的人事制度等。

第七条　吉林省新型研发机构申报及认定程序：

（一）指南发布。省科技厅每年于 6 月发布申报指南，启动新型研发机构申报认定工作。

（二）申报推荐。符合条件的中省直单位，按照申报要求，向省科技厅直接申报。市（州）、县（市、区）及省级以上高新区、国家各类开发区、工业园区科技管理部门对辖区内拟申报单位的基本条件、材料的真实性和规范性进行审核，审核后向省科技厅推荐。申报推荐受理时间为指南发布后一个月内，逾期不予受理。

（三）形式审查。省科技厅对申报材料进行复核，符合申报条件的进入评审论证环节。

（四）评审论证。省科技厅组织专家对申报材料进行评审，并结合实地考察提出评审意见。评审专家组由 3 名技术专家、3 名管理专家和 1 名财务专家组成，专家人选从吉林省科技计划项目管理信息系统专家库中选（抽）取。

（五）公示。根据专家评审论证意见，业务主管处室提出拟认定名单，报经厅务会审议后，在网上进行公示，公示五个工作日无异议后向社会公布。

第八条　申请认定吉林省新型研发机构的单位须提供以下材料：

（一）吉林省新型研发机构申请表（见附件 1）

（二）管理制度材料

1. 机构章程；

2. 管理制度；

3. 合作协议（合作共建单位须提供）。

（三）运营情况材料

1. 上一年度财务报表；

2. 最近一个年度工作报告。

（四）研发情况材料

1. 上一个会计年度研究开发费用情况表；

2. 成立以来立项的国家、省级科研项目清单，及取得的成效；

3. 成立以来科技成果转化项目清单和孵化育成科技型企业清单；

4. 研发人员基本情况表，科研场地、研发设备基本情况表。

（五）相关证明材料。包括法人证明材料、学历职称证明材料、取得的成效证明材料等。

第九条　对省委、省政府重点扶持和产业发展急需的新型研发机构，可单独组织论证，采取“一事一议”的方式进行评价。

第三章　管　理

第十条　通过认定的新型研发机构，授予“吉林省新型研发机构”称号。自颁发资格第二年1月1日起算，有效期为3年。

第十一条　新型研发机构应全面加强党的建设。根据《中国共产党章程》规定，设立党的组织，充分发挥党组织在新型研发机构中的战斗堡垒作用，强化政治引领，切实保证党的领导贯彻落实到位。

第十二条　每年12月30日前，新型研发机构应按照要求填写上年度研发和经营活动基本信息，向省科技厅提交上一年度工作总结报告，报告包括建设进展情况及下年度建设计划等内容。新型研发机构应按规定和要求参加科技统计，如实填报R&D经费支出情况，对未按要求参加科技统计的新型研发机构，取消其新型研发机构资格。

第十三条　申报单位应当如实填写申请材料，对于弄虚作假的行为，一经查实，取消其申请资格，并纳入科研诚信体系黑名单，3年内不得再次申请认定。已通过认定的机构有效期内如有失信或违法行为，将撤销资格，并追缴其自发生上述行为起已享受的资金支持和政策优惠。

第十四条　省科技厅对通过认定满3年的新型研发机构进行绩效评价，评价合格的单位继续保留新型研发机构资格；对不参与绩效评价或绩效评价不合格的单位，取消其新型研发机构资格。参与绩效评价的新型研发机构，须对照绩效评价指标体系（见附件2），提供前3个自然年度的各项指标数据，并提交相关证明材料（具体绩效评价标准另行制定）。

第十五条　新型研发机构发生名称变更、投资主体变更、重大人员变动等重大事项变化的，应在事后3个月内以书面形式向省科技厅报告，进行资格核实，有效期不变。如不提出申请或资格核实不通过的，取消其新型研发机构资格。

第十六条　企业类新型研发机构应按照《中华人民共和国公司登记管理条例》进行登记管理。鼓励企业类新型研发机构运营所得利润不进行分红，主要用于机构管理运行、建设发展和研发创新等。

第四章　附　则

第十七条　本办法由省科技厅负责解释。

第十八条　本办法自发布之日起施行。

附件略。

黑龙江省

关于印发《黑龙江省促进新型研发机构发展措施实施细则》的通知

黑科规〔2022〕5号

各市（地）科技局、财政局，各有关单位：

现将《黑龙江省促进新型研发机构发展措施实施细则》印发给你们，请遵照执行。

黑龙江省科学技术厅　黑龙江省财政厅

2022年5月31日

黑龙江省促进新型研发机构发展措施实施细则

为贯彻落实《关于加快提升科技创新能力支撑引领高质量发展的实施意见》和《关于加强原创性科学研究等4项措施的通知》要求，进一步规范新型研发机构管理，提高政策实施效能，推动我省新型研发机构建设与发展，制定本实施细则。

一、备案条件

（一）具备独立法人资格。新型研发机构可依法注册为科技类民办非企业单位（社会服务机构）、事业单位和企业。申报单位须以独立法人名义进行申报，注册地、主要办公和科研场所应设在黑龙江省，注册后运营一年以上。事业类新型研发机构，财政供养人员占总人数不超过30%，财政拨款占总收入不超过30%。由单一主体投资建设的企业类新型研发机构，需对产业上下游具有较强的带动作用，技术性收入中来自于出资方的比例不得高于80%。

（二）具有明确的业务发展方向。以科技创新活动为主营业务，符合国家和我省经济发展需求，围绕生物经济、新一代信息技术、新材料、新能源、先进装备制造、航空航天、现代农业与绿色食品等重点领域，具有清晰的战略规划和目标任务。其主要功能包括开展基础研究、应用基础研究，产业关键技术研发、科技成果转化，科技创业孵化及其他研发服务。

省级新型研发机构不包括主要从事生产制造、教学培训、检测检验、园区管理等活动的机构或单位。

（三）具备灵活开放的内控机制。拥有明确的人事、薪酬、行政和经费等内部管理制度。应建立多元化的投入机制、市场化的决策机制、高效率的成果转化机制、企业化的收益分配机制、开放型的引人用人机制等。

（四）具有一定的资产规模和稳定的收入来源。主要包括出资方投入，技术开发、技术转让、技术许可、技术咨询、技术服务收入，政府购买服务收入以及承接科研项目获得的经费等。实缴注册资本不低于 300 万元。上年度技术性收入占总收入的 60% 以上。

（五）具备稳定的研发投入和研发人员。上年度研究开发经费支出占年收入总额比例不低于 25%，其中企业类的不低于 15%；研发人员不少于 10 人，占员工总数比例不低于 30%，其中，硕士或中高级职称以上研发人员应占研发人员总数的 30% 以上。

（六）具备必须的研发基础条件。具有进行研究、开发和试验所需要的固定场地和仪器、设备等基础设施，办公和科研场所面积不少于 500 平方米，拥有必要的测试、分析手段和工艺设备，用于研究开发的仪器设备原值不低于 200 万元。

（七）近 3 年未出现违法违规行为或严重失信行为。

对省委、省政府或所在市（地）委、市（地）政府（行署）重点扶持和产业发展急需的新型研发机构，可采取“一事一议”的方式进行评价论证。

二、支持措施

（一）初创期支持。对备案时在初创期的新型研发机构，实缴注册资本达到 300 万元，且上年度研究开发经费投入不低于 100 万元的，给予 150 万元初创期建设资助，实缴注册资本达到 400 万元以上，且上年度研究开发经费投入不低于 150 万元的，给予 200 万元初创期建设资助；其中由国家高层次人才领办创办，且本人持股 10% 以上的新型研发机构，实缴注册资本达到 300 万元，且上年度研究开发经费投入不低于 200 万元的，给予 300 万元初创期建设资助，实缴注册资本达到 400 万元以上，且上年度研究开发经费投入不低于 300 万元的，给予 400 万元初创期建设资助。初创期指注册运营一年以上，三年以内。国家高层次人才包括两院院士、国家杰出青年、长江学者、国家高层次人才特殊支持计划等。

（二）绩效奖补支持。每三年对新型研发机构开展一次绩效评价，对上年度或近三年年均研究开发经费投入达到第（一）条规定的研究开发经费投入最低额度的新型研发机构，按照近三年研发经费支出总额、研发人员总数、发明专利授权量、登记科技成果数量、技术合同成交额及省内技术合同成交额等指标评价结果，择优分档给予绩效奖补支持，最高不超过 300 万元；其中由国家高层次人才领办创办，且本人持股 10% 以上的新型研发机构，绩效评价指标的评分标准比普通新型研发机构提高 50% 以上，最高不超过 600 万元。备案时，已过初创期的新型研发机构按照绩效评价结果择优分档给予奖补支持。黑龙江省新型研发机构绩效评价指标体系表见附件。

（三）对已获得初创期建设资助或绩效奖补支持的新型研发机构，三年内不重复支持。上一年度获得省科技创新基地绩效奖补等交叉重复支持的，不再享受新型研发机构绩效奖补支持。新型研发机构资金支持纳入省重点研发计划指导类项目统一管理。

三、申报评价程序

（一）省科技厅通过门户网站发布新型研发机构年度备案通知，明确备案条件、支持方式等有关事项。

（二）申报单位按照年度备案通知要求向所在市（地）科技局提交申请，经各市（地）科技局审核同意后，统一上报省科技厅。

（三）省科技厅对申请材料进行形式审查，并委托专家组或第三方机构进行审核及评价，提出拟备案名单，按照不低于 10% 进行实地核查，并按照审核、评价及实地核查结果确定拟备案和拟支持的新型研发机构名单，在门户网站公示 5 个工作日，公示无异议后，给予备案。省科技厅会同省财政厅向省政府呈报资金安排意见请示，待省政府批复后，省财政厅按程序下达资金，原则上每年 6 月末之前完成新型研发机构备案及支持资金拨付程序。

四、加强管理

（一）实行动态管理。备案的新型研发机构发生机构名称、投资主体、法人性质、业务范围等变更以及重大人事变动等重大事项变更的，应在事后 3 个月内向省科技厅提交书面申请与变更事项佐证材料，省科技厅进行核实后，予以变更。

（二）实行年度报告制度。备案的新型研发机构应在每年 3 月底前向省科技厅递交上年度运行情况报告，年度报告作为绩效评价的重要依据。

（三）参加科技统计工作。新型研发机构应严格按照科技统计管理工作要求，参加科技统计，如实填报数据。

（四）建立退出机制。有下列情形之一的，取消其省级新型研发机构资格：

1. 绩效评价结果不合格的；
2. 机构法人资格被依法终止的；
3. 存在申报材料和绩效评价材料弄虚作假等失信或违法违规行为的；
4. 无正当理由未提交年度报告的；
5. 未按照规定提交重大事项变更申请或资格核实未通过的；
6. 无正当理由未参加科技统计的；
7. 其他需要取消资格的情形。

五、强化监督与绩效

（一）专项资金实施全过程预算绩效管理。根据《中共黑龙江省委 黑龙江省人民政府关于全面实施预算绩效管理的实施意见》，省科技厅组织设定新型研发机构总体绩效目标，细化分解绩效目标任务，组织新型研发机构对绩效目标实现程度和资金使用情况实施“双监控”，会同省财政厅开展绩效评价，绩效评价结果作为省科技厅、省财政厅调整完善政策和改进管理的重要依据。

（二）已备案的新型研发机构有效期内如有违反科技计划、资金管理等规定，违背科研伦理、科研诚信等失信或违法违规行为的，取消新型研发机构资格，视其具体行为，依据相关规定给予列入科研失信、追缴支持资金、取消优惠政策等处理。

六、附则

（一）本实施细则由省科技厅、省财政厅负责解释。

（二）本实施细则自发布之日起实施。实施期三年，实施期满前根据行业发展及政策实施绩效确定是否延续期限或进行政策调整。原《黑龙江省促进新型研发机构发展措施实施细则（试行）》（黑科规〔2021〕4号）同时废止。

附件略。

上海市

关于印发《关于促进新型研发机构创新发展的若干规定（试行）》的通知

沪科规〔2019〕3号

各有关单位：

为深入贯彻落实《关于进一步深化科技体制机制改革增强科技创新中心策源能力的意见》，促进新型研发机构创新发展，经市委、市政府同意，现将《关于促进新型研发机构创新发展的若干规定（试行）》印发给你们，请结合实际认真贯彻执行。

特此通知。

上海市科学技术委员会　上海市发展和改革委员会
上海市经济和信息化委员会　上海市教育委员会
上海市民政局　上海市财政局
2019年4月20日

关于促进新型研发机构创新发展的若干规定（试行）

第一条　为深入贯彻落实《关于进一步深化科技体制机制改革 增强科技创新中心策源能力的意见》，着力引导新型研发机构健康有序发展，形成各类研究机构优势互补、合作共赢的发展格局，促进本市科技创新和经济高质量发展，制定本规定。

第二条　新型研发机构是有别于传统科研事业单位，具备灵活开放的体制机制，运行机制高效、管理制度健全、用人机制灵活的独立法人机构，包括科技类社会组织、研发服务类企业、实行新型运行机制的科研事业单位。一般至少应具备以下功能之一：

（一）开展基础与应用基础研究。聚焦国家和本市战略需求，围绕基础前沿科学、前沿引领技术、现代工程技术、颠覆性技术，开展原创性研究和前沿交叉研究。

（二）开展产业共性技术研发与服务。结合本市重点产业和战略性新兴产业创新发展需求，开展行业共性关键技术研发，提供公共技术服务，支撑重大产品研发和产业链创新。

（三）开展科技成果转化与科技企业孵化服务。以资源汇集和专业科技服务为特色，孵化培育科技型企业，加快推动科技成果转化为现实生产力，推进创新创业。

第三条　自然科学和工程技术领域的科技类社会组织实行直接登记，申请人可直接向市、区民政部门申请登记，市、区科技部门加强行业管理与服务。登记开办时其国有资产份额可提高到不超过总资产的三分之二，发展国有资本和民间资本共同参与的非营利性新型产业技术研发组织。

第四条　按照竞争中立、公平普惠原则，科技类社会组织在申报各级政府科技研发和产业创新项目、人才计划、职称评审等方面享受企事业法人同等待遇；研发服务类企业，依照相关规定享受研究开发费用税前加计扣除、高新技术企业所得税优惠政策。采用创新券等方式，支持企业向科技类社会组织和研发服务类企业等新型研发机构购买研发服务。

第五条　通过第三方绩效评价，对经认定符合条件的科技类社会组织和研发服务类企业等新型研发机构给予研发后补助，支持新型研发机构开展研发创新活动，对上年度非财政经费支持的研发经费支出额度给予不超过30%的补助，单个机构补助不超过300万元。已享受其他各级财政研发费用补助的机构不再重复补助。

第六条　按照国家有关规定，对于符合条件的科技类社会组织，享受相关税收减免政策，进口国内不能生产或者性能不能满足需要的科研和教学用品，免征进口关税和进口环节增值税、消费税。

第七条　对于经认定的从事战略性、前瞻性、颠覆性、交叉性领域研究的战略科技力量，按一所（院）一策原则，予以支持。

（一）属于事业单位性质的机构，不定行政级别，实行编制动态调整，不受岗位设置和工资总额限制，实行综合预算管理，给予研究机构长期稳定持续支持，赋予研究机构充分自主权。

（二）对于社会力量兴办的机构，通过定向委托、择优委托等形式，予以财政支持。

第八条　新型研发机构应定期参加统计调查，按规定向社会公开重大事项报告和年度工作报告，并对公开信息的真实性、完整性负责。

第九条　本市科技、发改、产业、教育、民政、财政等部门共同协调推动新型研发机构的建设发展，统筹新型研发机构布局，组织开展新型研发机构认定，落实新型研发机构相关政策措施，委托第三方开展新型研发机构评价等工作。

第十条　本规定自2019年4月20日起施行，有效期至2021年4月19日[①]。

---

① 根据《关于延长〈关于促进新型研发机构创新发展的若干规定（试行）〉有效期的通知》（沪科规〔2021〕4号），有效期延长至2023年4月19日。

江苏省

省政府印发关于加快推进产业科技创新中心和创新型省份建设若干政策措施的通知

苏政发〔2016〕107 号

各市、县（市、区）人民政府，省各委办厅局，省各直属单位：

现将《关于加快推进产业科技创新中心和创新型省份建设的若干政策措施》印发给你们，请认真贯彻执行。

江苏省人民政府

2016 年 8 月 15 日

（此件公开发布）

关于加快推进产业科技创新中心和创新型省份建设的若干政策措施

（涉及新型研发机构的内容）

为深入贯彻习近平总书记系列重要讲话精神，全面落实新发展理念，按照全国科技创新大会部署，大力实施创新驱动发展战略，加快推进具有全球影响力的产业科技创新中心和创新型省份建设，充分发挥科技创新在供给侧结构性改革和经济转型升级中的关键作用，着力构筑现代产业发展新高地，制定以下政策措施。

……

五、加强科技创新载体平台建设

……

26. 支持新型研发机构发展。新型研发机构在政府项目承担、职称评审、人才引进、建设用地、投融资等方面可享受国有科研机构待遇。省级重点建设和扶持发展的科研项目，缴纳房产税、城镇土地使用税确有困难的，可分别向当地政府、主管地税机关申请给予减税或免税。对符合条件的新型研发机构进口科研用品免征进口关税和进口环节增值税、消费税；从事科技研发的社会服务机构，允许发展国有资本和民间资本共同参与的非营利性新型产业技术研发组织。支持新型研发机构开展研发创新活动，具备独立法人条件的，对其上年度非财政经费支持的研发经费支出额度给予不超过20%的奖励（单个机构奖励不超过1000万元），已享受其他各级财政研发费用补助的机构不重复奖励。

……

江苏省科学技术厅　江苏省财政厅
关于组织申报 2023 年度省科技计划专项资金
（创新能力建设计划）项目的通知

苏科资发〔2022〕255 号

（涉及新型研发机构的内容）

各设区市、县（市）科技局、财政局，国家和省级高新区管委会，省有关部门，各有关单位：

为认真贯彻党的二十大精神，全面落实省委工作会议等决策部署，推动《江苏省“十四五”科技创新规划》各项目标任务落地实施，2023 年度省创新能力建设计划项目，重点围绕我省战略科技力量培育建设，以国家和我省战略需求为导向，突出增强原始创新能力、提升产业技术创新实力，集成国家重大任务，持续推进重大科技创新平台建设，为我省构建自主可控现代产业体系和更高水平科技自立自强提供有力支撑。有关事项通知如下：

一、支持重点和实施方式

（一）科技创新基地与平台

……

3. 技术创新中心建设与运行

聚焦我省重点打造的优势产业链和重大技术需求，以市场为导向，跨区域、跨领域整合新型研发机构、高校院所和行业骨干企业等相关科研力量以及重点实验室等创新资源，重点围绕集成电路、高端装备、可再生能源等领域布局建设省技术创新中心，培育创建国家技术创新中心，支撑我省建设具有全球影响力的产业科技创新中心。鼓励各市县和有关园区依托国家和省技术创新中心实施相关领域的科研项目，探索项目、基地、人才、资金一体化配置的科研组织模式。

……

（二）创新政策落实

1. 新型研发机构建设

落实科技创新“40 条”政策，重点支持省内外知名高校院所以及与我省签订战略协议的央企集团等战略科技力量与地方共建，以知名专家及其团队为核心，研发领域符合国家重大科技部署和我省发展需求，具备承担国家重大战略任务能力的新型研发机构。优先支持符合条件、且被评为我省顶尖双创人才团队参与建设的新型研发机构项目。

申报条件：申请的新型研发机构须在 2016 年 8 月 16 日之后在我省注册，以技术研发服务、技术转移孵化等为主导业务，投资规模较大（新增总投入不低于 1 亿元），并已实质性运行。与国内科教单位共建的，应为有望培育承担国家重大科技平台和重大科技专项的专业性、开放性机构。省拨资助经费将依据机构的建设规模、引入核心技术和核心研发团队的创新水平等，择优给予分档支持（最高不超过 1 亿元）。

实施方式：由设区市科技局审核并择优推荐，每个设区市最多推荐 5 项。

2. 新型研发机构奖补

落实科技创新“40 条”政策，重点支持具备独立法人条件的新型研发机构开展研发创新活动，对其上年度非财政经费支持的研发经费支出额度给予不超过 20%（最高不超过 1000 万元）的奖励。已享受其他各级财政研发费用补助的机构原则上不重复奖补。

申报条件：申请的新型研发机构应为独立法人，参加国家科学研究和技术服务业科技活动单位统计调查；以研发服务为核心功能，不直接从事市场化的产品生产和销售；机构 2022 年度主营业务收入不少于 300 万元（苏北五市的机构不少于 200 万元），其中研发等科技服务收入占主营业务收入的比重不低于 50%（主营业务收入不包含财政拨付的建设经费）且技术开发、技术转让、技术许可合同收入占科技服务收入的比重不低于 50%，为单一关联单位（有股权关系）的服务收入占主营业务收入的比重不超过 30%；上年度非财政经费支持的研发经费支出中委托外部研发费用占比不超过 60%。相关材料及数据等以具有资质的审计中介机构出具的《新型研发机构研发经费专项审计报告》为准，审计所涉及的科技服务收入需在省技术产权交易市场进行过技术合同认定登记。

实施方式：由新型研发机构自愿申请、设区市科技局审核汇总上报。

……

二、申报要求

……

2. 严格落实审核推荐责任。项目申报单位和主管部门按照《江苏省创新能力建设计划项目管理办法（试行）》（苏科技规〔2018〕355 号）、《关于进一步加强省科技计划项目申报审核工作的通知》（苏科计函〔2017〕7 号）等相关文件要求，严格履行项目审核推荐职责。有在研创新能力建设计划项目的负责人，不得牵头再次申报本计划项目；有在研创新能力建设计划项目的新型研发机构，不得再次申报本计划建设项目。项目申报书经项目负责人和参与人员签字确认后方可报送。项目申报单位对申报材料的真实性和合法性负有法人主体责任，严禁虚报项目、虚假出资、虚构事实及包装项目等弄虚作假行为。项目主管部门切实强化审核推荐责任，会同同级社会信用管理部门对项目申报单位社会信用情况进行审查，并对申报材料内容真实性进行严格把关，严禁审核走过场、流于形式。省科技厅将会同驻厅纪检监察组对项目主管部门审核推荐情况进行抽查。

……

5. 设区市科技局和行业主管部门要加强对所辖县区或系统的统筹，加大重大项目组织力度，对重大科研设施、省技术创新中心、科技公共服务平台和新型研发机构等建设项目，应与省科技厅会商后再由项目单位正式报送申报材料。创新能力建设项目将通过科技计划专项资金和中央引导地方科技发展资金统筹实施，结合年度计划财政资金预算，根据项目申报及评审情况确定立项项目，新建项目实施期为 3 ～ 5 年。本计划不受理涉密项目，申报材料中有涉密内容的需作脱密处理后再申报，并由项目主管部门按有关规定负责审查。

……

江苏省科学技术厅　江苏省财政厅

2022 年 11 月 8 日

（此件主动公开）

浙江省

浙江省人民政府办公厅
关于加快建设高水平新型研发机构的若干意见

浙政办发〔2020〕34号

各市、县（市、区）人民政府，省政府直属各单位：

新型研发机构主要从事科学研究、技术创新和研发服务，具有投资主体多元化、管理制度现代化、运行机制市场化、用人机制灵活的特征，是国家重点支持发展的创新载体。为加快建设高水平新型研发机构，提升创新体系整体效能，推动高水平创新型省份建设，打造新时代全面展示中国特色社会主义制度优越性重要窗口的标志性成果，经省政府同意，现提出如下意见。

一、总体要求

（一）指导思想。以习近平新时代中国特色社会主义思想为书指导，深入贯彻党中央、国务院关于强化战略科技力量建设和“补短板、建优势、强能力”的重大决策部署，落实省委十四届七次全会精神和创新强省、人才强省工作导向，建设高水平新型研发机构，优化科研力量布局和创新要素配置，探索创新基础设施建设新型体制机制，加强关键核心技术攻关，提升自主创新能力，促进创新链、产业链、资金链紧密结合，加快构建具有全球影响力、全国一流水平和浙江特色的全域创新体系。

（二）发展目标。瞄准世界科技前沿和我省“互联网＋”、生命健康、新材料等三大科技创新高地建设，紧扣传统产业升级和未来产业培育发展，省市县三级联动、梯度培育，打造既能解决基础研究的关键核心问题，又能为产业创新提供科技支撑的高水平创新载体。到2022年，建设新型研发机构300家、其中省级100家，引进一流创新人才和团队300名（个），集聚科研人员30000名，在重点领域取得一批重大原创性科研成果，攻克一批关键核心技术，转化一批重大科研成果，新型研发机构研发经费支出占科研机构总支出的比重超过40%。

到2025年，建设新型研发机构500家、其中省级150家，引进一流创新人才和团队500名（个），集聚科研人员50000名，在十大标志性产业链和重点领域实现全覆盖，新型研发机构研发经费支出占科研机构总支出的比重超过60%，推动全省研发经费支出中基础研究的比重达到8%，培育国家重点实验室、技术创新中心等国家级创新载体20家以上，打造一批覆盖科技创新全周期、全链条、全过程的高水平创新平台，有力推动高水平创新型省份建设。

二、标准条件

新型研发机构实行政府引导、高校科研机构或企业等社会资本共同参与的多元化投入机制，探索理事会（董事会）决策、院所长（总经理）负责的现代化管理机制，构建需求导向、自主运行、独立核算、不定编制、不定级别的市场化运行方式，形成人员招聘自主化、薪酬激励市场化、收益分配企业化的引人用人机制，依法注册为科技类民办非企业单位（社会服务机构）、事业单位或企业等独立法人机构。

（一）省级新型研发机构。面向世界科技前沿，聚焦国家和我省重大发展战略需求，积极探索原始创新到产业化的新模式，开展前瞻性、引领性科学技术研究和关键共性技术攻关，具备承担国家和省级重大科研项目的能力。原则上年均科研经费投入不少于2000万元；科研人员不少于80人，具有硕士、博士学位或高级职称的比例不低于80%；办公和科研场地面积不少于3000平方米，科研仪器设备原值不低于2000万元。

（二）地方新型研发机构。市、县（市、区）聚焦地方新旧动能转换、块状经济转型升级和未来产业培育发展，建设一批具备仪器、装备、场地等必要条件，实质性开展研究开发、成果转化、衍生孵化和技术服务等工作的新型研发机构。具体标准条件由市、县（市、区）制定。

三、建设方式

通过发挥市场决定性作用和更好发挥政府作用，优化创新要素配置，按照引进共建一批、优化提升一批、整合组建一批、重点打造一批的方式，建设高水平新型研发机构，进一步加大对一流创新人才团队的吸引力，激发科研人员的创新活力，增强产业发展带动力，打通基础研究到成果转化的创新链条，支撑产业基础高级化和产业链现代化。

（一）引进共建一批。吸引国内外一流高校、科研机构或高层次人才团队、国家级科研机构、中央企业和地方大型国有企业、世界500强企业和外资研发型企业来浙设立新型研发机构，或与省内高校、科研机构等联合组建新型研发机构。到2022年引进共建新型研发机构100家，到2025年达到150家。

（二）优化提升一批。支持高校、科研机构、重点实验室、工程研究中心等开展体制机制和治理模式创新，向新型研发机构转型。推动省级重点企业研究院、产业创新服务综合体等向高水平新型研发机构提升。到2022年优化提升新型研发机构180家，到2025年达到300家。

（三）整合组建一批。以学科融合发展、产业链补链强链、区域协同联动为着力点，以重大科研项目为牵引，对全省研究方向相近、关联度较大、资源相对集中的研发机构进行优化整合，形成一批创新资源和科研优势叠加的新型研发机构。支持优势企业或科研机构牵头，整合相关领域的高校、科研机构和企业创新资源，联合建设新型研发机构，打造创新联合体。到2022年整合组建新型研发机构20家，到2025年达到50家。

（四）重点打造一批。围绕我省重大战略性新兴产业发展和传统产业转型升级重点领域的技术需求，在省级新型研发机构中择优打造一批国内一流、国际领先的标杆型新型研发机构，建设世界一流的科研平台，集聚战略性科技创新领军人才和高水平创新团队，抢占全球科技创新制高点。到2022年打造标杆型新型研发机构10家，到2025年达到20家。

四、工作任务

（一）构建多元创新投入体系。坚持市场导向，完善多元化投入和产权组合机制，在举办方投入的基础上，吸引企业、金融与社会资本、高校、科研机构等共同投入，通过建立基金会、接受社会捐赠、设立联合基金、探索技术入股、开展成果交易等方式拓宽资金来源渠道，通过技术开发、技术转让、技术服务、技术咨询、承接科研项目等扩大收入来源。

（二）集聚一流创新人才团队。坚持人才导向，充分发挥市场机制在人才流动配置中的决定性作用，建立与创新能力和绩效相结合的收入分配机制，通过全职聘用、“双聘双挂”、合作研究等多种形式集聚全球顶尖人才、科技领军人才和青年人才，完善人才考核评价机制，营造人尽其才、才尽其用的良好氛围。

（三）承担重大科研攻关任务。坚持需求导向，紧扣我省万亿产业培育发展、先进制造业十大标志性产业链和“415”产业集群培育及传统产业升级的创新需求，强化原始创新能力，承担各级各类重大科研任务，开展关键共性技术、前沿引领技术、现代工程技术、颠覆性技术攻关，努力实现关键核心技术自主可控，掌握创新和发展的主动权。

（四）打造协同联动创新体系。坚持协同导向，强化与高校、科研机构、企业等创新主体的交流合作、协同攻关，跨领域、跨单位整合创新资源，探索相近领域的新型研发机构组建科创联盟，推动多部门、多单位、全链条协同创新，打造优势互补的创新共同体，支持新产业新业态新模式发展。

（五）畅通科技成果转化通道。坚持成果导向，开展以应用为导向的基础研究，取得具有引领性的重大标志性成果和原创性技术突破。建立科技成果转化激励机制，全面落实科技成果转化奖励、股权分红激励、所得税延期缴纳等政策措施，健全职务科技成果产权制度，推动科技成果转移转化产业化。

（六）深度融入全球创新网络。坚持开放导向，与国内外知名高校、科研机构、优势企业通过人才交流、合作攻关、共建平台等方式开展合作交流和资源对接。探索在创新大国、关键小国设立国际联合实验室、海外研发机构和创新孵化中心，引进转化一批重大科研成果。积极参与大科学计划与工程，共建“一带一路”国际合作平台，构建开放共享的创新创业生态。

五、政策支持

（一）深化管理创新。省级新型研发机构纳入省属科研院所管理序列，享受各类科技计划、科技成果转化收入分配、进口科教用品免税等政策。省级新型研发机构由省级有关单位和市、县（市、区）政府组织建设，经省科技厅委托第三方专业机构评估，符合条件的予以公布。省政府重点引进和建设的，可按省级新型研发机构管理。

（二）加大财政支持。省政府重点引进和建设的省级新型研发机构，通过专题研究的方式，由省市县联动支持。鼓励省外中央企业、地方大型国有企业、世界500强企业来我省设立研发总部和研发机构，从事竞争前技术研发，省财政对符合条件的给予最高3000万元支持。对第三方绩效评价优秀的省级新型研发机构，省财政根据上年度非财政经费支持的研发经费支出给予适当补助，已有专门支持政策的不再享受。鼓励重点产业集群龙头企业牵头组建新型研发机构，市、县（市、区）政府给予适当支持。

（三）加强科研支持。支持新型研发机构申报各类国家和省级创新平台、科研项目和人才团队。省科技厅对省级新型研发机构定向征集重大科技项目需求，符合条件的可通过择优委托方式支持其牵头承担省级重点研发计划项目；对承接国家重大科研项目的，按规定给予相应补助。支持各类创新平台载体向新型研发机构开放共享科研仪器设备、数据资料等科技资源。鼓励高校、科研机构与新型研发机构开展协同创新和研究生联合招生、培养。

（四）激发创新活力。赋予符合条件的省级新型研发机构相应级别职称评审权。支持高校、科研机构科研人员到省级新型研发机构兼职开展研发和成果转化，获得的职务科技成果转化现金奖励不计入本单位绩效工资总量。按规定带项目或成果离岗到省级新型研发机构工作，返回原单位时工龄连续计算，待遇和聘任岗位等级不降低。省级新型研发机构聘用的海外高端人才可不受年龄、学历和工作经历限制。各地应为当地新型研发机构高层次人才提供停居留、落户、医疗、社会保险、人才安居、子女入学等方面的便利，形成政策叠加效应。

（五）扩大基金支持。各类政府基金优先支持新型研发机构成果转移转化产业化或孵化的科技型企业创新发展。省创新引领基金设立子基金或通过已设基金采取市场化方式投资新型研发机构创新创业项目。省级新型研发机构项目纳入省创新引领基金项目库。

（六）强化要素保障。新型研发机构自建科研用地，由市、县（市、区）优先安排土地利用计划指标，对符合条件的优先列入省重大产业项目、省市县长项目，优先保障用地需求；对符合划拨用地目录的，可采用划拨方式供地。在符合规划的前提下，鼓励企业利用自有存量工业用地或厂房举办科研机构，经批准后可暂保留其工业用地用途，但应按规定缴纳国有土地收益金。对购置、租用办公场地的研发总部，有条件的市、县（市、区）可按规定给予购置、租房、装修补助。

六、保障措施

（一）加强组织领导。省科技厅统筹指导全省新型研发机构建设工作，省级有关单位和市、县（市、区）政府要积极引进国内外一流高校、科研机构、企业或高层次人才团队，大力推进新型研发机构建设，协调解决发展过程中遇到的问题。发挥相关地方和部门优势，统筹布局、汇聚资源，指导推动有优势、有条件的科研力量参与新型研发机构建设。

（二）加强绩效管理。建立优胜劣汰、有序进出的动态管理机制。省科技厅以 3 年为周期，委托第三方专业机构对省级新型研发机构开展绩效评价，按照不超过 10% 的比例确定绩效评价优秀等级，给予相应政策支持；绩效评价等级为不合格的，第一年给予警告并限期整改，整改未通过或连续 2 年不合格的予以退出。各地政府负责本级新型研发机构的绩效评价和管理。

（三）加强诚信建设。按照“谁举办、谁负责”的原则，落实新型研发机构科研诚信建设主体责任，进一步加强科研诚信建设。对严重违背科研诚信、科研伦理要求的坚决予以退出，由科技部门记入科研失信记录，3 年内不得再次申报，并按规定视情追回责任单位和责任人所获利益。

本意见自 2020 年 9 月 1 日起施行。

浙江省人民政府办公厅

2020 年 7 月 17 日

（此件公开发布）

安徽省

安徽省人民政府办公厅
关于加快发展高水平新型研发机构的实施意见

皖政办〔2022〕14号

各市、县人民政府，省政府各部门、各直属机构：

新型研发机构是投资主体多元化、管理制度现代化、运行机制市场化、用人机制灵活的新型创新主体，是推动科技成果转化的重要渠道，是我省科技创新体系的重要组成部分。近年来，我省新型研发机构从无到有、快速成长，但仍存在数量不多、质量不优、产业支撑力不足等问题。为加快发展高水平新型研发机构，根据《科技部印发〈关于促进新型研发机构发展的指导意见〉的通知》（国科发政〔2019〕313号）和《安徽省人民政府关于印发安徽省深化科技创新体制机制改革加快科技成果转化应用体系建设行动方案的通知》（皖政〔2022〕64号）精神，经省政府同意，提出以下实施意见。

一、指导思想

以习近平新时代中国特色社会主义思想为指导，深入贯彻习近平总书记关于科技创新的重要论述和对安徽作出的系列重要讲话指示批示，紧紧围绕加快科技成果转化应用，以需求为牵引，以产业化为目的，以改革为动力，对标一流、开放发展，强化工业互联网思维，让科学家研判技术前景、让企业发现市场需求、让市场验证技术价值，加快发展一批高水平新型研发机构，促进科技产业一体化，构建高校科研院所与产业界、全球创新资源与安徽链接的桥梁，为国家高水平科技自立自强作贡献，为安徽高质量跨越式发展增动能。

二、总体要求

（一）发展路径。强化统筹、优化布局，各市紧扣当地主导产业和战略性新兴产业发展，加快培育建设高水平新型研发机构，实现千亿以上产业全覆盖。支持存量新型研发机构创新体制机制，做大做强，提升研发转化水平，对标提升为高水平新型研发机构。精准引进建设一批与我省新兴产业和传统优势产业匹配度高、有较高知名度的高水平新型研发机构。吸引省外高水平高校、科研院所、高层次人才团队、世界500强企业和大型央企在“科大硅谷”等我省创新资源集聚区设立高水平新型研发机构。支持省内高校、科研院所、领军企业、高层次人才团队协同共建一批高水平新型研发机构。

（二）目标任务。到2025年，力争实现每家高水平新型研发机构每年平均攻克行业重大关键核心技术、研制重大创新产品20项（个），征集并成功解决行业技术需求30项，为企业提供技术服务不少于500家（次）（含委托研发、技术转让），衍生孵化企业20家，转化省内外科技成果100项；累计引进培育高层次科技创新人才和团队不少于5名（个），集聚科研人员100名以上。建成一批与国际接轨的世界一流高水平新型研发机构，成为三次产业高质量协同发展的重要推动力量。

三、建设标准

（一）实行新型管理体制机制。具有投资主体多元化、管理制度现代化、运行机制市场化、用人机制灵活的鲜明特征，具备独立法人资格，原则上按公司化管理模式，实行院（所）长负责制和章程管理，健全需求导向、自主决策、独立核算的市场化运行机制。投资主体原则上应不少于2家单位。具备自我造血能力，各级财政投入总额占机构年度总收入的比例应逐年减少。对照市场化薪酬确定职工工资水平，建立与创新能力和创新绩效相匹配、以知识价值为导向的收入分配机制。

（二）研发转化能力突出。每年投入研发经费占机构年总收入比例不低于30%且不低于1000万元，科研人员和成果转化专职人员占当年员工总数不低于70%，科研设备仪器原值不低于2000万元。

（三）社会经济效益显著。每年“四技”收入占当年经营性收入总额比例不低于60%，转化科技成果不少于30项，引进转化产业化项目不少于1个，孵化企业不少于2家，提供技术服务不少于300家（次）。

四、支持举措

（一）加大投入力度。省市联动、以市为主，对高水平新型研发机构建设给予支持。对重点引进和建设的高水平新型研发机构，通过专题研究的方式，“一院（所）一策”“一事一议”，省市共同给予支持。（责任单位：各市人民政府）设立省新型研发机构专项基金，参与高水平新型研发机构建设，支持高水平新型研发机构开展产业化技术研发和科技成果孵化转化。对绩效评估为优秀的高水平新型研发机构，省科技计划（专项）予以支持。（责任单位：省科技厅）

（二）加强人才激励培养。鼓励事业单位委派科研人员、技术转移转化人员在新型研发机构兼职取酬，获得的收入计入本单位绩效工资总量，不受总量限制，不计入下一年度绩效工资总量基数。在高水平新型研发机构作出突出贡献的科研人员，可参评政府特殊津贴，并可直接申报绿色通道高级专业技术职称，按规定予以褒扬激励。（责任单位：省人力资源社会保障厅）赋予高水平新型研发机构“自主荐才权”，优先作为人才计划申报推荐主体。（责任单位：省委组织部）支持高水平新型研发机构对符合标准且有需求的人才，通过“编制周转池”帮助解决事业单位编制。（责任单位：省委编办）支持高水平新型研发机构开展科教融合培养产业创新人才试点，与中国科学技术大学科技商学院联合建设实训基地，与高等学校建立产学研用研究生联合培养基地。（责任单位：省科技厅）

（三）强化创新资源统筹支持。聚焦科技成果转化，支持高水平新型研发机构作为各类重大科技项目和重大科技基础设施（平台）的依托单位，支持高水平新型研发机构积极与企业合作，通过竞争择优的方式承担定向委托、揭榜挂帅等重大科技项目，产出更多可转化的优质成果。建立面向高水平新型研发机构定向征集重大科技需求机制，构建高水平新型研发机构创新成果清单、关键核心技术“揭榜挂帅”清单。事业类的高水平新型研发机构可参照企业，同类资格参与各类创新政策、人才政策等申报竞争。支持高水平新型研发机构积极融入工业互联网平台，利用工业互联网建立虚拟研发机构，开展线上研发、线上转化、线上对接，实现科研人员、资金、技术、市场互动耦合和线上线下创新资源互联互通，拓展科技成果应用场景。（责任单位：省科技厅）

（四）创新财政经费管理方式。允许高水平新型研发机构在编制财政科研经费预算时，直接费用中除50万元以上的设备费外，其他只提供基本测算说明；对科研急需设备和耗材采用特事特办、随到随办的采购机制。（责任单位：省财政厅）允许高水平新型研发机构从财政稳定支持经费中提取不超过20%作为奖励经费，奖励经费的使用范围和标准由其自主决定。奖励经费可用于机构建设发展。推行“预算+负面清单”管理模式，符合条件的财政科研项目经费纳入“包干制”试点，项目结余资金可按规定转入下一年度使用。（责任单位：省科技厅）

（五）营造良好环境。对建设成效特别突出的高水平新型研发机构，按照相关规定予以褒扬激励。（责任单位：省科技厅）审计、财政、国有资产管理等部门，按照最新政策对高水平新型研发机构的经费使用、薪酬分配、股权激励等进行审慎包容监管。（责任单位：省审计厅、省财政厅、省国资委）对新引进的科技人才，落实当地生活安居补助，帮助解决配偶就业、子女入学、医疗保健、住房保障等问题。支持利用自有土地建设保障性住房，配套建设医院、学校、公交等设施，建立15分钟生活圈。（责任单位：各市人民政府）

五、保障措施

（一）强化组织推进。各市人民政府应结合实际，加快发展新型研发机构，协调解决重大问题，给予必要支持。保障新型研发机构新增用地需求，对符合条件的，可采用划拨方式供地。省有关部门应围绕产业发展需求，在不改变归口管理单位的基础上，鼓励各类创新平台创新体制机制，强化科技成果转化和产业服务功能，促进科技成果转化，建设为新型研发机构，符合条件的可被认定为高水平新型研发机构。省科技厅牵头负责全省高水平新型研发机构统筹协调、规范认定、绩效评估等工作。

（二）规范认定管理。省按年度开展高水平新型研发机构认定工作。各市在自愿申报的基础上，按照高水平新型研发机构的建设标准，择优推荐。对经过第三方机构形式审查和专家评审后，遴选出符合条件并向社会公示期满无异议的申报单位，可认定为高水平新型研发机构。对省委、省政府重点引进和建设的，可通过“一事一议”方式单独组织申报认定。（责任单位：省科技厅）

（三）分类绩效评估。省按年度对已认定的高水平新型研发机构，按照功能分类开展绩效评估。将参与“科大硅谷”、“羚羊”工业互联网科产平台建设等我省重大创新工作部署情况作为绩效评价的重要内容。对依托大院大所建立的协同创新类机构，重点考核围绕产业链创新链开展全链条创新服务成效。依托国家实验室、大科学装置等创新平台建立的成果熟化转化类机构，重点考核科技成果产出、衍生成果中试熟化转化和科技型企业孵化等方面成效。依托领军企业设立或参股设立的产业研发类机构，重点考核重大产品创制、行业共性技术研发和输出、成果转化、技术服务等方面成效。绩效评估结果作为省新型研发机构专项基金等支持的重要依据。（责任单位：省科技厅）

（四）加强诚信建设。按照“谁举办、谁负责”的原则，落实高水平新型研发机构科研诚信建设主体责任，进一步加强科研诚信建设。对严重违背科研诚信、科技伦理要求的，由科技部门记入科研失信记录，3 年内不得参与绩效评价，并按规定视情追回责任单位和责任人所获利益。（责任单位：省科技厅）

本实施意见自发布之日起实施，有效期至 2025 年 12 月 31 日。

安徽省人民政府办公厅

2022 年 11 月 18 日

关于印发《安徽省新型研发机构认定管理与绩效评价办法》通知

皖科政〔2020〕22 号

各市科技局，广德市科技局、宿松县科经局：

为支持我省新型研发机构的建设发展，规范新型研发机构的管理和运行，加快构建更加高效的科研体系，有力支撑创新型省份建设，我厅制定了《安徽省新型研发机构认定管理与绩效评价办法》，现印发给你们，请认真贯彻执行。

安徽省科学技术厅

2020 年 9 月 1 日

安徽省新型研发机构认定管理与绩效评价办法

第一章 总 则

第一条 为贯彻落实科技部《关于促进新型研发机构发展的指导意见》（国科发政〔2019〕313 号），依据《安徽省贯彻落实〈国家创新驱动发展战略纲要〉实施方案》和《安徽省人民政府支持科技创新若干政策》（皖政〔2017〕52 号）等文件精神，进一步引导和规范安徽省新型研发机构的建设与发展，制定本办法。

第二条 安徽省新型研发机构是指在安徽省内注册设立并运营，聚焦科技创新需求，主要从事科学研究、技术创新和研发服务，投资主体多元化、管理制度现代化、运行机制市场化、用人机制灵活的独立法人机构，可依法注册为科技类民办非企业单位（社会服务机构）、事业单位和企业。

第三条 新型研发机构是全省科技创新体系的重要组成部分，主要功能是：面向全省战略性新兴产业集聚发展和传统产业改造升级的重点领域，开展基础研究、应用基础研究、产业共性关键技术研发、科技成果转移转化以及研发服务等活动。

第四条 发展新型研发机构，坚持“谁举办、谁负责，谁设立、谁撤销”。举办单位（业务主管单位、出资人）应当为新型研发机构管理运行、研发创新提供保障，引导新型研发机构聚焦科学研究、技术创新和研发服务。

第五条 省科技厅负责指导推动全省新型研发机构建设发展，组织开展安徽省新型研发机构的申报、认定、定期评估、绩效评价和动态管理，制订并发布有关政策文件。各省辖市、省直管县科技管理部门是新型研发机构建设的服务管理主体和监督主体，负责本辖区内新型研发机构的引进、培育、组建、认定、日常管理和监督等工作，并采取政策措施支持本辖区内新型研发机构建设运行。

第二章　认定与评价

第六条　申报安徽省新型研发机构须符合以下条件：

1. 具备独立法人资格。申报单位须是在安徽省内注册，具有独立法人资格的组织或机构，具有一定的经济实力和相对稳定的资金来源，主要办公和科研场所设在安徽省，注册后运营 2 年以上。

2. 拥有多元化的投资主体。由单一主体所持有的财政资金举办，且主要收入来源为长期稳定财政资金投入的研发机构，原则上不予受理。

3. 具有以下研发条件。

（1）研发人员占职工总数比例原则上不低于 40%，且不少于 20 人。

（2）上年度研究开发经费支出占当年收入总额比例原则上不低于 30%。

（3）具备进行研究、开发和试验所需科研仪器、设备和固定场地。

4. 实行灵活开放的体制机制。

（1）管理制度健全。具有现代化的管理体制，拥有明确的人事、薪酬、行政和经费等内部管理制度。

（2）运行机制高效。包括市场化的决策机制、高效率的成果转化机制等。

（3）引人机制灵活。包括市场化的薪酬机制、企业化的收益分配机制、开放型的引人和用人机制等。

5. 拥有明确的业务发展方向。

符合国家和地方经济发展需求，以开展产业技术研发活动为主，具有明确的研发方向和清晰的发展战略，在前沿技术研究、工程技术开发、科技成果转化、创业与孵化育成等方面有鲜明特色。

6. 具有相对稳定的收入来源。

主要包括出资方投入，技术开发、技术转让、技术服务、技术咨询收入，政府购买服务收入以及承接科研项目获得的经费等。主营业务收入主要来自科技创新活动，技术开发、技术转让、技术服务、技术咨询、政府购买技术性服务收入和技术股权投资收益占年收入总额的比例原则上不低于 60%。

第七条　新型研发机构应全面加强党的建设。根据《中国共产党章程》规定，设立党的组织，充分发挥党组织在新型研发机构中的战斗堡垒作用，强化政治引领，切实保证党的领导贯彻落实到位。

第八条　安徽省新型研发机构申报认定程序如下：

1. 自评申报。省科技厅发布申报通知，对照本办法和申报通知，自评符合申报条件的单位登录安徽省科技管理信息系统，在规定时间内完成申报表填报及有关证明材料上传。

2. 审核推荐。申报单位所在市或省直管县科技管理部门负责对申报材料进行审核并对审核通过的提出推荐意见，省科技厅根据审核意见受理申报。纸质申报材料及审核意见须按要求打印并加盖单位公章，由审核单位送交指定业务受理窗口。

3. 形式审查。省科技厅委托第三方服务机构对申报材料的完整性和规范性进行形式审查，符合要求的进入评审论证环节。

4. 评审论证。评审论证包括网络评审、会议评审、现场考察等多种形式。省科技厅按照有关规定，提出评审标准和要求，委托第三方组织专家进行评审论证，根据评审论证意见视情选择部分申报单位进行现场考察。

5. 结果公示。省科技厅主管处室根据专家评审论证意见及现场考察情况，提出认定意见并提请厅会议研究通过后，在省科技厅网站上进行公示。

6. 发布名录。省科技厅对公示无异议的申报机构，按年度统一发文公布安徽省新型研发机构名录，授予“安徽省新型研发机构”称号。

第九条　申报认定安徽省新型研发机构的单位须提交以下材料：

1. 安徽省新型研发机构申报表（附件 1）；

2. 经具有资质的中介机构出具的上一年度财务会计报告（包括会计报表、会计报表附注和财务情况说明书）及上一年度研究开发费用情况表，并附研究开发活动说明材料；

3. 机构章程和管理制度（包括人才引培、薪酬激励、成果转化、科研项目管理、研发经费核算等）；

4. 近两年承担的市级以上政府和企业科技计划项目、自主立项研发项目、合作及委托研发项目等清单（包括项目名称、项目下达部门、编号、合作或委托单位、金额、起止时间）、立项证明或合同复印件等；

5. 近两年科技成果产出和转化清单（包括成果名称、成果形式、成果登记时间、转化方式、转化收入及技术交易合同等相关证明材料）或创业与孵化育成企业清单（包括服务、创办、孵化企业等材料）以及设立创业风险投资基金，开展产学研协同创新等证明材料；

6. 其他相关证明材料。

第十条　省科技厅委托第三方中介机构对安徽省新型研发机构进行绩效评价。对新认定的，在认定后的第二年，对照绩效评价指标体系，进行评价。评价结果为合格及以上的继续保留 2 年安徽省新型研发机构称号，此后每 2 年评价一次。参与绩效评价的安徽省新型研发机构，须对照绩效评价指标体系（附件 2），登录安徽省科技管理信息系统，填写上两个自然年度的各项指标数据，并提交相关证明材料。不参与评价或评价结果为不合格的，取消安徽省新型研发机构称号。

评价得分 60 分以下的为不合格，60—70 分的为合格，70—85 分的为良好，85 分以上的为优秀。

第三章　支持措施

第十一条　符合条件的安徽省新型研发机构，可适用以下政策措施。

1. 根据绩效评价结果，省科技厅视情择优给予经费后补助，支持其开展研发活动、招引人才团队、建设创新平台、提升产业创新服务能力等。

2. 可按照要求申报国家及省级科技重大专项、国家重点研发计划等有关政府科技项目、科技创新基地和人才计划。

3. 按照《中华人民共和国促进科技成果转化法》等规定，通过股权出售、股权奖励、股票期权、项目收益分红、岗位分红等方式，激励科技人员开展科技成果转化。

4. 企业类新型研发机构可按照国家规定享受税前加计扣除政策，并可申请认定高新技术企业，享受相应税收优惠。

5. 对省委省政府重点扶持的机构，采取“一事一议”的方式，单独组织申报认定。

第四章　管理与责任

第十二条　安徽省新型研发机构应当实行信息披露制度，通过公开渠道面向社会公开重大事项、年度报告等。发生名称变更、投资主体变更、重大人员变动等重大事项变化的，应在事后 3 个月内以书面形式向省科技厅报告，进行资格核实后，维持有效期不变。如不提出申请或资格核实不通过的，取消安徽省新型研发机构称号。

第十三条　安徽省新型研发机构应在每年 3 月份前按照要求填写上年度研发和经营活动基本信息，并向省科技厅提交上一年度工作总结报告（包括机构的建设进展情况、科技创新数据指标及下年度建设计划等）。

第十四条　安徽省新型研发机构应按要求参加科技统计，如实填报 R&D 经费支出情况。获得财政专项资金资助的新型研发机构，须遵守财政、财务规章制度和财经纪律，自觉接受监督检查。专项资金实行专账核算、专款专用，并纳入研发投入统计。对未按要求参加科技统计、严格财政资金管理的新型研发机构，取消其安徽省新型研发机构称号。

第十五条　建立安徽省新型研发机构监督问责机制。申报单位应加强科研诚信和科研伦理建设，如实填写安徽省新型研发机构申报、评价材料和提交相关证明材料，对于弄虚作假的行为，一经查实，3 年内不得申报认定，并纳入科研诚信严重失信行为数据库。已通过认定的机构在有效期内如有失信或违法行为，将取消安徽省新型研发机构称号，追回财政支持资金，并依法依规追究责任。

对发生违反科技计划、资金等管理规定，违背科研伦理、学风作风、科研诚信等行为的安徽省新型研发机构，省科技厅将移交有关单位依法依规追究责任。

第十六条　各市、省直管县科技局在认定、绩效评价过程中，存在把关不严等未履职尽责的，在全省科技系统予以通报批评；各级评审专家、评审工作人员等在评审过程中存在徇私舞弊、有违公平公正等行为的，按照有关规定追究相应责任。

第五章　附　则

第十七条　各市、省直管县科技局可参照本办法制定相关实施细则，开展本级新型研发机构认定管理与绩效评价等工作。

第十八条　本办法由省科技厅负责解释，自发布之日起施行，原《安徽省新型研发机构认定管理与绩效评价办法（试行）》同时废止。

附件略。

福建省

福建省人民政府办公厅关于鼓励社会资本建设和发展新型研发机构若干措施的通知

闽政办〔2016〕145号

各市、县（区）人民政府，平潭综合实验区管委会，省人民政府各部门、各直属机构，各大企业，各高等院校：

为深入贯彻全国科技创新大会精神和《中共福建省委　福建省人民政府关于实施创新驱动发展战略建设创新型省份的决定》，鼓励支持社会资本参与建设和发展我省新型研发机构，提出如下措施：

一、机构类型

鼓励企业、高等院校、科研院所、产学研用创新联盟、行业协会、商会和投资机构等以产学研合作形式，在闽创办具有独立法人资格的新型研发机构。鼓励各级政府采取“院地合作”“校地合作”“政企合作”等形式，与国内外知名院校和大型企业在闽共建新型研发机构。

新型研发机构主要包括以下形式：

（一）企业类。主要从事技术研发、成果转化、技术服务、科技企业孵化等活动并在工商注册的新型研发机构。

（二）民办非企业类。在民政部门登记注册的新型研发机构。

（三）事业类。机构编制部门审批设立事业单位性质的新型研发机构。

二、申请条件

（一）在福建投资设立的，主要从事科学研究、技术研发、成果转化、创新创业与孵化育成，具备承担国家、省、市技术攻关项目能力，具有独立法人资格的科研实体；拥有一定的经济实力和较稳定的资金来源，主要办公和科研场所设在福建。

（二）具备进行研究、开发和试验所需要的仪器、装备和固定场地等基础设施，办公和科研场所不少于150平方米；拥有必要的测试、分析手段和工艺设备，且用于研究开发的仪器设备原值不低于150万元。

（三）具有稳定的研发经费来源，年度研究开发经费支出不低于年收入总额的10%，其中企业类的不低于6%。

（四）具有稳定的研发队伍，常驻研发人员占职工总人数比例达到20%以上，博士学位或高级职称以上人员占研发人员的5%以上。

（五）具有面向企业服务、围绕市场配置资源的新型管理体制和运行机制，建立现代科研机构管理制度、科研项目管理制度、科研经费财务会计核算制度。

三、支持措施

（一）新型研发机构独立或联合申报国家和省、市科技计划项目、产业开发专项、技术改造项目，同等条件下予以优先推荐或优先立项支持。新型研发机构同一年度申报相关省级科技计划项目数量不予限制。企业类新型研发机构优先进入“科技小巨人领军企业培育发展库”培育，并享受相关扶持政策。优先支持企业类新型研发机构申报高新技术企业、创新型企业、知识产权优势企业。

责任单位：省科技厅、发改委、经信委、财政厅、教育厅、国税局、地税局

（二）对新型研发机构建设发展项目用地，在年度用地计划指标中给予优先安排，及时审批。对为工业生产配套的新型研发机构项目用地，执行工业用地政策。

符合国家和省有关规定的非营利性科研机构自用的房产、土地，免征房产税、城镇土地使用税。按照房产税、城镇土地使用税条例、细则及相关规定，属于重点扶持产业方向且符合困难减免税有关规定的，可向主管税务机关提出减免税申请，经核准，可给予减税或免税。

责任单位：省国土厅、住建厅、国税局、地税局，各设区市人民政府、平潭综合实验区管委会

（三）加大对新型研发机构财政支持力度，省和设区市财政对初创期新型研发机构每年度按非财政资金购入科研仪器、设备和软件购置经费 25% 的比例，给予最高不超过 500 万元的后补助。初创期一般为五年。

对于评价命名时已过初创期的新型研发机构，按照竞争择优原则，省和设区市财政对发展效益较好的研发机构，按近 5 年非财政资金购入科研仪器、设备和软件购置经费 25% 的比例，一次性给予最高不超过 1000 万元的后补助。

以上后补助资金由省和设区市财政各按 50% 承担，省级所需经费纳入年度预算安排。

责任单位：省财政厅、科技厅，各设区市人民政府、平潭综合实验区管委会

（四）新型研发机构每引进国家“千人计划”“万人计划”人才或入选省“海纳百川”高端人才聚集计划的，分别给予 10 万～300 万元的补助；确认为省引进高层次人才（A、B、C 三类）的，分别给予用人单位 25 万～200 万元的安家补助，并纳入设区市（平潭综合实验区）或省直、中直单位引进高层次人才计划给予相关政策支持。聘任国际公认的三大世界最新排名均在前 100 名大学的博士毕业生的，一次性给予用人单位每人 40 万元补助。

责任单位：省人才办、人社厅、科技厅、教育厅，各设区市人民政府、平潭综合实验区管委会

（五）对符合条件的新型研发机构进口科研用仪器设备免征进口关税和进口环节增值税、消费税。对新型研发机构已享受进口免税的科研设施仪器，在符合监管条件的前提下，准予在本单

位内用于其他单位的科技开发、科学研究和教学活动。

责任单位：省财政厅、福州海关、厦门海关

（六）支持新型研发机构产品加入国家节能产品、环境标志产品等政府采购清单，享受相应优惠政策。对新型研发机构研发的经认定并且签订采购使用协议的福建省首台（套）重大技术装备，属于国内首台（套）的按不超过市场销售价格 60%、属于省内首台（套）的按不超过市场销售价格 30% 对生产企业给予补助，用于生产企业研发费用补助和用户风险补偿，最高补助金额不超过 500 万元。

责任单位：省经信委、财政厅

（七）对创业投资机构投资新型研发机构的，省财政和所在地市、县（区）财政分别给予单个创业投资项目最高不超过项目实际投资额 10% 和 15% 比例的风险补助，省财政单个创业投资项目风险补助金额最高不超过 200 万元。市、县（区）财政单个创业投资项目风险补助限额自行确定。

责任单位：省财政厅、发改委，各设区市人民政府、平潭综合实验区管委会

（八）新型研发机构组建的国家重点实验室、工程实验室、工程（技术）研究中心、企业技术中心等国家级或省级科技研发创新平台，按照省政府关于加快高水平科技研发创新平台建设发展的六条措施予以奖励。

省级创新券专项资金优先支持新型研发机构购买科技创新服务，每年单个机构最高补助 20 万元。

新型研发机构获得国家检验检测资质的，省财政资金一次性奖励 50 万元，用于购置和修缮检验检测仪器设备。

责任单位：省科技厅、发改委、经信委、财政厅、教育厅、质监局

（九）新型研发机构的科技成果转化参照《福建省人民政府关于进一步促进科技成果转移转化的若干规定》有关政策执行。新型研发机构科研人员参与职称评审与岗位考核时，发明专利转化应用情况可折算论文指标，技术转让成交额可折算纵向课题指标。

责任单位：省财政厅、科技厅、人社厅、国资委、机关管理局

（十）鼓励高校、科研院所科研人员在征得所在单位同意后，可带项目和成果、保留基本待遇，离岗创办新型研发机构，或到新型研发机构工作。离岗创新创业期限以 3 年为一期，最多不超过两期。返回原单位时接续计算工龄，待遇和聘任岗位等级不降低。

责任单位：省人社厅、教育厅、科技厅

四、监督管理

（一）新型研发机构申报遵循自愿原则。省级科技行政部门组织开展新型研发机构的评价工作。经评价公布的新型研发机构享受本文规定的各项扶持措施。

（二）新型研发机构应每年向省级科技行政部门报告机构发展、科技创新活动和科技成果转

化等情况。省级科技行政部门每三年对新型研发机构进行一次绩效测评，主要评估人才集聚、创新产出、技术辐射、成果转化效益以及自主发展能力等情况。测评不合格的，取消“省级新型研发机构”资格，不再享受相应政策扶持。

各地、各有关部门要结合实际，按照职责分工，加强指导，优化服务，确保各项措施落实到位。本措施自印发之日起施行。

福建省人民政府办公厅

2016 年 8 月 29 日

（此件主动公开）

福建省人民政府关于进一步推进创新驱动发展七条措施的通知

闽政〔2018〕19号

（涉及新型研发机构的内容）

各市、县（区）人民政府，平潭综合实验区管委会，省人民政府各部门、各直属机构，各大企业，各高等院校：

为深入贯彻习近平新时代中国特色社会主义思想和党的十九大精神，以创新驱动推动高质量发展实现赶超目标，经研究决定，在落实好已有的企业研发经费分段补助、建设高水平创新平台和新型研发机构、发展高新技术企业及加快科技成果转化等创新激励政策基础上，进一步加大政策扶持力度，提出如下措施：

……

四、着力引进重大研发机构

……

支持新型研发机构实行高效灵活的市场化机制，培育发展一批体制机制活、研发能力强、示范效应明显的省级新型研发机构。对经评估命名为省级新型研发机构的，给予一次性奖励补助50万元。

……

福建省人民政府

2018年9月20日

（此件主动公开）

江西省

江西省人民政府办公厅关于印发加快新型研发机构发展办法的通知

赣府厅发〔2018〕19号

各市、县（区）人民政府，省政府各部门：

《加快新型研发机构发展办法》已经省政府同意，现印发给你们，请认真贯彻落实。

江西省人民政府办公厅

2018年6月6日

（此件主动公开）

加快新型研发机构发展办法

为深入实施创新驱动发展战略，加快培育发展新经济，鼓励引导我省新型研发机构健康有序发展，充分发挥其在创新发展中的生力军作用，制定如下办法：

一、本办法所指的新型研发机构是指在我省按规定登记、审批，从事自然科学研究与开发以及技术转移转化、衍生孵化、科技服务等活动，采用多元化投资，按照营利性和非营利性规则运作，无行政级别、无固定编制，研发经费稳定、自负盈亏的独立法人和其他组织。

二、新型研发机构主要类型：

（一）研发企业类。由个人、企业和其他社会组织以多种形式创办，主要从事科研开发、成果转化、技术服务、科技企业孵化等活动并经工商注册的企业法人。科技协同创新体为研发企业类新型研发机构的主要类型。

（二）不核定机构编制事业单位类。引进国内外知名高等学校和科研院所与地方政府及各类产业园区、开发区等合作共建，由机构编制部门按照有关规定办理。

（三）社会服务机构类。从事自然科学研究、技术开发、技术转移转化、技术咨询服务等活动，在民政部门登记注册的社会组织法人。

（四）以市场机制配置资源的其他类型研发机构。

三、支持新型研发机构围绕我省重点发展产业和地方优势特色产业，开展关键和共性技术研究开发和成果转化，承接国家重大科技基础设施和重大科学装置落户江西，支撑产业技术创新与转型升级。

四、新型研发机构申报遵循自愿原则。省科技行政主管部门负责省新型研发机构的核定、管理、服务和监督（具体细则另行制定），组织开展新型研发机构的评审、评估、绩效考核等工作。各设区市科技行政主管部门负责本区域省新型研发机构的申报和初审。

五、省科技行政主管部门会同相关部门加强对新型研发机构的发展规划和引导服务，及时帮助解决新型研发机构发展中的问题。鼓励各地政府和省直相关部门出台优惠政策培育新型研发机构。支持各地政府采取“一院一策、一事一议”等方式择优扶持新型研发机构建设。

六、新型研发机构采用引导资金资助与后补助相结合的资助方式。在省级财政科技专项中统筹安排资金，实行竞争性分配，对新型研发机构列入年度科技计划的项目予以支持。将新型研发机构纳入省科技创新平台载体后补助范围，视绩效评估结果对新型研发机构进行后补助支持。

七、鼓励新型研发机构重点围绕我省及地方优势特色产业，面向海内外引进中高端研发人才和团队，优化配置创新资源，自主评聘职称，并与国有科研院所、高等院校同等享受相应的人才激励政策。

八、省科技行政主管部门加快制定科技创新券管理办法。支持新型研发机构以科技创新券的方式使用国有科研院所、高等学校科技创新资源，并利用科技创新券为企业等市场主体提供创新服务。

九、支持新型研发机构独立或联合申报国家和省、市、县级科技计划、成果转化、技术改造、人才团队等项目。支持企业类新型研发机构申报高新技术企业。鼓励新型研发机构申报组建国家和省及市重点实验室、工程研究中心、技术创新中心、制造业创新中心、院士工作站、博士后工作站、海智工作站等研发平台。

十、对符合国家科技创新进口税收政策的新型研发机构进口科研用仪器设备按规定免征进口关税和进口环节增值税、消费税，具体名单由省科技行政主管部门报南昌海关备案。支持新型研发机构扩大先进技术、重要装备和关键零部件进口，按规定享受进口贴息项目支持。

十一、建立完善科技金融风险补偿、贴息等配套机制，鼓励各类金融机构为新型研发机构提供知识产权质押贷款、股权质押贷款、科技企业贷款、科技保险等科技金融服务；支持发展各类科技投资机构，鼓励社会资本投资新型研发机构；通过风险补偿、后补助、创投引导等方式，运用市场机制，引导风险投资机构投资新型研发机构。

江西省人民政府印发关于加快江西省新型研发机构发展十条措施的通知

赣府字〔2021〕57 号

各市、县（区）人民政府，省政府各部门：

现将《关于加快江西省新型研发机构发展的十条措施》印发给你们，请认真贯彻执行。

江西省人民政府

2021 年 10 月 22 日

（此件主动公开）

关于加快江西省新型研发机构发展的十条措施

新型研发机构是聚焦科技创新需求，主要从事科学研究、技术创新和研发服务，投资主体多元化、管理制度现代化、运行机制市场化、用人机制灵活，无行政级别、无固定编制，研发经费稳定、自负盈亏的独立法人机构。

为深入落实习近平总书记视察江西重要讲话精神，贯彻新发展理念，构建新发展格局，实施创新驱动发展战略，鼓励引导我省新型研发机构加快发展，在《江西省人民政府办公厅关于印发加快新型研发机构发展办法的通知》（赣府厅发〔2018〕19 号）基础上，根据《科技部印发关于促进新型研发机构发展的指导意见的通知》（国科发政〔2019〕313 号）精神，提出如下十条措施。

一、鼓励国家“大院大所”、知名高校、上市公司及大型企业，在赣设立综合性、高水平、对江西省产业转型升级具有支撑和引领作用的重大新型研发机构。统筹省级科技专项资金，鼓励市县统筹相关资金择优扶持新型研发机构建设和发展。省政府牵头引进的重大新型研发机构，根据财政事权和支出责任划分，由省、市政府共同给予支持。鼓励已开展创新券政策试点工作的地区，将新型研发机构纳入支持对象，参照有关管理办法实施。新型研发机构在申报、承担各级财政科技计划项目时，可享受科研事业单位同等资格待遇。引导传统科研机构向新型研发机构转变。（责任单位：省科技厅、省财政厅、省委编办，各市、县（区）人民政府，赣江新区管委会）

二、鼓励从事研发活动的单位申请认定为省级新型研发机构。经认定的省级新型研发机构，一次性给予不超过 100 万元的财政资金支持，用于资助其开展研发活动。加强省级新型研发机构的绩效管理，每 3 年考核一次，对考核优秀的，给予不超过 300 万元的研发费用后补助，已获得其他省级科技创新平台后补助经费支持的机构不重复支持（具体操作办法另行制定）。（责任单位：省科技厅、省财政厅，各设区市人民政府，赣江新区管委会）

三、鼓励省级新型研发机构利用非财政性资金开展研发活动。对上年度非财政性资金研发经费占总研发经费比例超过 85% 的省级新型研发机构，给予不超过上年度非财政性资金研发经费支出额度 20% 的奖励（单个机构奖励不超过 1000 万元），已享受其他各级财政研发费用补助的机构不重复奖励。（责任单位：省科技厅、省财政厅、省统计局）

四、“十四五”期间（2021—2025 年），符合支持科技创新进口税收政策条件的省级新型研发机构，进口国内不能生产或性能不能满足需求的科学研究、科技开发用品，免征进口关税和进口环节增值税、消费税；未能享受以上税收优惠的企业类省级新型研发机构，可给予一定的补贴，每年每家补贴额度不高于 200 万元。（责任单位：南昌海关、省科技厅、省财政厅、省税务局、省民政厅）

五、加强计划类项目经费引导支持。引导新型研发机构独立或联合申报国家和省、市科技计划项目、产业开发专项、技术改造项目。鼓励新型研发机构组建国家和省重点实验室、工程研究中心、技术创新中心、企业技术中心、博士后科研工作站等科技创新基地。（责任单位：省科技厅、省发展改革委、省工业和信息化厅、省人力资源社会保障厅、省农业农村厅）

六、鼓励新型研发机构和高等学校、科研院所、企业围绕重点产业和关键技术领域联合开展科技成果转移转化。科技成果转化的成效作为新型研发机构绩效评价的重要条件。新型研发机构开展科技成果转化相关活动参照《江西省鼓励科技人员创新创业的若干规定》（赣府发〔2016〕20 号）等政策执行。新型研发机构科研人员发明专利转化应用、技术成果转让等，可作为职称评审与岗位考核的业绩条件。博士后研究人员同等享受在站期间科技成果转化收益。（责任单位：省科技厅、省教育厅、省人力资源社会保障厅、省工业和信息化厅）

七、发挥金融资本作用，加大对新型研发机构科技成果转化和产业化的投融资支持。发布新型研发机构优秀科技成果“白名单”，鼓励各类金融机构为新型研发机构提供知识产权质押贷款、股权质押贷款等科技金融服务。鼓励各类金融机构支持和参与新型研发机构发起设立针对新型研发机构孵化企业发展的股权投资基金。引导各类科技风险投资基金，采取市场化机制，投资新型研发机构。支持新型研发机构在科创板上市融资。（责任单位：省金融监管局、江西银保监局、江西证监局、人行南昌中心支行、省科技厅）

八、鼓励高等学校、科研院所科研人员在征得所在单位同意后，按规定带项目和成果到新型研发机构兼职工作，或离岗创办企业类新型研发机构。离岗创办企业类新型研发机构，期限不超过 3 年，期满后创办企业类新型研发机构尚未实现盈利的可按规定申请延长 1 次，延长期限不超过 3 年。期满返回原单位时接续计算工龄。（责任单位：省科技厅、省教育厅、省人力资源社会保障厅）

九、鼓励新型研发机构通过实施股权、期权等方式引进高层次人才。新型研发机构引进且符合省、市相关条件的高层次人才同等享受有关政策资金奖励，以及落户、住房、医疗、配偶安置、子女入学等方面的优惠待遇。（责任单位：省科技厅、省教育厅、省人力资源社会保障厅、省住房城乡建设厅、省卫生健康委，各设区市人民政府、赣江新区管委会）

十、新型研发机构建设发展项目用地，实行分级分类保障。为工业生产配套的新型研发机构项目用地且与其他生产服务、行政办公、生活服务设施（不包括商品住宅）建筑面积占项目总建筑面积比例不超过 15% 的，执行工业用地政策。符合国家有关规定的非营利性新型研发机构自用的房产、土地，免征房产税、城镇土地使用税。缴纳房产税、城镇土地使用税确有困难，符合房产税、城镇土地使用税困难减免税条件的，可按规定向主管税务机关申请困难减免。

山东省

关于印发《关于支持新型研发机构建设发展的若干措施》的通知

鲁科字〔2020〕145号

省直有关部门、各有关单位：

现将《关于支持新型研发机构建设发展的若干措施》印发给你们，请遵照执行。

山东省科学技术厅　中共山东省委组织部
山东省发展和改革委员会　山东省教育厅
山东省工业和信息化厅　山东省财政厅
山东省人力资源和社会保障厅　山东省自然资源厅
山东省地方金融监督管理局　国家税务总局山东省税务局
2020年12月31日

（此件公开发布）

关于支持新型研发机构建设发展的若干措施

为加快推进我省新型研发机构高质量发展，完善科技创新体制机制，激发创新活力，提高创新链整体效能，根据科技部《关于促进新型研发机构发展的指导意见》等规定，制定如下措施。

1. 新型研发机构在申报省或市级财政科技计划、人才引进、创新载体建设、科技成果转化收入分配等方面，可同等享受高校、科研院所、企业的资格待遇和扶持政策；新型研发机构可按规定享受研发费用税前加计扣除、科技成果转化等相关政策，经认定为高新技术企业的可按规定享受高新技术企业税收优惠政策。（责任单位：省科技厅、山东省税务局）

2. 对由企业建设的新型研发机构，省级可对上年度发生的研究开发投入相应给予补助。已享受其他各级财政研发费用补助的机构不再重复补助。（责任单位：省科技厅、省财政厅）

3. 新型研发机构凝练提出的重大技术研发项目，经论证可优先纳入省重大创新工程项目指南。对新型研发机构申请的科技资金股权投资项目，同等条件下优先投资。（责任单位：省科技厅、省发展改革委、省工业和信息化厅）

4. 对注册为企业的新型研发机构为首台（套）技术装备、首批次新材料、首版次高端软件等新产品购买的产品质量险、责任险及综合险，省财政按实际投保费率不超过3% 及不高于实际投保年度保费的 80% 的标准对生产企业给予支持，最高可给予 500 万元支持。（责任单位：省工业和信息化厅、省财政厅）

5. 新型研发机构从省外引进的高层次人才符合颁发“山东惠才卡”条件的，凭卡享受住房安居、医疗保健、培训提升和子女入学等方面的优惠待遇。对其引进的外籍高层次人才在办理签证、居留、工作许可等方面开辟“绿色”通道，实行“容缺受理”，符合条件的可办理有效期 5-10 年、多次入境人才签证。（责任单位：省委组织部、省人力资源社会保障厅）

6. 畅通各类新型研发机构专业技术职务评审通道。做出突出贡献、符合条件的高层次人才可享受专业技术职务“直通车”政策，不受原专业技术职务资格、学历资历、申报条件等限制，直接申报评审副高级或正高级专业技术职务。专业技术职务评审时，将发明专利转化应用情况、技术转让成交额等作为评价的重要内容。（责任单位：省科技厅、省人力资源社会保障厅）

7. 支持高等院校、科研机构的科技人员及创新团队依法到新型研发机构兼职开展项目研发、成果转化和创新服务，兼职期间与原单位在岗人员同等享有参加专业技术职务评审、项目申报、岗位竞聘、培训、考核、奖励等方面的权利；获得的职务科技成果转化现金奖励计入当年本单位绩效工资总量，但不受总量限制，不纳入总量基数；到新型研发机构开展离岗创业或自主创办新型研发机构的，经人事关系所在单位批准，3 年内保留人事关系，连续计算工龄，并享有参加专业技术职务评审、社会保险等方面的权利，期满后创办企业尚未实现盈利的可申请延长 1 次，延长期限不超过 3 年；创业后返回原单位的，聘用至不低于离岗创办企业时原岗位等级的岗位。鼓励高等院校与新型研发机构建立研究生联合培养基地。（责任单位：省科技厅、省教育厅、省人力资源社会保障厅）

8. 新型研发机构进口科研用仪器设备，未享受进口关税、进口环节增值税和消费税减免优惠的，由省级财政按照未享受减免金额的一定比例，每年给予不超过 500 万元补助。采用创新券等方式，支持企业向新型研发机构购买研发服务。对企业委托新型研发机构进行技术研发所发生的支出，可按规定享受研究开发费用加计扣除政策。（责任单位：省科技厅、省财政厅、山东省税务局）

9. 定期开展绩效评价，在支撑和引领我省产业发展、基础研究及技术创新、高水平研发人才及团队引进培育、科技成果转化及产业化、企业孵化、创新服务等方面成效突出、评价优秀的新型研发机构，最多给予 100 万元后补助支持；对成为国家重点实验室、技术创新中心、制造业创新中心、产业创新中心、临床医学研究中心、工程研究中心等国家重大创新基地的新型研发机构，省财政一次性给予最多 3000 万元奖励支持。鼓励企业联合高校、科研院所建设面向产业的新型研发机构，总投资超过 5000 万元，其中企业投资超过 3000 万元的，直接纳入省级科技创新平台管理。（责任单位：省科技厅、省发展改革委、省工业和信息化厅、省财政厅）

10. 做好新型研发机构项目用地保障。对列入省重大项目名单的新型研发机构新增用地，纳入省级统筹用地保障。各市县要统筹新增建设用地指标和存量挖潜指标，做好项目用地保障工

作。符合《划拨用地目录》（国土资源部令第9号）的，可以划拨供应。（责任单位：省自然资源厅）

11. 符合国家和省有关规定的非营利性科研机构自用的房产、土地，免征房产税、城镇土地使用税。按照房产税、城镇土地使用税条例、细则及相关规定，属于省政府重点扶持且纳税确有困难的新型研发机构，可向主管税务机关申请，经批准，可酌情给予减税或免税照顾。（责任单位：山东省税务局）

12. 对新型研发机构发起设立天使基金、创业投资基金、产业孵化基金等，山东省新旧动能转换基金同等条件下优先给予参股支持。对投资于新型研发机构衍生且在省内注册企业的天使类投资，发生投资损失的，按《山东省人民政府办公厅关于进一步推动山东省新旧动能转换基金加快投资的意见》（鲁政办字〔2019〕119号）尽职免责规定执行。（责任单位：省科技厅、省财政厅、省地方金融监管局）

13. 鼓励各级政府安排资金扶持辖区内初创期新型研发机构建设发展，初创期一般为5年。（责任单位：省科技厅、省财政厅）

关于印发《山东省新型研发机构备案标准》的通知

鲁科办发〔2021〕3号

各市科技局，各省级新型研发机构，各有关单位：

现将《山东省新型研发机构备案标准》印发给你们，请认真贯彻落实。

山东省科学技术厅办公室

2021年1月20日

（此件公开发布）

山东省新型研发机构备案标准

为进一步加强和规范山东省新型研发机构备案工作，提高建设水平和创新能力，提升创新体系整体效能，支撑引领产业高质量发展，制定本备案标准。未按本标准备案的新型研发机构，由各市科技局参照本标准执行。

一、标准依据

《关于促进新型研发机构发展的指导意见》（国科发政〔2019〕313号）《山东省新型研发机构管理暂行办法》（鲁科字〔2019〕7号）等政策文件。

二、功能定位

新型研发机构主要是指投资主体多元化、组建方式多样化、管理制度现代化、运行机制市场化，用人机制灵活，具有可持续发展的能力，产学研协同创新的独立法人机构。新型研发机构以开展产业技术研发为核心功能，兼具基础研究、应用基础研究、技术研发、成果转移转化、科技企业孵化培育、产业投融资及高端人才集聚培养等功能。

三、建设模式

（一）政府主导模式。由政府注资独立建设，注册成立事业单位或企业，实行无主管部门、无行政级别、企业化管理、市场化运营的管理机制。

1.“山东产业技术研究院”类型，致力于突破关键核心技术和产业共性技术、成果转化及产业化，由政府搭建平台，采取“产研院+投资发展公司+专业研究所等创新主体”组建模式，通过新建、加盟、兼并收购等多种方式，吸引聚集高层次研究机构和人才团队。

2.“山东高等技术研究院”类型，致力于基础研究和原始创新，由政府搭建平台，采取学术型与应用人才并重的培养体制，吸引高校和顶尖科学家及团队入驻研发，资源开放共享。

3.“山东能源研究院”类型，致力于聚焦目标产业，融合基础研究、关键核心技术和产业共性技术研发、成果转化及产业化等多功能的综合性研究机构，由政府搭建平台，采取“一套班子、两块牌子”的模式，通过市场手段联合创新能力强的科研单位、高校和企业共建。

（二）“政府 +”模式。政府牵头吸引国内外一流高校、科研机构或高层次人才团队、中央企业和地方大型国有企业、世界 500 强企业和外资研发型企业来鲁设立新型研发机构，或与省内高校、科研机构等联合组建新型研发机构。

（三）“企业 +”模式。行业龙头企业、优势企业作为投资承建主体，整合相关领域的高校、科研机构和企业创新资源，联合建设新型研发机构。

（四）“人才 +”模式。战略性科技创新领军人才和高水平创新团队通过入股研发机构主导研发和成果转化，企业为专家及团队开展研发和成果转化提供场地、市场等，实现技术和需求的对接。

（五）其他模式。支持科研院所、工程技术研究中心等开展体制机制和治理模式创新，向新型研发机构转型。推动省级工程技术研究中心向高水平新型研发机构提升。

四、备案基本条件

（一）具有独立法人资格，须在山东省内注册，主要办公和科研场所设在山东，注册后运营 1 年以上。

（二）主要业务为开展基础研究、应用基础研究，产业共性关键技术研发、科技成果转移转化，以及研发服务等。

（三）具有现代化的管理体制，内控制度健全完善。具有灵活的人才激励机制、开放的引人和用人机制。制定明确的人事、薪酬和经费管理等内部管理制度。建立市场化的决策机制和高效率的科技成果转化机制等。

（四）具有结构相对合理稳定、研发能力较强的人才团队，常驻研发人员不少于 10 人，且科学研究类、技术创新类、研发服务类占职工总数比例分别不低于 70%、50% 和 30%。博士学位或高级职称以上人员不低于研发人员总数 30%（常驻研发人员及员工以全年实际工作超过 90 天计）。

（五）具有相对稳定的收入来源。资方投入，技术开发、技术转让、技术服务、技术咨询收入，政府购买服务收入以及承接科研项目获得的经费收入总额占年收入总额的 60% 以上。

（六）财务状况良好，上年度研究开发经费支出占年收入总额比例不低于 30%。

（七）具备开展研究、开发和试验所需的科研设施、科研仪器以及固定场地，科研用房 500 平方米以上，仪器设备原值一般在 500 万元以上；研发服务类应拥有开展研发服务所必需的条件和设施。

（八）举办单位（业务主管单位、出资人）能为新型研发机构管理运行、研发创新提供保障。

（九）主要从事生产制造、经营销售、教学教育、检验检测、园区管理等活动的单位暂不纳入新型研发机构范畴。

（十）近两年来，未出现违法违规行为或严重失信行为。

五、管理运行机制

（一）促进新型研发机构发展，要突出体制机制创新，强化政策引导保障，注重激励约束并举，调动社会各方参与。通过发展新型研发机构，进一步优化科研力量布局，强化产业技术供给，促进科技成果转移转化，推动科技创新和经济社会发展深度融合。

（二）发展新型研发机构，坚持“谁举办、谁负责，谁设立、谁撤销”的原则。举办单位（业务主管单位、出资人）应当为新型研发机构建设运行、研发创新提供保障，引导新型研发机构聚焦科学研究、技术创新和研发服务，避免功能定位泛化，防止向其他领域扩张。

（三）由高校、科研院所创新创业团队与国有资本投资平台、社会资本等合作共建的新型研发机构，鼓励创新创业团队人员现金入股并控股，支持高校、科研院所以技术成果和相关知识产权投资入股或选择技术成熟、产业化前景良好的项目，以团队、技术、资金、资产捆绑的形式进行组建。

（四）多元投资设立的新型研发机构，原则上应实行理事会、董事会（以下简称“理事会”）决策制和院长、所长、总经理（以下简称“院所长”）负责制，根据出资人协议制定章程，依照章程管理运行。

1. 章程应明确理事会的职责、组成、产生机制，理事长和理事的产生、任职资格，主要经费来源和业务范围，主营业务收益管理以及政府支持的资源类收益的分配机制等。

2. 理事会成员原则上应包括出资方、产业界、行业领域专家以及本机构代表等。理事会负责制定修改章程、审定发展规划、年度工作计划、财务预算决算、薪酬分配等重大事项。

3. 法定代表人一般由院所长担任。院所长全面负责科研业务和日常管理工作，推动内控管理和监督，执行理事会决议，对理事会负责。

4. 建立咨询委员会，就机构发展战略、重大科学技术问题、科研诚信和科研伦理等开展咨询。

（五）新型研发机构应当建立科学化的研发组织体系和内部管理制度，根据科学研究、技术创新和研发服务的实际需要，自主确定研发选题，动态设置研发单元，灵活配置科研人员、组织研发团队、调配科研设备。

（六）新型研发机构应当采用市场化的用人机制、薪酬制度，充分发挥市场机制在配置创新资源中的决定性作用，自主面向社会招聘人员，对标市场化薪酬合理确定职工工资水平，建设与创新能力和创新绩效相匹配的收入分配机制。

（七）新型研发机构要加强党的建设。根据《中国共产党章程》规定，设立党的组织，实行属地化管理，充分发挥党组织战斗堡垒作用，强化政治引领，切实保证党的领导贯彻落实到位。

六、备案程序

（一）发布通知。省科技厅发布组织山东省新型研发机构备案的通知，申请单位登录山东省科技云平台，按提示要求填写相关信息并上传佐证材料。

（二）各市推荐。各市科技局对申请表进行初审，对材料的完整性与规范性进行审核并提出推荐意见。通过初审后，申请单位在线打印纸质材料，并由市科技局汇总后报省科技厅。

（三）备案审查。省科技厅对申报材料进行形式审查，提出现场考察名单；省科技厅组织专家或委托第三方机构对进入现场考察的研发机构进行考察论证，并提出现场考察意见。

（四）结果公示。省科技厅根据现场考察意见，提出备案意见，对拟备案的新型研发机构进行公示。公示无异议且经厅长办公会审议通过后，发布新型研发机构备案名单。

关于印发《山东省新型研发机构绩效评价办法》的通知

鲁科字〔2021〕11号

各市科技局，各省级新型研发机构，各有关单位：

现将《山东省新型研发机构绩效评价办法》印发给你们，请认真贯彻落实。

山东省科学技术厅

2021年1月20日

（此件公开发布）

山东省新型研发机构绩效评价办法

第一章　总　则

第一条　为规范和加强山东省新型研发机构（以下简称“新型研发机构”）建设、运行和管理，提高建设质量和水平，根据《关于促进新型研发机构发展的指导意见》（国科发政〔2019〕313号）和《山东省新型研发机构管理暂行办法》（鲁科字〔2019〕7号）等有关规定，制定本办法。

第二条　山东省新型研发机构是指按照鲁科字〔2019〕7号文件备案的省级新型研发机构。省科技厅建立新型研发机构绩效评价制度，定期组织对新型研发机构进行评价。三年度为一个评价周期，原则上每年度评价一次。

第三条　绩效评价的目的是对新型研发机构在评价周期内建设运行情况及省财政资金资助项目的执行情况等进行综合评价，推动新型研发机构管理运行水平和创新创业能力持续提升。

第四条　绩效评价依据为国家和省出台的有关政策文件、新型研发机构绩效目标表、自评报告等。

第五条　绩效评价内容包括新型研发机构管理运行水平、科研活动、产出、效益等。按照科学研究、技术创新和研发服务三类建立分类评价体系，科学合理设置评价指标，突出创新质量和实际贡献。

第二章　组织实施

第六条　省科技厅负责绩效评价工作的组织实施，制定评价方案和评价指标体系，确定评价对象，公布评价结果。

第七条　绩效评价由部门自评、专家函评和现场评价等环节组成。在部门自评的基础上，省科技厅组织专家或委托第三方机构开展专家函评和现场评价。

第八条　部门自评。新型研发机构主管部门（各市科技局，以下简称主管部门）组织开展绩效自评。

新型研发机构于每年1月15日前撰写《新型研发机构绩效评价自评报告》(见附件1)，填写《新型研发机构绩效评价指标体系》（见附件2）连同相关佐证材料上传科技云平台。

主管部门根据绩效评价指标体系，可采取材料评价、现场评价或专家评议等方式对新型研发机构进行评价打分，提出评价意见，确定自评结果，原则上良好以上的比例不超过总数的50%；对不合格的，提出撤销备案的建议。

主管部门于每年2月15日前将自评结果和撤销备案申请提交省科技厅。

第九条　专家函评。省科技厅聘请5-7名高水平专家组成函评专家组，依托科技云平台对部门自评结果为良好以上的新型研发机构进行函评。专家独立评价打分，提出评价意见。

第十条　现场评价。根据新型研发机构类型、领域方向等，对进入专家函评范围的新型研发机构按照不低于30%的比例进行现场评价。现场评价主要评价新型研发机构建设运行情况，科研用房、科研仪器设备及配套设施等基本条件建设情况，财务状况、经费管理和使用情况；核实相关资料及证明材料真实性等。

现场评价专家组由省内外专业水平高、熟悉新型研发机构工作的技术、管理和财务专家组成，原则上同一专家组在现场考察中途不更换评审专家。

第十一条　新型研发机构绩效评价最终成绩由专家函评成绩（权重50%）和现场评价成绩（权重50%）合并计算，没有现场评价成绩的，专家函评成绩为最终成绩。未进入专家函评范围的新型研发机构，部门自评成绩为最终成绩。成绩等级分为优秀、良好、合格和不合格四个等次，原则上优秀和良好等次的比例一般不超过50%。

第三章　结果应用

第十二条　省科技厅根据绩效评价成绩，及时总结新型研发机构取得的成效，梳理存在的问题，提出改进意见，指导新型研发机构提高建设水平。

第十三条　省科技厅健全有进有出的动态调整机制，根据评价成绩提出新型研发机构调整、撤销和支持的意见。对获得良好以上等次的，可通过定向委托方式，支持新型研发机构承担省重大科技创新工程项目和省重大基础研究项目；对优秀等次的，最多给予100万元经费支持；对不合格的，取消新型研发机构备案资格，不再享受我省出台的相关扶持政策。

第十四条　建立新型研发机构绩效评价信息公开制度，评价结果向社会公布，接受社会监督。

第四章　相关责任

第十五条　主管部门要切实履行新型研发机构管理和监督的主体责任，客观公正的开展绩效自评工作，对自评结果负责。对弄虚作假、部门自评成绩与绩效评价成绩偏差较大的，省科技厅将予以通报。

第十六条　参与绩效评价工作的专家应严格按照评价工作要求，遵守工作纪律，科学、公正、独立地行使评价职责和权利。

有关专家、机构、工作人员对评价工作所涉及的材料、业务内容、相关知识产权、评价结果等负有保密义务。

第十七条　绩效评价实行回避制度。与新型研发机构有直接利害关系者，不得选为评价机构或参加评价专家组。新型研发机构也可向省科技厅提出建议回避的评价机构或专家名单，并说明理由。

第五章　附　则

第十八条　本办法由省科技厅负责解释。

第十九条　本办法自发布之日起实施，有效期至 2024 年 1 月 19 日。

附件略。

河南省

河南省科学技术厅　河南省财政厅 关于印发河南省新型研发机构备案和绩效评价办法（试行）的通知

豫科〔2019〕10号

各省辖市、直管县（市）科技局、财政局，各国家高新区、郑州航空港经济综合实验区管委会，省直有关部门，各有关单位：

为贯彻落实省委省政府关于"四个一批"（创新引领型企业、人才、平台和机构）的战略部署，完善创新体系建设，规范新型研发机构备案和绩效评价工作，省科技厅会同省财政厅研究制定了《河南省新型研发机构备案和绩效评价办法（试行）》。现印发给你们，请遵照执行。

河南省科学技术厅
河南省财政厅
2019年1月15日

河南省新型研发机构备案和绩效评价办法（试行）

第一章　总　则

第一条　为贯彻落实《中共河南省委河南省人民政府关于深化科技体制改革推进创新驱动发展若干实施意见》（豫发〔2015〕13号）、《河南省人民政府关于加快科技服务业发展的若干意见》（豫政〔2016〕5号）精神，引导和推动我省新型研发机构建设发展，完善创新体系建设，特制定本办法。

第二条　新型研发机构是指聚焦我省战略性新兴产业集聚发展和传统产业改造升级的重点领域和技术需求，采用多元化投资、企业化管理和市场化运作，从事科研开发及与之相关的技术转移、衍生孵化、人才培养、技术服务等活动，具有独立法人资格的机构。新型研发机构是我省区域创新体系的重要组成部分。

第三条　我省新型研发机构建设实行备案制度，经备案的省新型研发机构享受相应的支持政策。

第四条　省科技厅负责全省新型研发机构的技术研发和成果转化等相关业务指导管理工作，组织开展新型研发机构的备案、动态管理和绩效评价，制订并发布有关政策文件。各省辖市、省直管县（市）、国家高新区科技管理部门负责辖区内新型研发机构的培育、备案申请和日常管理等工作。

第二章　申请与备案

第五条　申请省新型研发机构备案应具备以下条件：

（一）具有独立法人资格。具有企业、事业单位或民办非企业单位等独立法人资格，注册地、主要办公和科研场所均在河南省。

（二）投资主体多元化，实行投管分离，独立核算。

（三）业务发展方向明确。符合地方经济发展需求，科技成果转化、创业与孵化育成方面有鲜明特色。

（四）具有稳定的研发经费来源。成立当年组建单位能够给予研发经费保障，以后年度研究开发经费支出不低于年收入总额的15%。

（五）具有一定的研发基础条件。具备进行研究、开发和试验所需要的仪器、装备和固定场地等基础设施，办公和科研场所不少于500平方米；拥有必要的测试、分析手段和工艺设备，且用于研究开发的仪器设备原值不低于500万元。

（六）具有稳定的研发队伍。研发人员不少于10人，占职工总人数比例达到30%以上。

（七）具有新颖的体制机制。具有区别于传统科研机构的新型科研管理体制、市场化的人员激励机制、高效的创新组织模式和灵活的成果转化机制，集聚国内外科技资源，在创新创业和孵化育成方面工作积极有效。

主要从事生产制造、教学培训、园区管理等活动，以及单纯从事检验检测活动的单位原则上不予受理。

第六条　申请新型研发机构备案需提交以下材料：

（一）河南省新型研发机构备案申请书（提纲见附件1）。

（二）营业执照或者事业单位法人证书或者民办非企业单位登记证书等有效证件复印件；

（三）机构章程和管理制度（包括人才引培、薪酬激励、成果转化、科研项目管理、研发经费核算等）；

（四）合作单位间或单位与各级政府签订的共建协议书；

（五）研发人员（包括姓名、年龄、学历、专业、职称、工作岗位等信息）和全体职工人员清单；

（六）上一年度财务报表和研究开发费用情况表；

（七）近三年（注册运营不足三年的提交从成立以来）立项的国家、省级科研项目清单（包括项目名称、合同金额、项目编号和资助单位情况等）；

（八）近三年（注册运营不足三年的提交从成立以来）科技成果转化项目清单，包括项目名称、转化方式及收入证明材料；

（九）单价万元以上科研仪器设备清单（含名称、型号、原价、数量）；

（十）最近一个年度的工作报告。

第七条　新型研发机构备案按以下程序进行：

（一）发布通知。省科技厅发布征集申报新型研发机构备案的工作通知，明确申报单位需提交的文件材料、工作流程和其他相关要求，启动新型研发机构备案工作。

（二）网上申报。符合条件的申请单位，登录河南省科技管理信息系统，在规定时间内填写《河南省新型研发机构备案申请表》、上传有关证明材料，并向省辖市和国家高新区科技管理部门提交盖章的纸质申请材料和电子文档。

（三）汇总推荐。各省辖市和国家高新区科技管理部门负责接收申请机构的申请材料，对材料的真实性与规范性进行审核，必要时进行现场考察。审查合格的签署推荐意见，汇总后报送省科技厅。

（四）形式审查。省科技厅组织对申报材料进行形式审查，符合要求的进入评审论证环节。

（五）评审论证。省科技厅按要求组织专家采取定量与定性相结合的方法对申报材料进行评审，并结合实地考察论证提出综合意见。

（六）结果公示。省科技厅提出备案意见，并在省科技厅网站上进行公示。

（七）予以备案。省科技厅对公示无异议的申请机构，予以公告并备案入库。

第八条　对省委省政府重点扶持的机构或我省产业发展急需的机构，可根据需要单独组织论证。

第九条　申请单位须如实填写和提交相关申报材料。对于弄虚作假的行为，一经查实，三年内不得申请备案。

第三章　绩效考核

第十条　省科技厅每两年组织对新型研发机构建设运行情况开展一次绩效评价。新型研发机构须向省科技厅提交两年来的工作总结报告（包括机构的建设进展情况及下步建设计划等），并对照绩效评价指标体系（附件 2），登录河南省科技管理信息系统，填写各项指标数据，并提交相关证明材料。

第十一条　绩效评价结果分为优秀、合格和不合格：

（一）评价得分 80 分（含 80 分）以上为优秀；

（二）评价得分 80 分至 60 分（含 60 分）为合格；

（三）评价得分低于 60 分为不合格。

省财政厅会同省科技厅根据新型研发机构绩效评价结果，择优给予经费后补助，支持其开展研发活动、引进人才团队、建设创新平台、提升产业创新服务能力等。

第十二条　获得财政专项资金资助的省新型研发机构，须遵守财政、财务规章制度和财经纪律，自觉接受监督检查。专项资金实行专账核算、专款专用，并纳入研发投入统计。

第十三条　新型研发机构发生名称变更、投资主体变更、重大人员变动等重大事项变化的，应在事后两个月内以书面形式向省科技厅报告，省科技厅进行资格核实后，维持有效期不变。如不提出申请或资格核实不通过的，取消其新型研发机构资格。

第十四条　省科技厅对备案的新型研发机构实行动态管理。有下列情况之一的，撤销省新型研发机构备案资格：

（一）重大事项变更导致资格失效的；

（二）绩效评价结果为不合格的；

（三）逾期未报送绩效评价材料的；

（四）提供虚假材料和数据经核实严重影响评价结果的；

（五）因严重违法行为受到刑事、行政处罚的；

（六）因其他严重失信行为被纳入社会信用“黑名单”的；

（七）机构法人资格被依法终止的。

第十五条　被撤销省新型研发机构备案资格的，自撤销之日起，两年内不得再次申请省新型研发机构备案。

第四章　附　则

第十六条　本办法由省科技厅负责解释。

第十七条　本办法自发布之日起施行。

附件略。

湖北省

省科技厅关于印发湖北省新型研发机构备案管理实施方案的通知

鄂科技规〔2022〕9号

各市、州、直管市、神农架林区科技局，各有关单位：

为深入贯彻科技部《关于促进新型研发机构发展的指导意见》（国科发政〔2019〕313号）精神，全面落实省委、省政府关于科技创新工作要求，引导和推动湖北省新型研发机构健康有序发展，省科技厅对2019年发布的《湖北省新型研发机构备案管理实施方案》进行了修订。现将修订后的《湖北省新型研发机构备案管理实施方案》印发给你们，请认真贯彻执行。

湖北省科技厅

2022年12月26日

湖北省新型研发机构备案管理实施方案

为深入贯彻科技部《关于促进新型研发机构发展的指导意见》（国科发政〔2019〕313号）精神，全面落实省委、省政府关于科技创新工作要求，引导和推动湖北省新型研发机构建设发展，完善创新体系建设，特制定本实施方案。

一、指导思想

坚持以习近平新时代中国特色社会主义思想为指导，深入学习贯彻党的二十大精神，认真全面落实省第十二次党代会工作部署，坚持把创新摆在事关发展全局的核心位置，深入实施创新驱动发展战略，围绕我省“三高地、两基地”建设的战略布局，坚持问题导向、需求导向、效果导向，以应用开发研究、产业共性关键技术研发和科技成果转化协同创新为重点，着力打通应用基础研究到产业化之间的通道，着力破除制约创新驱动高质量发展的体制机制瓶颈，加快建设一批投资主体多元化、管理制度现代化、运行机制市场化、用人机制灵活、政产学研金服用相结合、公共性与盈利性兼顾的新型研发机构，提升产业核心竞争力，为湖北推动打造全国科技创新高地，建设全国构建新发展格局先行区提供强有力的科技创新支撑。

二、主要目标

加快布局建设一批新型研发机构，到 2025 年，全省建成新型研发机构 500 家以上，力争实现全省规模以上工业企业研发机构覆盖率达到 50%，突破一批产业关键技术，转化一批重大科技创新成果，聚集一批科技领军人才和创新创业人才，形成更多依靠创新驱动、更多发挥先发优势的引领型发展新态势。

三、功能定位与重点任务

新型研发机构是我省科技创新平台的重要组成部分，分为 A、B、C、D、E 五类：A 类为产业技术创新联合体，B 类为综合型技术创新平台，C 类产业技术研究院、D 类为专业型研究所（公司），E 类为企校联合创新中心。其中 B 类、C 类和 D 类的新型研发机构为独立法人机构。

（一）A 类产业技术创新联合体。是由领军企业牵头，联合产业链有关企业、高校院所、其他社会机构共同组建创新合作组织和利益共同体。主要以破解制约产业发展的关键技术难题为导向，以重大科技攻关任务为牵引开展联合攻关，集中力量突破一批制约产业发展的“卡脖子”技术、前沿引领技术、现代工程技术等，带动创新链产业链融通发展，切实增强产业链供应链韧性，全面提升领军企业和上下游企业整体竞争力。

（二）B 类综合型技术创新平台。是由地方政府引进的省外（境外）相关领域领军人才和高水平创新团队牵头，联合我省本地企业、高校、科研院所等创新主体共同组建的混合所有制企业法人实体，是技术研发交叉集成与技术转移转化服务集成的“双集成”新型创新载体。综合集成研发、熟化、孵化、转化、资本化、产业化等“一研五化”功能。

（三）C 类产业技术研究院。是由地方政府主导，高校、科研机构为支撑，整合行业内优质资源，共同组建的独立法人机构，可注册为科技类企业，“无编制、无级别、无经费”事业单位或民办非企业法人实体。主要面向地方产业发展需求，开展产业共性技术研究、中试熟化、企业技术研发服务、科技成果转化、科技企业孵化和股权投资等创新创业活动。

（四）D 类专业型研究所（公司）。是以国家级、省级科技创新平台或境外高水平研发平台为基础，由骨干科研人员以股权为纽带，吸引政府资金、投资基金和社会资本等参股，共同组建民营或混合所有制的独立法人公司，主要开展企业技术研发服务、促进科技成果转化、推动先进技术成果产业化应用等创新创业活动。

（五）E 类企校联合创新中心。是以企业为主体，联合高校、科研机构共同组建，可以设在企业内部，也可以是独立法人实体。主要面向企业研发创新需求，开展产业技术研发、创造运用知识产权、建立技术标准体系、凝聚培养创新人才等创新活动，旨在推动产学研深度合作，提高规上企业研发机构建有率，增强企业技术创新能力。

四、备案条件

（一）产业技术创新联合体。

1. 领军型企业具有一定行业影响力，能够集聚产业链上下游企业、高校和科研院所等资源开展联合创新。

2. 首席科学家应学术造诣高，熟悉产业发展，具备团结协作和组织协调能力，原则上为领军企业的技术负责人。

3. 成员单位由企业、高校院所、其他社会机构等独立法人单位组成，一般不少于 7 个，其中产业链上下游企业不少于 5 个，高校和科研院所不少于 2 个。成员企业中多数应为湖北省内注册的创新型企业，具有一定规模和研发实力，为领军企业供应链上下游相关企业，与领军企业存在紧密合作关系，为其提供上下游产业配套，且该企业不能是领军企业的子公司（控股公司）；高校院所应在行业内具有较高的研发水平；其他社会机构包括投融资机构、科技服务机构、中介机构等。

4. 具有法律约束力的联合体协议，协议中有明确的技术创新目标，落实成员单位之间的任务分工。联合体协议必须由成员单位法定代表人共同签署生效。应设立决策、咨询和执行等组织机构，建立有效的决策与执行机制，设立理事会、专家委员会和秘书处。应建立健全经费管理制度、利益保障机制和知识产权管理。

（二）综合型技术创新平台。

1. 应为湖北省内注册的混合所有制企业法人实体。

2. 由地方政府引进的省外（境外）相关领域领军人才和高水平创新团队牵头，联合我省本地企业、高校、科研院所等共同组建，以领军人才团队为核心，鼓励人才团队持大股（持股 60% 以上），各投资方可以货币、固定资产等多种形式出资构成。如确需以无形资产作价入股的，其无形资产应确权，经第三方评估后作价入股。

3. 领军人才应当是学术造诣高、在产业领域内具备一定影响力的优秀科学家，其带领的科研团队结构合理，拥有核心技术。

4. 参与组建的企业应当是行业内优质企业，具备一定的研发和技术配套能力。

5. 参与组建的高校、科研院所应当拥有创新能力强的研究团队，具备良好的科研实验条件。

6. 实行董事会领导下总经理负责制，搭建“董事会 + 运营管理公司 + 产业创投基金 + 产业研发与转化服务中心”的组织架构。

7. 具有灵活开放的体制机制。建立多元化资金投入机制和以市场为导向的科研项目组织机制。建立开放灵活的人才激励机制、开放的引人和用人机制。建立联合开发、优势互补、成果共享、风险共担的产学研用合作机制。

（三）产业技术研究院。

1. 具有独立法人资格，内控制度健全完善。

2. 所涉产业应是地方优势特色产业，省内产业规模原则上不低于 100 亿元。

3. 所在地政府主导，有相应的研发场地、仪器设备和运营经费投入。

4. 参与组建的企业应为产业内大型龙头骨干企业，具备较强技术创新能力和实施条件。参与组建的龙头企业原则上占股不超过30%。

5. 参与组建的高校、科研机构具有相关技术领域较强的研发能力和基础。

（四）专业型研究所（公司）。

1. 依托单位应为湖北省内注册的民营或混合所有制的独立法人公司。

2. 依托国家级、省级科技创新平台，或境外知名高校、科研机构，知名跨国公司等高水平研发平台，具有稳定的科研成果与收入来源。

3. 具有行业知名科学家及高水平的研发队伍，人才团队拥有核心技术，研发人员占员工总数的比例不低于60%。

4. 人才团队以货币形式出资，持有50%以上股份。

5. 具备开展研究、开发和试验所需要的仪器、设备和固定场地等基础设施。

6. 主营业务收入应以技术合同开发、科技服务和股权投资收益为主。

7. 孵化和引进2家以上科技型企业，或技术合同开发、科技服务收入达到200万元以上。

8. 年度研究开发经费支出占年收入总额比例不低于30%。

（五）企校联合创新中心。

1. 企业在湖北省内注册，属于独立法人资格的规上企业。

2. 企业和高校、科研机构具有3年以上合作经历或者签订了长期稳定的合作协议，组织机构健全和规章制度完善。

3. 具有结构合理的研发队伍。研发人员不少于20人，其中高校、科研机构的研发人员不少于20%。

4. 具有良好的技术研发试验条件。高校、科研机构应为企校联合创新中心提供必要的检测、分析、测试手段和相对集中的设施场所。

5. 企业投入的研发经费，在企校联合创新中心成立后的三年内不少于100万元。

6. 优先支持尚未设立研发机构的省内规上企业。

五、保障措施

（一）备案程序。产业技术创新联合体、综合型技术创新平台和产业技术研究院三类新型研发机构备案实行“一事一议”，条件成熟的申报单位，可由所在领域领军企业或所在地政府提出备案申请，提交申报材料，省科技厅组织专家进行现场审核论证。专业型研究所（公司）和企校联合创新中心两类新型研发机构的备案，应根据省科技厅发布新型研发机构备案的申报通知，按规定向省科技厅提交纸质申报材料和电子文档，省科技厅对申报材料的真实性和合规性进行形式审查，符合要求的，组织专家进行审核论证。省科技厅根据专家审核论证意见，经审议通过后在省科技厅网站上进行公示。公示期满，无异议或异议处理后下达正式备案通知。

（二）绩效考核。针对新型研发机构的不同类别，建立分类评价指标体系。引入第三方机构每年对机构年度发展情况进行绩效考核，重点考核新型研发机构研究开发项目、科技成果与转化、企业孵化、科研条件资源、人才引进与培养、对外科技服务、科技金融、经济社会效益等指标。建立新型研发机构动态管理机制，促进全省新型研发机构优胜劣汰、高质量发展。省科技厅根据新型研发机构绩效考核结果，择优给予经费后补助。对绩效考核不合格单位，列为整改对象。对连续两年绩效考核结果不合格的单位，予以摘牌。对年度绩效评价过程中，未及时提交自评报告的新型研发机构，其绩效考核结果为不合格；对由于企业注销、濒临破产、股权变更等原因未提交绩效自评报告的新型研发机构，给予摘牌处理。

（三）制度保障。加强对新型研发机构开展科技创新活动的支持。新型研发机构在申报、承担财政科技计划项目时，可享受科研事业单位、科技型企业同等资格待遇；鼓励产业技术创新联合体、综合型技术创新平台、产业技术研究院等新型研发机构牵头承担重大科技计划项目；对于新备案的重点新型研发机构可给予定向委托项目，支持其开展研发创新活动。建立新型研发机构统计报告制度，定期开展统计调查，按规定向省科技厅提交发展规划、年度工作计划与总结、年度财务审计、重大事项报告等。建立新型研发机构监督问责机制，对发生违反科技计划、机构安全、财政项目资金等管理规定，违背科研伦理、学风作风、科研诚信等行为的新型研发机构，依法依规予以问责处理。

六、实施时间

本方案自发布之日起实施。湖北省科技厅 2019 年 12 月 30 日发布的《湖北省新型研发机构备案管理实施方案》同时废止。

湖南省

湖南省科学技术厅
关于印发《湖南省新型研发机构管理办法》的通知

湘科发〔2020〕67号

各市州科技局，省直管试点县市科技行政主管部门，国家高新区管委会，中央驻湘高校和科研院所，省属本科院校，各有关单位：

促进新型研发机构发展，是深入实施创新驱动发展战略，提升国家创新体系整体效能的有力抓手；是加快创新型省份建设，推动湖南高质量发展的有效载体；是强化湖南产业技术核心竞争力，促进科技成果转化的重要举措。现将《湖南省新型研发机构管理办法》印发给你们，请认真组织实施，并做好相关工作：

一、坚持政治引领，强化政策引导保障。

认真贯彻落实党的十九大和十九届二中、三中、四中全会精神，充分发挥党组织在新型研发机构发展中的战斗堡垒作用，自觉把新型研发机构发展工作放到创新型省份建设、提升创新整体效能中去谋划，为优化科研力量布局，强化产业技术供给，促进科技成果转移转化提供强劲动力。

二、聚集科技创新需求，注重激励约束并举。

坚持问题导向和目标导向，坚持系统设计和分类指导，积极引导新型研发机构聚焦科学研究、技术创新和研发服务，建立激励机制和监督机制，加强科研诚信和科研伦理建设，建立分类评价体系，力争到2025年全省建成各类新型研发机构400家以上。

三、突出体制机制创新，调动社会各方参与。

充分发挥市场机制在配置创新资源中的决定性作用，突出创新质量和贡献。加强政策宣传力度，组织和强化培育工作。积极调动社会各方建设积极性，及时研究解决发展过程中的困难和问题。

文件施行期间，各单位在执行过程中发现的有关问题，请及时向省科技厅反映。

湖南省科学技术厅

2020年8月25日

湖南省新型研发机构管理办法

第一条　为贯彻落实《关于促进新型研发机构发展的指导意见》（国科发政〔2019〕313 号）、《湖南创新型省份建设实施方案》（湘政发〔2018〕35 号）等文件精神，深入实施创新驱动发展战略，支持我省新型研发机构健康有序发展，提升我省产业核心竞争力，为湖南高质量发展提供强有力的科技创新支撑，特制定本办法。

第二条　新型研发机构是聚焦科技创新需求，主要从事科学研究、技术创新和研发服务，投资主体多元化、管理制度现代化、运行机制市场化、用人机制灵活的独立法人机构，可依法注册为科技类民办非企业单位（社会服务机构）、事业单位和企业。

第三条　省科技厅负责研究和起草新型研发机构发展规划和政策；组织开展新型研发机构的备案、评价和动态管理工作；统筹协调解决新型研发机构发展过程中遇到的重大问题。

各市州科技局负责辖区内新型研发机构的培育、推荐和日常监督服务等工作。

第四条　省级新型研发机构包括以下类型：

（一）产业技术协同创新类，指由县级以上政府牵头或支持，依托高校、科研机构等，整合优质资源共同组建的独立法人机构；开展产业共性技术研究、中试熟化、企业技术研发服务、科技成果转化、科技企业孵化和股权投资等创新创业活动。

（二）产业联合创新类，指由行业龙头企业，联合院士等优秀科学家及其团队共同组建的独立法人机构；主要以自主创新为基础，以产业链产品创新为导向，围绕产业链部署创新链，开展基础研究、前沿技术、关键核心技术、共性技术的研发创新，重点解决产业“卡脖子”技术问题，推动理论成果向技术研发与应用，向产品化、商品化、市场化延伸。

（三）企校联合创新类，指由企业、高校、科研院所等以市场化方式联合组建的独立法人机构；主要服务于企业研发创新需求，开展产学研协同创新，重点聚焦重大技术研发，积极开展科研仪器开放共享和高级工程技术人才培养，鼓励开展对外技术服务。

（四）专业研究开发类，指以国家级、省级科技创新平台或境外高水平研发平台为基础，由骨干科研人员以股权为纽带，吸引政府资金、投资基金和社会资本等参股，共同组建民营或混合所有制的独立法人机构；主要开展企业技术研发服务、促进科技成果转化、推动先进技术成果产业化应用等创新创业活动。

（五）其他类型。

第五条　申请备案的省级新型研发机构应具备以下条件：

（一）在湖南省注册的，主要开展基础研究、应用基础研究，产业共性关键技术研发，科技成果转移转化，以及研发服务等，具有独立法人资格的科研实体；

（二）具备进行研究、开发和试验所需要的仪器、装备和固定场地等基础设施，办公和科研场所不少于 150 平方米；拥有必要的测试、分析手段和工艺设备，且用于研究开发的仪器设备原值不低于 100 万元；

（三）具有稳定的研发经费来源，年度研究开发经费支出不低于年收入总额的10%；

（四）具有稳定的研发队伍，研发人员不少于20人，其中高校、科研机构的研发人员不少于20%；

（五）机构应有健全的决策、经营和管理制度，成熟的技术转让许可和知识产权管理规范，并具有持续的盈利能力和纳税能力；

（六）其他应当具备的条件。

第六条　申请备案需提交的材料：

（一）湖南省新型研发机构申请书；

（二）最近一个年度的工作报告；

（三）申报机构的统一社会信用代码；

（四）申报机构的成立章程；

（五）申报机构的管理制度（包括人才引培、薪酬激励、成果转化、科研项目管理、研发经费核算等）；

（六）上一年度财务报表；

（七）经具有资质的中介机构鉴证的上一个会计年度研究开发费用情况表或出具专项审计报告；

（八）近3年（注册运营不足3年的提交从成立以来）立项的国家、省级科研项目清单（包括项目名称、合同金额、项目编号和资助单位情况等）；

（九）近3年（注册运营不足3年的提交从成立以来）科技成果转化项目清单，包括项目名称、转化方式、转化收入及相关证明材料；

（十）单价20万元以上科研仪器设备、基础软件清单，单价10万元以上的系统软件清单（包括设备名称、数量、型号、原价、购置年份等信息）；

（十一）研发人员（包括姓名、年龄、学历、专业、职称、工作岗位等信息）和全体职工人员清单；

（十二）其他必要的材料。

第七条　申请备案的程序：

（一）发布通知。省科技厅发布申报备案工作通知，实行常年申请，分批办理。

（二）机构申请。符合条件的机构登录湖南省科技管理信息系统公共服务平台提出申请，提交相关材料。

（三）审核推荐。各市州科技局按属地管理原则，负责审核推荐。

（四）资格核查。资格核查包括通讯（会议）评审、现场考察和组织论证等多种形式。省科技厅按照有关规定，提出资格核查标准和要求，委托第三方机构组织实施。

（五）结果公示。省科技厅根据资格核查意见，择优提出备案意见并对备案机构进行公示。

（六）公告。公示无异议的新型研发机构名单由省科技厅发文予以公告，有效期3年。

对省委省政府决定重点支持的机构或我省产业发展急需的机构，省科技厅可根据需要按照

“一事一议”的原则，单独组织咨询论证，公示后予以公告备案。

第八条　新型研发机构的日常管理：

（一）新型研发机构应在每年3月底前，向省科技厅提交上一年度工作报告；内容包括上年度从事科学研究、技术创新、研发服务和成果转化等活动的基本信息，机构发展建设进展情况、主要数据指标及下年度重点计划等。

（二）新型研发机构发生名称变更、投资主体变更、重大人员变动等重大事项变化的，应在2个月内以书面形式向省科技厅报告并经核查同意。如不提出申请、未按期提出申请，或核查不通过的，可取消其湖南省新型研发机构备案资格。

（三）获得财政专项资金资助的新型研发机构须遵守财政、财务规章制度和财经纪律，自觉接受监督检查；确保相关经费规范使用，并将其纳入研发投入统计。

第九条　申请备案机构对申报材料的客观性、真实性、完整性负责；存在弄虚作假行为的，一经查实，相关责任主体纳入科研诚信失信行为处理。

第十条　省科技厅对新型研发机构实行动态管理；对有下列情况之一的，可视其情节，取消湖南省新型研发机构备案资格并予以公告：

（一）重大事项变更导致不符合申请备案条件的；

（二）提供虚假材料和数据的；

（三）逾期未报送年度工作报告等重要材料的；

（四）绩效评价结果为不合格且整改不到位的；

（五）因严重失信行为被纳入社会信用“黑名单”的；

（六）因严重违法行为受到刑事、行政处罚的；

（七）其他应予取消称号的。

被取消湖南省新型研发机构资格的，自取消之日起，3年内不得再次申请省级新型研发机构备案。

第十一条　有效期满后，省科技厅对湖南省新型研发机构开展绩效评价。建立分类评价体系，科学合理设置评价指标，突出创新质量和贡献，注重发挥用户评价作用。采取机构自评、专家咨询及重点抽查复核等形式，委托第三方机构组织实施。评价结论分为优秀、良好、合格和不合格，评价结论为合格以上的保留湖南省新型研发机构资格；评价结论不合格的，给予半年整改期，整改期后再次评价不合格的，备案资格自动失效，同时取消湖南省新型研发机构资格。

第十二条　湖南省新型研发机构可获得以下措施支持发展：

（一）新型研发机构可按照要求申报国家和省级科技重大专项、重点研发计划、自然科学基金等各类政府科技项目、科技创新基地和人才计划。

（二）省科技厅联合省财政厅，通过中央引导地方科技发展专项资金、省级财政科技经费，支持新型研发机构的建设运行。

（三）进一步完善和落实知识产权转化为股权、期权的激励政策，促进新型研发机构加快科研成果转化，对新型研发机构的科研成果在省内转化、产业化的，按有关规定给予奖励。

（四）支持新型研发机构开展研发创新活动，对机构上年度非财政经费支持的研发经费投入，符合相关条件的，给予研发经费奖补。

（五）对符合条件的民办非企业发起设立的新型研发机构进口科教用品可按规定享受支持科技创新进口税收政策。

（六）对加盟本省科研仪器开放共享平台并对外提供开放共享服务的新型研发机构，符合相关条件的，给予开放共享服务后补助资金。

（七）对开展技术交易和技术转移服务的新型研发机构，按照上一年度技术交易和技术转移服务交易额的一定比例给予后补助支持。

（八）新型研发机构可以按规定享受相应的研发费用税前加计扣除政策。

（九）依照有关规定可享受的其他优惠政策。

第十三条　本办法自 2020 年 8 月 25 日起施行，有效期 5 年。

广东省

广东省科学技术厅关于印发《广东省新型研发机构管理办法》的通知

粤科规范字〔2022〕10号

各地级以上市人民政府，省政府有关部门、直属机构，各有关单位：

为贯彻落实《中华人民共和国科学技术进步法》和《科技部印发〈关于促进新型研发机构发展的指导意见〉的通知》（国科发政〔2019〕313号）等文件精神，加强和规范广东省新型研发机构的建设与运行管理，促进新型研发机构健康发展，经省人民政府同意，现将《广东省新型研发机构管理办法》印发给你们，请认真贯彻执行。在执行过程中遇到的问题，请径向省科技厅反映。

省科技厅

2022年9月17日

广东省新型研发机构管理办法

第一章 总 则

第一条 为贯彻落实《中华人民共和国科学技术进步法》、科技部《关于促进新型研发机构发展的指导意见》（国科发政〔2019〕313号）、《广东省人民政府印发关于进一步促进科技创新若干政策措施的通知》（粤府〔2019〕1号）等文件精神，加强和规范广东省新型研发机构（以下简称新型研发机构）的建设与运行管理，制定本办法。

第二条 新型研发机构是聚焦科技创新需求，主要从事科学研究、技术创新、研发服务、成果转化，建设主体多元化、管理制度现代化、运行机制市场化、用人机制灵活化的独立法人机构，可注册为科技类民办非企业单位、登记设立事业单位或企业。

第三条 新型研发机构须突出体制机制创新，强化产业技术供给，促进科技成果转移转化，推动科技创新和经济社会发展深度融合，实现自我造血功能及可持续发展。

第四条 广东省科学技术厅（以下简称省科技厅）负责制定新型研发机构的建设指南和支持政策，组织开展资格认定、监督管理、考核评估等工作。

第五条 各地级以上市科技管理部门（或省有关部门）负责本地区（本部门）新型研发机构

的培育、推荐和跟踪管理工作，对其运营情况进行监督检查，促进其健康发展。

第六条　新型研发机构应加强党的建设，按规定建立健全党组织，强化党建工作职责，提高党组织规范化建设水平，推动党建工作与业务工作深度融合。

第二章　申报与认定

第七条　申报新型研发机构应具备以下基本条件：

（一）具备独立法人资格，须注册运营满一年以上。

（二）具有明确功能定位，主要从事前沿技术研究、产业技术开发、科技成果转化、企业技术服务、创办科技企业等工作。

（三）具有以下研发基本条件：

1. 拥有开展研发试验、分析检测的仪器设备和必需的条件设施与科研场地，其中自有科研仪器设备原价总值不低于 200 万元，固定科研场地面积不低于 600 平方米。

2. 具有研发能力较强的人才队伍，常驻研发人员数不低于 20 人，常驻研发人员数占职工总数的比例不低于 40%；法定代表人或主要负责人应为机构全职人员或常驻人员。

3. 具有一定的资产规模和稳定的资金来源，保障新型研发机构建设与发展。上一个会计年度研究开发费用支出珠三角地区不低于 500 万元，粤东西北地区不低于 200 万元，且占同期总收入的比例不低于 20%；上一个会计年度成果转化收入占同期经营性收入的比例原则上不低于 30%。

（四）具有创新、科学、规范的管理制度。建立知识产权管理、资金管理、薪酬激励、内控监督、成果转化等制度。

（五）主要从事生产制造、教育教学、园区及孵化器管理等活动的单位原则上不予受理。

具体申报要求按照每年度省科技厅发布的指南执行。

第八条　新型研发机构申报认定程序：

（一）单位申报。申报单位根据年度申报指南的要求进行填报，并对填报内容的真实性负责。

（二）部门推荐。各地级以上市科技管理部门（或省有关部门）对申报材料的完整性、规范性进行审核并提出意见，对符合申报条件的给予推荐。

（三）形式审查。省科技厅组织项目管理专业机构对申报材料进行形式审查，符合要求的进入专家评审论证环节。

（四）评审论证。省科技厅按照有关规定制定评审方案，并组织项目管理专业机构按评审方案组织专家评审论证。

（五）结果公示。省科技厅根据专家评审论证意见，提出拟认定的新型研发机构名单并进行公示。

（六）报请审批。省科技厅将公示无异议的新型研发机构名单上报省政府，经省政府批准后授予新型研发机构资格。

第三章　管理与评估

第九条　鼓励新型研发机构采用与国际接轨的治理结构和市场化运行机制，实行理事会或董事会（以下简称理事会）决策制和院长（或所长、总经理）负责制，可结合实际需求设立监事会，根据法律法规和出资方协议制定章程，依照章程运行。

第十条　新型研发机构应于每年 3 月份前在广东省科技业务管理阳光政务平台提交上一年度的年度执行报告，按要求如实填写建设进展情况及工作计划。各地级以上市科技管理部门（或省有关部门）对其填报材料的完整性、规范性进行审核后提交省科技厅。

第十一条　新型研发机构利用自有资金或知识产权作价入股等形式创办的企业所产生的科研绩效及经济收益，按其在企业中的占股比例等进行综合测算，计入该机构的发展业绩。

第十二条　新型研发机构在建设发展中作出重大变更调整的，应及时向各地级以上市科技管理部门（或省有关部门）上报。对发生单位名称、注册地址等变更，若仍具备新型研发机构基本条件的，由机构按程序变更后报各地级以上市科技管理部门（或省有关部门）审核，报省科技厅备案；对发生法定代表人或主要负责人、主责主业等重大变更，可能不具备新型研发机构基本条件的，由各地级以上市科技管理部门（或省有关部门）初审提出意见建议，报省科技厅审核。

第十三条　建立新型研发机构诚信监督管理机制。申报新型研发机构的单位应按要求提交相关材料，已获新型研发机构资格的单位应按要求配合开展年度执行报告的填报、监督管理、考核验收等工作，并对材料的真实性负责。

第十四条　省科技厅委托项目管理专业机构每 3 年组织一次动态评估，对新型研发机构在科研投入、创新产出、成果转化、原创价值、实际贡献、人才集聚和培养等方面进行评估。

第十五条　有下列情况之一的，撤销新型研发机构资格，存在违规情况的，按照相关规定予以惩戒：

（一）发生重大变更后不具备新型研发机构基本条件的（包括不按要求报告重大变更或重大变更审核不通过）；

（二）不参加动态评估或动态评估不通过的；

（三）提供虚假申报材料经核实影响评价结果的；

（四）在科研诚信系统中有失信行为记录且仍在惩戒期内的；

（五）机构法人资格被依法终止的；

（六）存在其他应予以撤销情形的。

第四章　支持与发展

第十六条　允许涉及国有资产的新型研发机构在符合国家相关法律法规的前提下，精简科研仪器设备采购流程，结合自身实际制定采购管理办法及设备运营管理办法，报理事会批准实施。鼓励新型研发机构建立灵活自主的运营管理机制，对仪器设备、实验室场地等进行开放运营，资产运营收益由机构自主安排用于建设发展。

第十七条　鼓励高校、科研机构出台政策措施支持合作共建新型研发机构，联合培养研究生，引导高校、科研院所的科研人员到新型研发机构开展科学研究、技术创新和成果转化等工作，科研人员在新型研发机构取得的业绩同时认定为共建单位的业绩。

第十八条　按规定向符合条件的新型研发机构下放企业主体系列的职称评审权限，开展单位主体系列或专业职称评审。

第十九条　鼓励各地级以上市、县（区）政府根据区域创新发展需要，研究制定促进新型研发机构发展的政策措施，在科研项目立项、基础条件建设、人才住房配套、子女入学保障等方面给予支持。

第五章　附　则

第二十条　本办法自2022年9月20日起施行，适用于经省科技厅报省政府同意认定的新型研发机构，有效期5年，具体由省科技厅负责解释。

广西壮族自治区

自治区科技厅关于印发《广西新型研发机构认定管理办法》的通知

桂科政字〔2021〕69号

各有关单位：

为贯彻科技部《关于促进新型研发机构发展的指导意见》（国科发政〔2019〕313号），落实自治区党委办公厅、自治区人民政府办公厅《关于进一步深化科技体制改革推动科技创新促进广西高质量发展的若干措施》（厅发〔2020〕29号）等文件精神，进一步引导和规范广西新型研发机构的建设与发展，现印发《广西新型研发机构认定管理办法》，请遵照执行。

广西壮族自治区科学技术厅

2021年7月6日

（此件公开发布）

广西新型研发机构认定管理办法

第一章　总　则

第一条　为贯彻科技部《关于促进新型研发机构发展的指导意见》（国科发政〔2019〕313号），落实自治区党委办公厅、自治区人民政府办公厅《关于进一步深化科技体制改革推动科技创新促进广西高质量发展的若干措施》（厅发〔2020〕29号）等文件精神，进一步引导和规范广西新型研发机构的建设与发展，制定本办法。

第二条　本办法所称新型研发机构是指在广西注册设立并运营，聚焦科技创新需求，主要从事科学研究、技术创新和研发服务，投资主体多元化、管理制度现代化、运行机制市场化、用人机制灵活的独立法人机构。主要功能包括：

（一）开展技术研发。围绕广西产业重点技术领域的前瞻性技术、关键共性技术、支柱产业和战略性新兴产业核心技术等开展科技研发活动，解决产业发展中的技术瓶颈。

（二）转化科技成果。积极贯彻落实国家和广西科技成果转移转化政策，建立符合科技创新规律和市场经济规律的科技成果转移转化体系，开展科技成果转移转化服务，促进科技成果资本化、产业化。

（三）孵化培育科技企业。以技术成果为纽带，联合产业基金和社会资本，积极开展科技型企业的孵化和培育，辐射带动一批科技型企业共同发展。

（四）集聚培养高端人才。吸引高端人才和团队在我区创新创业，培养和造就高层次的科学家、科技领军人才和创新创业人才。

第三条　自治区科学技术行政部门负责研究制定新型研发机构发展规划和政策，组织开展新型研发机构的申报、认定、定期评估、绩效评价和动态管理，协调解决新型研发机构建设和发展过程中遇到的重大问题。

第四条　自治区有关部门按照职责分工，协同落实国家、自治区关于扶持新型研发机构发展的政策措施，积极创造条件，培育和引进新型研发机构。

第五条　设区市科学技术行政部门负责本地新型研发机构的引进、培育、组建、日常管理和监督等工作，并采取政策措施支持本地新型研发机构建设运行。

第六条　举办单位（业务主管单位、出资人）应当为新型研发机构建设运行、研发创新提供保障，引导新型研发机构聚焦科学研究、技术创新和研发服务，避免功能定位泛化。

第七条　新型研发机构应采用市场化用人机制、薪酬制度，充分发挥市场机制在配置创新资源中的决定性作用，自主面向社会公开招聘人员，对标市场化薪酬合理确定职工工资水平，建立与创新能力和创新绩效相匹配的收入分配机制。以项目合作等方式在新型研发机构兼职开展技术研发和服务的高校、科研机构人员按照双方签订的合同进行管理。

第二章　申报与认定

第八条　申请认定为广西新型研发机构应当符合以下条件：

（一）具备独立法人资格，内控制度健全完善。在广西境内注册为独立法人的科技类民办非企业单位（社会服务机构）、企事业单位、社会组织或机构，其主要办公和研发场所设在广西，且注册后运营 1 年以上；建立科学化的研发组织体系和内控制度，加强科研诚信和科研伦理建设。

（二）具有以下研发条件。上年度研究开发经费支出占年收入总额比例应满足：收入总额 100 万元（含 100 万元）及以下的不低于 30%，收入总额 100 万元至 1000 万元（含 1000 万元）的不低于 20% 且不低于 30 万元，收入总额 1000 万元至 1 亿元（含 1 亿元）的不低于 10% 且不低于 200 万元，收入总额 1 亿元至 10 亿元（含 10 亿元）的不低于 5% 且不低于 1000 万元，收入总额 10 亿元以上的不低于 3% 且不低于 5000 万元；每年成果转化至少 1 项以上；在职研发人员占在职员工总数比例不低于 30%；具备开展研究、开发和试验以及成果转化所需的科研仪器、设备和固定场所。

（三）实行灵活开放的体制机制。具有现代化的管理体制，拥有明确的人事、薪酬、行政和经费等内部管理制度；实行市场化决策及成果转化机制等高效的运行机制；建立市场化的薪酬机制、企业化的收益分配机制、开放型的引人和用人机制等。

（四）拥有明确的业务发展方向。符合广西重点产业技术创新需求，以研究开发为主，聚焦广西产业振兴和工业崛起，具有明确的研发方向和目标定位，在前沿技术研究、工程技术开发、科技成果转化等方面有鲜明特色。

（五）以合同科研和科技服务为主要收入来源。主营业务收入主要来自科技创新活动，主要包括出资方投入，技术开发、技术转让、技术服务、技术咨询收入，政府购买服务收入以及承接科研项目获得的经费等，其中技术开发（含自有技术开发产品形成的销售收入）、技术转让、技术服务、技术咨询、技术股权投资收益和股权转让收益占年收入总额的比例原则上不低于60%，财政资助、政府购买技术性服务收入原则上不高于40%。

（六）没有违法、违规行为。发起单位及其法定代表人近三年没有因违法、违规行为受到有关部门的处理处罚。

第九条　多元投资设立的新型研发机构，原则上应实行理事会、董事会(以下简称“理事会”)决策制和院长、所长、总经理（以下简称“院所长”）负责制，投管分离，独立运作，根据法律法规和出资方协议制定章程，依照章程管理运行。

（一）章程应明确理事会的职责、组成、产生机制，理事长和理事的产生、任职资格，主要经费来源和业务范围，主营业务收益管理以及政府支持的资源类收益分配机制等。

（二）理事会成员原则上应包括出资方、产业界、行业领域专家以及本机构代表等。理事会负责选定院所长，制定修改章程、审定发展规划、年度工作计划、财务预决算、薪酬分配等重大事项。

（三）法定代表人一般由院所长担任。院所长全面负责科研业务和日常管理工作，推动内控管理和监督，执行理事会决议，对理事会负责。

（四）建立咨询委员会，就机构发展战略、重大科学技术问题、科研诚信和科研伦理等开展咨询。

第十条　广西新型研发机构申报认定程序：

（一）发布通知。自治区科学技术行政部门发布申报广西新型研发机构的通知，明确申报单位需提交的申请材料、评审指标体系和认定工作流程等相关要求，委托第三方专业机构组织开展申报工作。

（二）申报推荐。申报单位按通知要求填写有关申报材料，相关业务主管部门对申报材料的真实性和完整性进行审核，并提出推荐意见，报第三方专业机构审查。

（三）材料审查。第三方专业机构对申报材料的真实性、完整性、合法性进行审查，符合要求的进入评审论证环节。

（四）评审论证。第三方专业机构组织专家组对申报材料进行评审，并视会评结果选择部分申报单位进行现场考察，结合实地考察论证提出综合意见，报送自治区科学技术行政部门。

（五）结果公示。自治区科学技术行政部门根据专家评审意见，结合自治区党委、政府重点规划及广西产业发展需要，提出认定方案，在自治区科学技术行政部门官方网站向社会公示，公示5个工作日。社会各界对公示有异议的须以书面形式提出，自治区科学技术行政部门对异议信息进行核查和处理。

（六）结果公布。对公示无异议的申报单位，自治区科学技术行政部门正式行文公布。

第十一条　申报广西新型研发机构应提交以下材料：

（一）广西新型研发机构申报表；

（二）组织机构代码证（统一社会信用代码）、营业执照或者事业单位（社会团体）登记证等有效证件复印件；

（三）研发人员（含在申报单位累计实际工作时间在183天以上的兼职科研人员）和管理人员的姓名、年龄、学历、专业、职称、工作岗位等信息清单；

（四）单价10万元（含）以上的科研仪器设备，单价1万元（含）以上的基础软件、系统软件清单（包括设备名称、数量、原值总价、购置年份等信息）；

（五）机构章程和管理制度（包括人才引培、薪酬激励、成果转化、科研项目管理、研发经费核算等）；

（六）经具有资质的中介机构出具的上一年度财务会计报告及上一年度研究开发费用专项审计报告并附研究开发活动说明材料；

（七）近1年承担的政府和企业科技计划项目、自主立项研发项目、合作及委托研发项目清单（包括项目名称、项目下达部门、编号、合作或委托单位、金额、起止时间）、立项材料或项目合同复印件；

（八）近1年科技成果产出和转化清单（包括成果名称、成果登记编号及时间、成果形式、转化方式、转化收入及技术交易合同等相关材料）；

（九）近1年创业与孵化育成企业清单（包括服务、创办、孵化企业，设立产业投资基金，开展产学研协同创新等材料）。

（十）其他相关证明材料。

第十二条　对自治区党委、自治区人民政府重点扶持或广西产业发展急需的新型研发机构，可以按照“一事一议”原则组织论证或建设。

（一）应同时具备以下条件：举办单位一般为国家级科研机构和科研平台、国家重点高等院校、央企，境外著名高校、研究机构、科技型企业；举办单位与自治区人民政府或自治区科学技术行政部门签订建设新型研发机构的协议，并制定详细的建设方案；申报单位为在广西注册的独立法人机构。

（二）申报和评审认定程序：申报单位提交申报建设方案及相关材料；组织专家评审；结果公示；正式发布认定文件。

第三章　管理与考核

第十三条　自治区科学技术行政部门委托第三方专业机构组织开展新型研发机构的申报、评审、管理和考核评估工作。

第十四条　通过认定的新型研发机构，授予广西新型研发机构牌匾，自获得资格认定年度起3年内有效，资格到期自动失效；期满前，新型研发机构可重新申报评审，评审通过并经正式发布认定后，继续获得3年新型研发机构资格，不申报或申报评审不通过的收回广西新型研发机构牌匾。

第十五条　自治区科学技术行政部门对通过认定的新型研发机构进行综合考核，从第二年度开始对上一年度的工作进行考核，考核等次为“优秀、良好、合格、不合格”。对考核等次为“优秀”和“良好”的按《广西新型研发机构奖励性财政补助实施办法（暂行）》给予奖励性财政补助经费支持。

第十六条　新型研发机构年度考核等次为“不合格”的，在考核等次公布后认真组织实施整改，并在6个月内向自治区科学技术行政部门提交书面整改报告；连续2次考核不合格的新型研发机构，予以摘牌处理。

第十七条　新型研发机构名称、投资主体、主要人员变动等重大事项发生变化的，应在事后3个月内以书面形式向受托管理的第三方专业机构提出书面申请，报经自治区科学技术行政部门同意后，维持有效期不变。不提出申请或未经同意的，自变更之日起列为考核等次“不合格”，参照第十五条款处理。

第四章　权利与责任

第十八条　新型研发机构应在每年5月份前按照要求填写上年度研发和经营活动基本信息，向受托管理的第三方专业机构提交上一年度工作总结报告。汇报机构的建设进展情况、主要数据指标及下年度建设计划等。

第十九条　新型研发机构应按要求配合科学技术行政部门统计调查，如实填报R&D经费支出等相关情况。对未配合统计调查的新型研发机构，将其当年考核等次列为“不合格”，参照第十五条款处理。

第二十条　新型研发机构严格遵守国家和自治区有关财经纪律，确保财政性资金专款专用，并自觉接受监督检查。

第二十一条　鼓励新型研发机构实行信息披露制度，通过公开渠道面向社会公开重大事项、年度报告等。

第二十二条　新型研发机构对申请材料的真实性负责，发现有弄虚作假行为的，按照科研诚信和科技活动违规行为有关规定处理。在申报认定前，如发现有弄虚作假行为的，取消其3年内申请资格，并将其及法定代表人记入广西科研失信记录“黑名单”3年；已经通过认定的新型研发机构，发生失信或违规违法行为的，终止其资格并收回牌匾，取消其及负责人的申报资格3年，并将移交有关单位依法依规追究责任。

第五章　附　则

第二十三条　本办法由自治区科学技术行政部门解释。

第二十四条　各设区市科学技术行政部门可参照本办法制定相关实施细则，开展本级新型研发机构认定管理与绩效评价等工作。

第二十五条　本办法于2021年7月8日发布，7月19日开始实施，有效期3年。2019年5月6日印发的《广西新型产业技术研发机构管理办法（试行）》（桂科政字〔2019〕45号）同时废止。广西新型研发机构其他相关政策，与本办法存在冲突的以本办法为准。

自治区科技厅关于印发《广西新型研发机构奖励性财政补助实施办法（暂行）》的通知

桂科政字〔2020〕121 号

各有关单位：

为落实《关于进一步深化科技体制改革推动科技创新促进广西高质量发展的若干措施》（厅发〔2020〕29 号）、《广西新型产业技术研发机构管理办法（试行）》（桂科政字〔2019〕45 号）等文件精神，进一步促进广西新型研发机构发展，现印发《广西新型研发机构奖励性财政补助实施办法（暂行）》，请遵照执行。

广西壮族自治区科学技术厅

2020 年 10 月 26 日

（此件公开发布）

广西新型研发机构奖励性财政补助实施办法（暂行）

第一章　总　则

第一条　为贯彻科技部《关于促进新型研发机构发展的指导意见》（国科发政〔2019〕313 号）精神，落实《关于进一步深化科技体制改革推动科技创新促进广西高质量发展的若干措施》（厅发〔2020〕29 号）、《广西新型产业技术研发机构管理办法（试行）》（桂科政字〔2019〕45 号）等文件精神，进一步促进广西新型研发机构发展，结合我区实际，特制定本办法。

第二条　本办法适用于广西区内经自治区科技厅认定的新型研发机构。

第二章　补助标准

第三条　自治区科技厅委托专业管理机构对新型研发机构进行年度考核评价。评价分为“优秀”、“良好”、“合格”3 个等级，其中，“优秀”原则上不超过当年新型研发机构总数的 15%；“良好”原则上不超过当年新型研发机构总数的 35%。

第四条　对评价为“优秀”的新型研发机构，当年由自治区财政直接给予不超过 200 万元补助；对评价为“良好”的新型研发机构，当年由自治区财政直接给予不超过 100 万元补助。

第五条　单个机构获得自治区财政补助原则上不超过 3 次，总补助金额原则上不超过 500 万元。

第六条　对自治区党委、自治区政府重点扶持或广西产业发展急需的新型研发机构，可按照“一事一议”方式确定奖励性财政补助金额。

第三章　资金发放及使用范围

第七条　每年的新型研发机构奖励性财政补助方案在自治区科技厅官方网站向社会公示，公示期为5个工作日。公示无异议后，按相关规定下达补助资金。

第八条　新型研发机构奖励性财政补助资金由承担单位统筹安排用于研发平台建设、仪器设备购置、项目研发、研发人员经费等，不得用于与科技创新无关的支出。

第四章　部门职责

第九条　自治区科技厅主要职责：

自治区科技厅负责全区新型研发机构奖励性财政补助工作的牵头组织和监督检查等工作；会同自治区财政厅编制新型研发机构奖励性财政补助资金年度计划，提出预算建议，并按规定拨付新型研发机构奖励性财政补助资金；指导并组织新型研发机构开展研发活动备案工作；组织新型研发机构奖励性财政补助资金会审、信息公开等。

第十条　自治区财政厅主要职责：

自治区财政厅负责落实新型研发机构奖励性财政补助资金；组织实施财政监督检查。

第十一条　专业管理机构主要职责：

参与编制新型研发机构奖励性财政补助申报相关文件，受理新型研发机构奖励性财政补助申请，组织评审评估；对参与评估评审专家履职尽责情况进行监督并反馈。

第十二条　新型研发机构主要职责：

（一）新型研发机构应切实履行法人主体责任，建立健全研发活动管理制度，不断提高新型研发机构研发经费投入强度，提升产品核心竞争力和市场效益，按时、如实填报统计、税务报表，依法依规履行相关法律责任和义务。

（二）新型研发机构应加强对奖励性财政补助资金的使用管理，严格执行财务规章制度和会计核算办法，做好研发活动台账管理，自觉接受监督检查，配合开展相关创新监测统计工作。

第五章　监督管理

第十三条　新型研发机构奖励性财政补助资金的使用应符合国家和自治区科研项目资金管理要求，并自觉接受财政、审计、监察部门的监督检查，严格执行财务规章制度和会计核算办法。

第十四条　对违反财经纪律，弄虚作假、截留、挪用、挤占资金等行为，依照《中华人民共和国预算法》、《财政违法行为处罚处分条例》、《中华人民共和国税收征收管理法》等有关法律、法规和规章，对相应的违法违规行为予以处理、处罚，依法追究有关单位及其相关人员责任，纳入失信联合惩戒系统，涉嫌犯罪的，依法移送司法机关处理。

第六章　附　则

第十五条　本办法由自治区科技厅、财政厅负责解释。

第十六条　各设区市可结合实际，制订相应奖补政策。

第十七条　本办法自发布之日起施行。

海南省

海南省科学技术厅
关于印发《海南省关于促进新型研发机构发展的实施意见》的通知

琼科函〔2021〕125 号

各有关单位：

为实施创新驱动发展战略，推进海南省新型研发机构健康有序发展，打造独具特色的海南创新体系，加快建设高水平创新型省份根据《科技部印发〈关于促进新型研发机构发展的指导意见〉的通知》（国科发政〔2019〕313 号）的要求，结合我省实际，我厅制定了《海南省关于促进新型研发机构发展的实施意见》，现印发给你们，请认真贯彻执行。

海南省科学技术厅

2021 年 4 月 13 日

（此件主动公开）

海南省关于促进新型研发机构发展的实施意见

为了实施创新驱动发展战略，推进新型研发机构健康有序发展，打造独具特色的海南创新体系，加快高水平创新型省份建设提出如下意见。

一、新型研发机构是聚焦科技创新需求，主要从事科学研究技术创新和研发服务，投资主体多元化、管理制度现代化、运行机制市场化、用人机制灵活的独立法人机构，可依法注册为科技类民办非企业单位（社会服务机构）、事业单位和企业。

二、促进新型研发机构发展，要突出体制机制创新，强化政策引导保障，注重激励约束并举，调动社会各方参与。通过发展新型研发机构，进一步优化科研力量布局，强化产业技术供给促进科技成果转移转化，推动科技创新和经济社会发展深度融合。

三、发展新型研发机构，坚持“谁举办、谁负责，谁设立谁撤销”。举办单位（业务主管单位、出资人）应当为新型研发机构管理运行、研发创新提供保障，引导新型研发机构聚焦科学研究、技术创新和研发服务，避免功能定位泛化，防止向其他领域扩张。

四、新型研发机构一般应符合以下条件。

（一）具有独立法人资格，内控制度健全完善。

（二）主要开展基础研究、应用基础研究，产业共性关键技术研发、科技成果转移转化，以及研发服务等。

（三）拥有开展研发、试验、服务等所必需的条件和设施。

（四）具有结构相对合理稳定、研发能力较强的人才团队。

（五）具有相对稳定的收入来源，主要包括出资方投入，技术开发、技术转让、技术服务、技术咨询收入，政府购买服务收入以及承接科研项目获得的经费等。

五、鼓励设立多元投资的新型研发机构，原则上应实行董事会、理事会决策制和院长、所长、总经理负责制。

六、鼓励设立科技类民办非企业单位（社会服务机构）性质的新型研发机构。在自然科学和工程技术领域内从事学术研究和交流活动的科技类社会组织，直接向民政部门依法登记。对直接登记范围以外，从事科学技术开发，科技成果转让与扩散，科技咨询、服务和培训，科技成果评估等业务的科技类社会组织，经科技部门审查后，再由民政部门实行登记。科技类民办非企业单位运营所得利润主要用于机构管理运行、建设发展和研发创新等，出资方不得分红。

七、事业单位性质的新型研发机构为国家机关举办或者由其他组织利用国有资产举办的从事科技活动的社会服务组织，符合条件的新型研发机构可依据《事业单位登记管理暂行条例》及其实施细则、《中央编办关于批转〈事业单位、社会团体及企业等组织利用国有资产举办事业单位设立登记办法（试行）〉的通知》（中央编办发〔2015〕132 号）登记为事业单位。

八、企业类新型研发机构，应依据《中国（海南）自由贸易试验区商事登记管理条例》等相关法律法规向市场监督管理部门申请注册登记。鼓励企业类新型研发机构运营所得利润不进行分红，主要用于机构管理运行、建设发展和研发创新等。

九、以下政策措施可用于支持新型研发机构建设：

（一）按要求申报国家和省级各类政府科技项目、科技创新平台和人才计划。

（二）按照规定组织或参与职称评审工作。

（三）符合条件的科技类民办非企业单位，按照《中华人民共和国企业所得税法》《中华人民共和国企业所得税法实施条例》以及非营利组织企业所得税、职务科技成果转化个人所得税、科技创新进口税收等规定，享受税收优惠。

（四）支持事业单位性质的新型研发机构开展赋予科研人员职务科技成果所有权或长期使用权的改革。

（五）符合条件的企业类新型研发机构，可按规定享受海南自由贸易港企业所得税优惠政策。依照《财政部国家税务总局科技部关于完善研究开发费用税前加计扣除政策的通知》（财税〔2015〕119号），企业类新型研发机构享受税前加计扣除政策。依照《高新技术企业认定管理办法》（国科发火〔2016〕32 号），企业类新型研发机构可申请高新技术企业认定，享受相应税收优惠。被认定为高新技术企业的机构，按《海南省支持高新技术企业发展若干政策（试行）》（琼府〔2020〕50 号）享受相应政策优惠。

（六）各类政府基金优先支持新型研发机构成果转移转化产业化或孵化的科技型企业创新发展。鼓励采用创新券的方式支持企业和科研人员向新型研发机构购买研发创新等服务。

十、根据省委省政府部署的重点任务或围绕我省重点产业的发展而引导设立的机构，按一院（所）一策原则，以“一事一议”方式予以支持。

十一、新型研发机构应定期参加统计调查，如实填报 R&D 经费支出情况，按规定向社会公开重大事项报告和年度工作报告并对公开信息的真实性、完整性负责。

十二、对发生违反科技计划、资金等管理规定，违背科研伦理、学风作风、科研诚信等行为的新型研发机构，由科技部门记入科研诚信失信数据库，并按规定视情追回责任单位和责任人所获利益。

十三、省科技厅会同省级有关部门统筹指导全省新型研发机构建设工作；各市县科技主管部门可参照本意见，立足实际、突出特色，研究制定促进本地区新型研发机构发展的政策措施。

重庆市

重庆市科学技术局　重庆市财政局
关于印发《重庆市新型研发机构管理暂行办法》的通知

各有关单位：

为大力培育新型研发机构，弥补我市创新资源尤其是高端研发资源不足的短板，推动创新驱动发展，现将《重庆市新型研发机构管理暂行办法》印发给你们，请遵照执行。

重庆市科学技术局　重庆市财政局

2020 年 11 月 12 日

重庆市新型研发机构管理暂行办法

第一章　总　则

第一条　为深入贯彻习近平总书记在中央财经委第六次会议重要讲话精神，推动成渝地区双城经济圈建设，打造具有全国影响力的科技创新中心，依据科技部《关于促进新型研发机构发展的指导意见》（国科发政〔2019〕313 号）等文件精神，加快培育和引进重庆市新型研发机构（以下简称“新型研发机构”），规范新型研发机构管理，保障新型研发机构健康发展，为全市经济高质量发展提供科技支撑，特制定本办法。

第二条　本办法所称新型研发机构是指聚焦重庆市科技创新需求，主要从事科学研究、技术创新、研发服务和成果转化，投资主体多元化、管理制度现代化、运行机制市场化、用人机制灵活的独立法人机构，可以是在渝依法注册的科技类民办非企业单位（社会服务机构）、事业单位和企业。

新型研发机构具有以下主要功能：

（一）开展基础研究和应用基础研究。着眼于我市优势特色产业及未来发展关键领域的实际应用主体，开展基础研究和应用基础研究，实现、推动前瞻性基础研究、引领性原创成果重大突破，提升我市科技创新能力。

（二）开展关键技术研发。围绕我市重点发展领域的前沿技术、战略性新兴产业关键共性技术、支柱产业核心技术等原型产品关键技术需求，开展技术研发，解决产业发展中的技术瓶颈。

（三）提供研发服务。根据市场主体技术需求，提供技术支撑、研发支持与科技服务等应用技术支持。

（四）开展科技成果转化。联合多元化投资主体，构建专业化转移体系，完善成果转化体制机制，积极开展科技型企业的孵化和育成，加快推动科技成果向市场转化。

第三条　贯彻国家创新驱动发展战略，着力围绕我市大数据智能化、电子信息、汽车摩托车、人工智能、大健康产业等重点领域，依托园区、企业、高校、科研院所等，大力培育引进新型研发机构，择优打造一批国内领先、国际一流的标杆型新型研发机构，为提升我市科技创新能力、推动我市经济高质量发展，建设具有全国影响力的科技创新中心提供支撑。

第四条　市科技局负责组织开展新型研发机构的申报、认定、评估、监督、管理等工作。

各区县（自治县）科技行政主管部门负责协助开展本地区新型研发机构的培育和管理工作。

第五条　本办法适用于我市本地培育的新型研发机构的申报、认定、评估、监督、管理等工作。引进的新型研发机构的申报、认定、评估、监督、管理等工作按照我市引进科技创新资源有关规定开展。

第二章　申报与认定

第六条　新型研发机构分为新型研发机构（初创型）、新型高端研发机构。

第七条　申请认定为新型研发机构（初创型）的单位应符合以下条件：

（一）在渝注册的独立法人机构，投资主体明确，内部控制制度健全完善；企业注册资金不低于 500 万元，事业单位与科技类民办非企业单位（社会服务机构）注册资金不低于 50 万元。

（二）拥有一支人员结构合理的专业人才队伍。在职研发人员不低于 10 人且占机构总人数的 50% 以上。

（三）拥有开展研发、试验、服务等所必需的条件和设施。科研用房建筑面积一般不低于 500 平方米，用于研究开发的仪器设备原值一般不低于 100 万元。

（四）能够持续运营，具有稳定的研究开发经费来源。上一年度研究开发经费投入不低于 100 万元。

（五）具有重大科研成果和市场服务能力。其技术转让、技术服务、技术咨询等上一年度市场化收入不低于 200 万元。

（六）申报单位应满足《重庆市科技计划项目诚信管理暂行办法》规定的科研诚信分值要求。

第八条　满足新型研发机构（初创型）申报条件的单位，进一步满足以下条件的可申请认定为新型高端研发机构：

（一）有清晰的发展定位。新型高端研发机构应按照高水平技术、高层次团队、全球化视野的要求，结合重点产业发展需求规划建设，有明确、聚焦的发展方向和任务。

（二）有固定的科研场所。拥有先进的仪器设备，在渝科研用房建筑面积一般不低于 2000 平方米。

（三）有稳定的人才团队。机构负责人和科研带头人一般应为市级及以上高层次人才。机构研发人员数量不少于 50 人，具有硕士、博士学位或高级职称人员的比例不低于 50%，常驻研发人员（市外柔性引进人员每年为渝工作时间 3 个月及以上视同为常驻研发人员）不低于 20 人且占机构总人数的 40% 以上。

（四）上一年度研究开发经费投入一般不低于 600 万元。

（五）掌握核心技术，并具有较强市场服务能力。在上述重点产业领域取得 1 项以上可自主自控的重大原创性科研成果，市场化收入达到 2000 万元以上或已孵化 2 家及以上科技型企业。

第九条　市科技局定期接受单位申请，组织新型研发机构申报认定工作，申报认定程序如下：

（一）申报受理。符合申报条件的单位登录重庆市科技管理信息系统，根据申报指南、标准和要求，在规定时间内完成申报书填写、上传相关证明材料，并提交纸质申请至所在区县（自治县）科技行政主管部门。

（二）区县推荐。受理申报材料的各区县（自治县）科技行政主管部门对申报单位的申报材料完整性进行审查，并对符合要求的申报单位出具推荐函，提交至市科技局。

（三）评审论证。评审论证包括会议评审、通信评审、网络评审和实地考察等多种形式。市科技局委托第三方机构根据实际情况选择评审方式、组织评审论证并得出评审论证意见。

（四）结果公示。市科技局对通过评审论证的申报单位提出认定意见，并公示。对同类行业申报主体，按照我市产业发展需求，以“总量控制、择优认定”的原则提出认定意见。

（五）审定发布。通过评审和公示的新型研发机构名单由市科技局审核确定后正式发布。

第十条　申请认定新型研发机构的单位须提交以下材料：

（一）重庆市新型研发机构申请表。

（二）诚信承诺书。

（三）上一年度的工作报告。

（四）申报单位的最新章程与管理制度。

（五）单价十万元以上的用于科研的主要仪器设备清单。

（六）其他必要的材料。

第三章　扶持政策

第十一条　经认定的新型研发机构有效期为 3 年。

第十二条　有效期内的新型研发机构，可享受以下扶持政策：

（一）对首次认定的新型研发机构，给予授牌。对首次认定的新型研发机构（初创型），一次性给予不超过 20 万元的经费支持；对首次认定的新型高端研发机构，一次性给予不超过 100 万元的经费支持。

（二）对符合相关规定的企业类型新型研发机构，入库“重庆市科技型企业信息管理系统”后，可享受《重庆市科技型企业入库培育实施细则》和《重庆市科技型企业技术创新与应用发展专项项目实施细则》等有关规定的扶持政策。

（三）对于符合相关规定的新型研发机构，可按照《重庆市科技创新券专项实施细则》等有关规定，纳入创新券接券机构，推动创新券资助对象向新型研发机构购买研发创新服务。

（四）新型研发机构引进的人才（团队），符合相关规定的优先支持其申报“重庆英才计划”和市级科技计划项目。在有条件的新型高端研发机构中按规定开展职称自主评定试点，对引进的海外高层次人才、博士后研究人员、特殊人才畅通职称认定“绿色通道”。

（五）符合相关条件的新型研发机构可依法享受研发费用加计扣除、研发仪器设备加速折旧费用加计扣除和进口科研仪器设备减免关税等优惠政策。

（六）符合相关规定的新型研发机构，参照《重庆市促进科技成果转化条例》享受相应扶持政策。

（七）新型研发机构申报重庆市市级科研项目可获得优先立项支持。

第四章　考评管理

第十三条　在新型研发机构有效期满前，市科技局委托第三方机构对新型研发机构进行绩效评估。

绩效评估主要考核新型研发机构的研究开发经费投入纳入国家、重庆市研究开发经费投入统计情况、科技研发条件、科技创新能力、人才团队建设、科技成果转化、科技成果效益、运行管理能力、孵化企业情况以及相应的财务经费使用、管理等情况。

第十四条　绩效评估工作主要分四个阶段：自评阶段，专家评价阶段，综合评价阶段，结果公示及运用阶段。评估结果分为合格、不合格两个等级：

（一）评估结果为合格的，继续获得 3 年新型研发机构资格。其中，评估结果在排名前 30%，且三年研究开发经费投入逐年递增的新型研发机构（初创型），最高按三年研究开发经费投入增量的 10%，一次性给予不超过 200 万元的经费支持；评估结果在排名前 30%，且三年研究开发经费投入递增的新型高端研发机构，最高按三年研究开发经费投入增量的 10%，一次性给予不超过 500 万元的经费支持。新型研发机构所获经费以科研项目形式予以支持。

（二）评估结果为不合格的，根据评估实际情况限期整改。整改后仍不合格的，取消其新型研发机构资格，对其中首次参加绩效评估的，视情况退回财政支持经费。

第十五条　已认定的新型研发机构如有名称变更、股权结构变更、重大人员变动等一系列变更行为，应提前以书面形式报至市科技局，重新进行资格审核；如有企业注销行为，应提前以书面形式报至市科技局并配合进行财政资助资金使用情况核算和审计。因未及时报备而产生的相关问题由有关部门依法追究相应责任。

第五章　综合监督

第十六条　本办法全流程按照《重庆市科技计划项目诚信管理暂行办法》实行科研诚信管理，申报、认定、绩效评估等环节各责任主体均需签订诚信承诺书。获得财政资金资助的新型研发机构，必须主动接受和配合监督。

第十七条　本办法中参与申报的单位和已认定的新型研发机构出现失信行为的，市科技局将视情节轻重，采取记录不良信用、警告、通报批评、取消新型研发机构资格等措施；同一失信行为涉及多个责任主体的，应分清责任，主要责任主体从重处理，次要责任主体可视情节从轻处理；对确有实据证明无过错的，免于处理。

因存在严重失信行为且受到以下处理的，终身追责：

（一）受到刑事处罚或行政处罚并正式公告。

（二）受审计、纪检监察等部门查处并正式通报。

（三）经核实并履行告知程序的其它严重违规违纪行为。

第六章　附　则

第十八条　各区县（自治县）可参照本办法制定本地区培育管理、经费支持等促进新型研发机构发展的政策措施。

第十九条　本办法由市科技局负责解释。自颁布之日起 30 日后施行。《重庆市新型研发机构培育引进实施办法》（渝科委发〔2016〕129 号）自本方法印发之日起废止。

四川省

四川省科学技术厅
关于印发《四川省新型研发机构培育建设办法（试行）》的通知

川科规〔2021〕12号

各市（州）科技局，有关单位：

为贯彻落实《中共四川省委关于深入推进创新驱动引领高质量发展的决定》、四川省人民政府《关于进一步支持科技创新的若干政策》和科技部《关于促进新型研发机构发展的指导意见》等文件精神，推动我省新型研发机构健康有序发展，提升我省创新体系整体效能，科技厅研究制定了《四川省新型研发机构培育建设办法（试行）》。现印发你们，请遵照执行。

四川省科学技术厅
2021年11月15日

四川省新型研发机构培育建设办法（试行）

第一章　总　则

第一条　为贯彻落实《中共四川省委关于深入推进创新驱动引领高质量发展的决定》、四川省人民政府《关于进一步支持科技创新的若干政策》（川府发〔2021〕8号）和科技部《关于促进新型研发机构发展的指导意见》（国科发政〔2019〕313号）等文件精神，推动我省新型研发机构健康有序发展，提升我省创新体系整体效能，制定本办法。

第二条　本办法所称新型研发机构是指聚焦科技创新需求，主要从事科学研究、技术创新和研发服务、成果转化、企业孵化，投资主体多元化、管理制度现代化、运行机制市场化、用人机制灵活的独立法人机构。

第三条　四川省科学技术厅（以下简称：科技厅）负责宏观指导我省新型研发机构建设和制定相关扶持政策，组织开展省级新型研发机构的备案和动态管理等工作。市（州）人民政府科学技术行政部门负责本地区新型研发机构的培育、指导和日常管理等工作。

第四条　新型研发机构的设立和撤销坚持谁举办谁负责、谁设立谁撤销的原则。举办单位

（出资人）是新型研发机构业务主管单位和主体责任单位。举办单位应当为新型研发机构的管理运行、研发创新提供保障，引导新型研发机构聚焦科学研究、技术创新、成果转化和研发服务，避免功能定位泛化。

第二章　形式与功能

第五条　新型研发机构可依法注册为科技类民办非企业单位（社会服务机构）、事业单位和企业。

第六条　新型研发机构应符合以下条件。

（一）具有独立法人资格，内控制度健全完善。

（二）主要开展基础研究、应用基础研究，产业共性关键技术研发、科技成果转移转化，以及研发服务等。

（三）拥有开展研发、试验、服务等所必需的条件和设施设备。

（四）具有结构相对合理稳定、研发能力较强的人才团队。

（五）具有相对稳定的收入来源，主要包括出资方投入，技术开发、技术转让、技术服务、技术咨询收入，政府购买服务收入等。

第七条　多元投资设立的新型研发机构，原则上应实行理事会、董事会决策制和院长（所长）、总经理负责制，根据法律法规和出资方协议制定章程，依照章程管理运行。

第八条　新型研发机构应全面加强党的建设。根据规定设立党的组织，充分发挥党组织在新型研发机构中的引领和保障作用，切实保证党的领导贯彻落实到位。

第三章　支持政策

第九条　支持新型研发机构依法依规享受研发费用加计扣除等鼓励科技创新税收优惠政策。

第十条　符合条件的新型研发机构，可按照要求申报各类科技项目、科技创新平台基地和人才计划。

第十一条　符合条件的新型研发机构，可按照规定组织或参与职称评审工作。

第十二条　符合条件的新型研发机构，可通过股权出售、股权奖励、股票期权、项目收益分红、岗位分红等方式，激励科技人员开展科技成果转化。

第十三条　符合条件的新型研发机构，可建设或参与建设国家和省级国际科技合作基地、引才引智示范基地；开发国外人才资源，吸纳、集聚、培养国际一流的高层次创新人才；联合境外知名大学、科研机构、跨国公司等开展研发，设立研发、科技服务等机构。

第十四条　符合条件的新型研发机构，可按规定申请备案为省级新型研发机构。

第四章　省级新型研发机构备案与评估

第十五条　申报省级新型研发机构备案应符合第六条规定的新型研发机构的基本条件，同时还应具备以下条件：

（一）具备独立法人资格。注册地和主要办公场所设在四川省内，注册后运营 1 年以上。

注册时间未满一年，但属于落实省委、省政府重大工作部署或我省特色行业领域急需建设的，可预先受理，一年建设期满复核合格后，给予确认。

（二）业务发展方向以研发为主，机构主要业务内容至少包含以下领域中的两项及以上：

（1）基础研究；

（2）应用基础研究；

（3）技术研发（前沿技术研发、产业共性关键技术研发）；

（4）其他研发服务（含检验检测认证服务）；

（5）科技成果转化；

（6）科技创业孵化。

（三）具备一定的研发条件。从事科学研究工作的专业技术人员（指大专以上学历或中级以上技术职称专业技术人员）在 20 人以上，且占全部在职人员的比例不低于 60%。研发投入稳定，上年度研发经费支出占主营业务收入比例应不低于 30%。具备开展研究、开发和试验所需的仪器设备和一定规模的固定场所，仪器设备原值不少于 300 万元，场地面积不低于 400 平方米。

（四）主要从事生产制造、教育教学、科普示范、园区管理等活动的单位不纳入省级新型研发机构备案范围。

第十六条　省级新型研发机构备案程序。

1. 发布通知。科技厅发布组织申报省级新型研发机构备案的通知。

2. 组织推荐。各市（州）人民政府科学技术行政部门负责对本行政区域内申请单位的审核与推荐工作，对申请表进行初审，对材料的完整性与规范性进行审核并提出推荐意见，统一报送科技厅。

3. 备案评审。科技厅组织业务处（室）和行业专家进行资格审查、实地考察和会议评审。科技厅根据评估结果，择优提出备案意见并公示。无异议后，科技厅发布省级新型研发机构备案名单。

第十七条　已在科技厅备案的省级产业技术研究院，符合条件的可申请备案为省级新型研发机构。省级产业技术研究院需按要求填写《四川省省级新型研发机构备案申请表》，经属地管理的市（州）推荐后，由科技厅组织专家进行资格审查，资格审查通过的，可备案为省级新型研发机构。

第十八条　通过备案的省级新型研发机构，备案资格自颁发之日起有效期为 2 年。省级新型研发机构建设期为 2 年，举办单位应提供建设期间所需的相关条件保障。

第十九条　通过备案的省级新型研发机构实行年度报告制度，年度报告作为绩效评估的重要内容。机构应根据业务主管部门通知要求，撰写上年度工作总结报告，经各市（州）人民政府科学技术行政部门审核后报送科技厅。

第二十条　省级新型研发机构如发生名称变更、投资主体变更、重大人事变动、被吊销、拟注销、被处罚等重大事项，应在事后 3 个月内以书面形式向科技厅报告，经资格核实通过后，维持备案有效期不变。如不提出申请或资格核实不通过的，备案资格失效。

第二十一条　省级新型研发机构备案满 2 年后，由科技厅组织专家进行绩效评估，此后每 2

年为一个绩效评估周期。由省级产业技术研究院备案成为省级新型研发机构的，备案时间从其备案为省级产业技术研究院时开始计算。

第二十二条　省级新型研发机构绩效评估主要分为资格审查和会议评估两部分，若有需要的，可同时进行现场检查评估。资格审查主要是对照认定条件对机构进行评估。会议评估主要考察机构在评估周期内机构从事研发创新活动、研发投入、人才集聚培养和创新体制及机构建设等情况。

第二十三条　绩效评估结果分为优秀、良好、合格和不合格四类。评估结果为优秀、良好和合格的机构继续获得 2 年新型研发机构备案资格。评估结果不合格的，备案资格失效，且三年内不得再次申请省级新型研发机构备案。

第二十四条　对新备案的省级新型研发机构，在建设期内给予一次性 30 万元资金补助。由省级产业技术研究院直接申请备案成为省级新型研发机构的，若其备案时间超过 2 年的，不再享受建设期补助。

第二十五条　对绩效评估结果为优秀和良好的省级新型研发机构，分别给予 30 万元和 20 万元的后补助支持，支持比例合计不超过考核总数的 50%。省委省政府重点支持建设的新型研发机构单次补助可达到 500 万元。

第五章　附　则

第二十六条　本办法由科技厅负责解释。

第二十七条　本办法自 2021 年 11 月 15 日起施行，有效期 2 年。原《四川省产业技术研究院备案工作指引》（川科财〔2018〕45 号）同时废止。

贵州省

关于印发贵州省新型研发机构支持办法（试行）的通知

省科技创新领导小组各成员单位，各有关单位：

《贵州省新型研发机构支持办法（试行）》已经省科技创新领导小组组长、分管省领导同意，现印发给你们，请抓好落实。

附件：贵州省新型研发机构支持办法（试行）

2020 年 8 月 10 日

（此件公开发布）

贵州省新型研发机构支持办法（试行）

为贯彻落实《科技部关于促进新型研发机构发展的指导意见》（国科发政〔2019〕313 号）《贵州省服务业创新发展十大工程行动方案》（黔府发〔2020〕7 号），鼓励全社会加大研究与试验发展（简称“研发”）投入，推动我省科学研究与技术服务业发展，提出以下新型研发机构支持办法。

对符合支持标准的新型研发机构，除适用《科技部关于促进新型研发机构发展的指导意见》（国科发政〔2019〕313 号）的政策措施外，在省级科研机构创新能力建设项目支持方面，视同贵州省省属自然科学研究机构，可申请贵州省科研机构创新能力建设专项。对我省重点产业和领域发展有重大意义的新型研发机构可采取“一事一议”给予支持或布局建设。新型研发机构支持标准如下：

一、在贵州省注册的企业，行业类别属于国民经济行业分类（GB/T4754—2017）第 73 大类“研究和试验发展”，从事自然科学、工程和技术、农业科学、医学的新发现、新理论，以及新技术、新产品、新工艺的研究与试验发展。

二、研发经费支出稳定。上一年度研发经费支出不低于支出总额的 40%，且不低于收入总额的 30%；按要求对研发费用进行会计核算。

三、研发队伍结构相对合理稳定、研发能力较强。专职员工中研发人员不低于 10 人，且占职工总数比例不低于 40%，三分之一以上研发人员具有自然科学、工程和技术、农业科学、医学领域博士学位或高级职称。

本办法由省科技创新领导小组办公室（省科技厅）负责解释。

云南省

云南省科学技术厅　云南省民政厅 云南省市场监督管理局　云南省人力资源和社会保障厅 关于印发云南省促进新型研发机构发展实施方案的通知

云科联发〔2021〕7号

各州（市）人民政府，省直各委、办、厅、局，省属企业集团，有关科研院所、高等学校：

经省人民政府同意，现将《云南省促进新型研发机构发展实施方案》印发给你们，请认真贯彻执行。

云南省科学技术厅　云南省民政厅

云南省市场监督管理局　云南省人力资源和社会保障厅

2021年6月23日

云南省促进新型研发机构发展实施方案

为贯彻落实《中共云南省委关于制定云南省国民经济和社会发展第十四个五年规划和二〇三五年远景目标的建议》的决策部署，根据《科技部印发〈促进新型研发机构发展的指导意见〉的通知》（国科发政〔2019〕313号）精神，先行先试，大力培育和发展新型研发机构，完善全省科技创新体系，增强科技创新对万亿级千亿级产业发展的支撑和保障作用，制定本方案。

一、总体思路

（一）指导思想

以习近平新时代中国特色社会主义思想为指导，全面贯彻党的十九大和十九届二中、三中、四中、五中全会精神，深入贯彻习近平总书记关于科技创新的重要论述和考察云南重要讲话精神，坚持新发展理念，实施创新驱动发展战略。坚持创新在我国现代化建设全局中的核心地位，为科技自立自强提供支持。遵循社会主义市场经济规律、科技创新规律和人才成长规律，通过优化政策环境，健全培育机制，强化绩效导向，鼓励和引导各类科技创新基地、产业技术创新战略联盟、创新联合体、院士专家工作站、企业研发中心、高层次科技人才（团队），以及社会力量建设发展新型研发机构，贯通基础研究、应用研究和技术创新路径，通过科技入滇，导入优势科技资源，着力强化技术创新的供给侧改革，做优存量、做大增量，补齐云南省产业创新体系发展薄弱的短板，满足打造世界一流“三张牌”和数字经济等有关重点产业的发展需要，为建设创新型云南，服务乡村振兴，实现高质量跨越式发展提供有力的科技支撑。

（二）基本原则

系统布局，统筹协调。充分发挥市场在资源配置中的决定性作用，更好发挥政府作用，聚焦现代化产业体系建设与发展中的重大科技需求，围绕产业链，布局创新链，主动谋划、系统设计、重点建设与全省重点产业发展相适应的科研机构体系，统筹国内外优质科技创新资源与全省产业融合发展，推动形成区域全面覆盖、领域优势突出、产业支撑有力的新型研发机构发展新格局。

改革创新，先行先试。既要解决有机构办事，有人、有钱办事的问题，更要解决有好的机制体制办事的问题。要着力体制机制创新和改革成果落实落地，着力现代科研院所制度的构建和科研自主权的有效行使，最大限度地激发科研机构和科技人员的创新活力，最大力度地保障科技成果转化权益。积极探索具有云南特色的新型研发机构发展路径，形成在全省可复制推广的模式。

目标导向，稳定支持。聚焦产业重大共性关键技术攻关和公共研发服务平台建设 2 个重点，改革完善新型研发机构评价方式，突出市场评价导向，破除“四唯”倾向，建立以科研绩效和科研目标为评价依据的稳定支持机制；突出项目、平台、机构与产业的协同，处理好公益性研发服务与市场化运行的关系，采取分类支持方式，放大财政资金的绩效。

（三）工作目标

到 2025 年，围绕打造世界一流“三张牌”，聚焦万亿级千亿级支柱产业，在生物医药、高端装备、能源、绿色食品、数字经济、人工智能、新材料、现代农业、现代物流、生态环保、健康养生等重点产业领域，培育 50 家左右国内领先或特色鲜明的新型研发机构，形成覆盖重点产业领域，落地省、州（市）、县（市、区）、乡，与全省经济社会发展相适应的新型研发机构体系，提升产业重大共性关键技术攻关、新技术新产品开发、科技成果转化、产业孵化、企业培育等能力，为构筑迭代升级的产业体系和到 2035 年建成现代化经济强省提供重要科技支撑。

二、遴选和培育

凡以从事科学研究、技术创新和研发服务为主，符合投资主体多元化、管理制度现代化、运行机制市场化、用人机制灵活等基本要素的科技类民办非企业单位、事业单位和企业等研发机构（含拟注册为上述机构的法人组织内设机构），并具备以下条件的，均可申请纳入省级培育对象：

（一）具有独立法人资格或拟登记为独立法人，治理结构较为完善，内控制度较为健全。

（二）符合云南省产业发展布局和新经济新产业新业态发展需要，具有明确的功能定位、研究方向，以及可行的建设规划。

（三）主要开展基础研究、应用基础研究，产业重大共性关键技术研发、科技成果转移转化，以及公共研发服务等。

（四）具有开展研发、试验、服务等所必需的条件和设施。年度研究开发经费支出不低于年收入总额的 30%。

（五）具有结构相对合理稳定、研发能力较强的人才团队。常驻研发人员占职工总人数比例达到 30% 以上。

（六）具有围绕市场配置资源、服务企业的新型管理体制和运行机制。收入来源相对稳定，主要包括出资方投入，技术开发、技术转让、技术服务、技术咨询收入，政府购买服务收入以及承接科研项目获得的经费等。

三、主要任务

（一）建立培育库

依申请遴选符合条件的新型研发机构进入培育库，开展为期 3 年的集中服务和重点扶持。在培育期内，根据对入库机构的研发基础、研究方向和发展目标等综合评估情况，按照当年建设投入经费（包括科研场地、人才引进、运行维护等费用）的 10%，给予不超过 300 万元的资金支持。完成培育目标任务的，可按期或提前出库。

（二）构建管理孵化平台

依托专业机构，聚集国际国内科技创新资源，建设新型研发机构孵化器，为孵化对象提供创业辅导、资源协调、供需对接、研发服务、平台建设、创新协同以及专业培训等。

（三）开辟“绿色通道”

对引入高端科技资源、支撑引领全省科技创新和产业变革发挥重大作用，具有战略性、前瞻性、颠覆性、交叉性领域研究功能的高水平新型研发机构，采取“一院（所）一策、一事一议”的方式给予政策和资金支持。

（四）创新体制机制

建立高效、灵活的新型研发机构监管体制和产业共性技术协同机制，为新型研发机构提供专业化服务，根据工作需要对名称拟冠以“云南省”的新型研发机构提出工作建议。引导新型研发机构建立或完善以理事会、董事会决策制和院长、所长、总经理负责制为核心的现代科研院所制度，依照章程管理和运行；建立或完善研发组织体系和内控制度，加强科研诚信和科研伦理建设；建立与创新能力和创新绩效相匹配的收入分配机制。

（五）加强科研支持

1. 研发支持。鼓励产学研协同开展科技创新和科技成果转移转化。支持承担省级各类科技计划项目，择优推荐争取中央引导地方科技发展专项资金。支持围绕全省现代化产业技术体系开展产业重大共性关键技术联合攻关，促进专利、标准、技术秘密等知识产权的形成，提升产业核心竞争力。对上年度非财政经费支持的研发经费支出额度给予不超过 30% 的研发后补助，年度补助经费最高 300 万元。

2. 平台建设。围绕全省现代化产业技术体系建设与发展需求，重点支持支撑全产业链创新，具有资源保障、检验检测、公共研发、成果转化、技术咨询、技术服务、产业（企业）孵化、科技融资、技术转移等功能的产业技术创新平台或专业化特色化科研检验检测公共服务平台建设。

对上年度非财政经费支持的科研仪器设备支出额度给予不超过30%的研发后补助，年度补助经费最高200万元。

3. 探索建立财政经费“拨改投”和退坡机制，加快培育新型研发机构的科技竞争力。

（六）改革评价机制

落实“三评改革”各项要求，建立第三方评估机制。实行基于市场评价的科研绩效和机构绩效“双评价”制，围绕科学研究、技术创新和研发服务等，科学设置评价指标，重点评价研发活动对支撑产业发展的作用。绩效评价结果作为是否给予稳定支持的依据。绩效评价结果连续2次为基本合格（或1次为不合格），或存在违反法律法规和政策规定行为、列入科研失信名单等情形的，将不予支持。培育出库的新型研发机构将作为全省骨干研发机构给予重点支持。

（七）强化人才激励

新型研发机构培养引进高端科技人才，享受相应人才政策支持。符合条件的机构，可按规定申请开展职称自主评审。落实科研人员“双聘制”，探索高端、紧缺科技人才“多点执业”，鼓励国有企事业单位科研人员到新型研发机构离岗创新创业或兼职并取得合法报酬，工作业绩纳入单位考核和职称评聘。凡签订聘用合同的兼职科研人员均视为长期在岗科研人员，享有高等学校、科研院所科研人员申请省级科技计划项目同等待遇。鼓励新型研发机构开展“产教融合”，优化整合科技人才资源。鼓励科技人才（团队）创办新型研发机构。

（八）促进开放协同

鼓励新型研发机构广泛开展国内外科技交流与合作，主动融入全球创新网络。支持涉及科技前沿或重点领域的企事业单位在国外和省外布局建设新型研发机构，经绩效评价对全省重点产业发挥重大支撑作用的机构，享受与省内新型研发机构同等的扶持政策。

（九）提高科研仪器设备共享水平

按照“盘活存量、增量倾斜”的原则，建立共享大型科研仪器设备协调机制。统筹规划、布局、建设一批科研仪器设备共享平台，解决新型研发机构平台建设与科研需求不同步、不衔接等问题。围绕重点产业，以需求为导向，鼓励新型研发机构以自主购买、租赁、托管、有偿使用和服务等方式，共建共管“政产学研用”相结合的大型科研仪器设备实体化共享平台，为产业技术创新提供科研基础条件支撑。

（十）落实财税优惠政策

采用创新券等方式，支持企业向新型研发机构购买创新服务。将新型研发机构列入研发统计对象，按要求由属地科技行政部门计入属地年度研发投入总额，符合有关政策的给予相应补助。符合条件的科技类民办非企业单位，按照《中华人民共和国企业所得税法》以及非营利组织企业所得税、职务科技成果登记转化个人所得税、科技创新进口税收等规定，享受税收优惠。企业类新型研发机构享受税前加计扣除政策，并在申请高新技术企业认定后，享受相应税收优惠。

（十一）完善登记服务

属非营利性民办科技类社会服务机构的，可依据有关法律法规向民政部门申请登记。事业单位和企业性质的机构，申请人可分别向所在地事业单位登记管理机关和市场监管部门申请登记。

四、保障措施

（一）加强新型研发机构党的建设

新型研发机构应根据《中国共产党章程》规定，设立党的组织，充分发挥党组织在新型研发机构中的战斗堡垒作用，强化政治引领，切实保证党的领导贯彻落实到位。

（二）强化组织领导

省科技厅牵头建立编办、科技、民政、财政、人力资源社会保障、市场监管等部门组成的联席会议制度，统筹协调全省自然科学与工程技术类新型研发机构布局与发展工作。州（市）、县应当将新型研发机构的发展作为区域创新体系建设的重要内容，出台配套政策措施，建立工作机制，落实各项工作。

（三）引导社会资本参与新型研发机构的发展

鼓励社会资本参与新型研发机构的建设和发展。鼓励金融机构、风险投资、创业投资机构，为新型研发机构技术开发、科技成果转化和产业化提供知识产权质押、贷款、保险等投融资服务。

（四）优化新型研发机构发展环境

深化“放管服”改革，有关部门要强化服务意识，提升服务能力，进一步简化新型研发机构登记注册手续，提高便利化程度。落实减税降费政策，强化政策保障，减轻机构和人员负担。遵循公平普惠的原则，新型研发机构在申报各级政府科技研发和产业创新项目等方面，享受企事业法人同等待遇，有效保护参与各方的合法权益，营造良好的创新生态。

云南省科技厅
关于印发云南省新型研发机构培育办法（试行）的通知

云科规〔2022〕6 号

各有关单位：

现将《云南省新型研发机构培育办法（试行）》印发给你们，请遵照执行。

云南省科学技术厅

2022 年 5 月 12 日

（此件公开发布）

云南省新型研发机构培育办法（试行）

第一章　总　则

第一条　为加强新型研发机构培育，提升全省创新体系整体效能，支撑重点产业高质量发展，根据《科技部印发〈关于促进新型研发机构发展的指导意见〉的通知》（国科发政〔2019〕313 号）、《云南省促进新型研发机构发展实施方案》（云科联发〔2021〕7 号）精神以及科技计划项目管理的有关规定，结合我省实际，制定本办法。

第二条　新型研发机构是指以从事科学研究、技术创新和研发服务为主，符合投资主体多元化、管理制度现代化、运行机制市场化、用人机制灵活等基本要素的科技类民办非企业单位、事业单位和企业等社会研发机构。

第三条　云南省科学技术厅（以下简称省科技厅）负责组织开展省级层面新型研发机构的培育和服务工作。各州（市）科学技术局负责组织开展本地区新型研发机构的培育和服务工作。

第四条　对省级层面新型研发机构实行清单管理。纳入清单管理的新型研发机构享受相关普惠性政策。

第二章　申报遴选

第五条　云南省新型研发机构培育对象（以下简称培育对象）分为初创型和成长型，采用申报评审制方式产生，并纳入培育库给予重点培育。

第六条　初创型培育对象申报条件：

（一）企事业单位内设研发机构，具有科技创新基地、产业技术创新战略联盟、创新联合体、院士（专家）工作站、企业研发中心等基础条件，拟在1年内登记注册为独立法人；或者已登记注册不足1年的社会研发机构。

（二）产业支撑定位清晰，科技创新需求明确，具有较强的市场化运作可行性。

（三）有良好的合作共建工作基础，较高质量的创新资源导入和较为完善的科研管理、协同创新、成果熟化转化机制和内控制度。

（四）具有开展研发、试验、服务等所必需的条件和设施。自有、加盟或合作等方式形成的可使用科研用房1000平方米以上，自有、租赁、合作或委托管理的仪器设备原值在1000万元以上。

（五）具有结构较为合理、人员基本稳定、研发能力较强的省级人才团队。自有、合作单位派驻、兼职及外聘的常驻研发人员（以全年实际工作时间超过3个月计）不少于15人且占职工总人数比例达到30%以上。

（六）具有持续的经费投入和一定的公共研发服务能力。上一年度机构实体化筹建、研究开发和科研平台建设等经费投入总额不低于500万元。上一年度技术开发、技术转让、技术服务、技术咨询收入、政府购买服务收入以及承接科研项目获得经费总额不低于100万元。

第七条　成长型培育对象申报条件：

（一）已登记注册1年以上的社会研发机构，治理结构较为完善，内控制度较为健全，管理运行状况良好。

（二）符合云南省产业发展布局和新模式新业态发展需要，具有明确的功能定位、产业方向，可行的建设规划，较为完整的创新链和一定的市场化运作能力。

（三）具有扎实的合作共建关系，高质量的创新资源导入和顺畅的科研管理、协同创新、成果熟化转化机制。

（四）具有持续稳定的经费投入。上一年度企业性质的机构建设投入经费（包括科研场地、人才引进、运行维护等费用）不低于500万元，事业单位与科技类民办非企业单位性质的机构不低于100万元；机构资产总额不低于300万元；研究开发经费支出不低于年收入总额的30%。

（五）具有开展研发、试验、服务等所必需的条件和设施。自有、加盟或合作等方式形成的可使用科研用房2000平方米以上，自有、租赁、合作或委托管理的仪器设备原值在2000万元以上。

（六）具有结构合理、人员稳定、研发能力强的国家和省级人才团队。自有、合作单位派驻、兼职及外聘的常驻研发人员（以全年实际工作时间超过3个月计）不少于30人且占职工总人数比例达到50%以上，硕士、博士学位或高级职称以上高层次人才不低于研发人员总数的1/3。

（七）掌握核心技术，收入来源相对稳定。上一年度技术开发、技术转让、技术服务、技术咨询收入、政府购买服务收入以及承接科研项目获得经费总额不低于500万元且占年收入总额的30%以上。

第八条　省科技厅常年接受申报，适时分批组织开展遴选工作，程序如下：

（一）申报推荐。省科技厅发布培育对象申报通知，申报单位登录云南省科技管理信息系统，按要求填报申请材料。申报单位上级科技主管部门对申请材料的完整性与规范性进行审核并提出推荐意见。

（二）评审遴选。省科技厅委托第三方机构组织评审论证并出具评审推荐意见。

（三）审议公示。省科技厅根据专家评审推荐意见，审议提出拟入选培育对象名单，在征求相关部门意见后进行公示。

（四）公布名单。培育对象名单经公示无异议后正式公布。

（五）签订合同。由省科技厅与培育对象签订《云南省新型研发机构培育合同书》。

第九条　申报单位应当提交以下材料：

（一）《云南省科技计划项目申请书》。

（二）新型研发机构建设相关材料，主要包括机构章程（或草案）、建设规划（或组建方案）、内控制度，以及近 3 年科研及创新服务项目实施及经费投入情况。

（三）本年度利用非财政经费开展机构建设、产业共性关键技术研发和公共研发服务平台建设项目的主要内容、经费支出概算及申请对非财政投入部分的后补助金额。

（四）机构核心管理团队和科研团队（包括常驻研发人员）名单。外聘、兼职的需提供合作或聘用协议。

（五）实体化机构提供上一年度财务审计报告；内设机构提供单位出具的财务内审报告。

（六）加盟或共建新型研发机构合作协议。

第三章　孵化培育

第十条　省科技厅对入库的培育对象开展为期三年的集中服务和重点支持。主要措施：

（一）依托第三方机构设立新型研发机构管理孵化中心，整合服务资源，健全工作机制，专人、专班、专项落实相关工作。

（二）组织新型研发机构培育导师团，为新型研发机构提供创业辅导。建立人才培养机制，针对机构管理、科研服务、市场开拓、成果转化、法律法规等方面开展专业化培训。

（三）充分利用科技入滇机制，促进协同创新资源对接，提高新型研发机构的创新效能。

（四）推动科研平台资源的供给端与需求端的有效衔接，协调重点科技创新基地、中试试验场地、检验检测平台等重大科研基础设施以及科技文献资源、数据中心、技术转移机构、创业孵化机构等平台与新型研发机构的合作。

（五）围绕新型研发机构的新技术新产品推广应用和市场开拓，提供科技金融和成果转化相关指导和服务。

第十一条　培育对象应当在以下方面取得重要进展：

（一）完善以理事会、董事会决策制和院长、所长、总经理负责制为核心的现代科研院所制度，严格依照章程管理和运行。

（二）实施产学研深度融合，整合优质协同创新资源，建立或完善研发组织体系和内控制度，实现投资主体多元化、管理制度现代化、运行机制市场化的发展目标。

（三）用人机制灵活，建立与创新能力和创新绩效相匹配的收入分配机制，科研自主权充分下放，科研绩效显著，科研积极性、主动性、创造性充分激发。

（四）建立科学的科研评价制度，围绕科学研究、技术创新和研发服务等，科学合理设置评价指标，突出创新质量和贡献，注重发挥用户评价作用。

第十二条　初创型培育对象应当在一年内完成实体化登记注册，符合相关条件后可升级为成长型培育对象。成长型培育对象纳入新型研发机构清单管理。

第十三条　考核出库。完成《云南省新型研发机构培育合同书》确定的目标任务，可提前或按期出库。培育期内年度考核有 1 次不合格的，延长培育期 1 年。累计 2 次年度考核为不合格的，取消培育对象资格，移出新型研发机构清单。

第四章　支持措施

第十四条　对引入高端科技资源、支撑引领全省科技创新和产业变革发挥重大作用，具有战略性、前瞻性、颠覆性、交叉性领域研究功能的高水平新型研发机构，采取“一院（所）一策、一事一议”的方式给予支持，并直接纳入新型研发机构清单管理。

第十五条　纳入新型研发机构清单管理的机构或培育对象可获得以下经费支持：

（一）已完成实体化登记注册的初创型培育对象，根据上年度非财政投入机构建设、产业重大共性关键技术研发、公共服务平台科研仪器设备等支出，给予不超过 30%、年度最高 100 万元的后补助。

（二）纳入清单管理的机构，根据当年非财政投入机构建设经费支出（包括科研场地、人才引进、运行维护等费用），给予不超过 10%、年度最高 300 万元的后补助；根据上年度非财政投入产业重大共性关键技术研发经费支出，给予不超过 30%、年度最高 300 万元后补助；根据上年度非财政投入公共服务平台科研仪器设备支出，给予不超过 30%、年度最高 200 万元后补助。以上支持累计不超过 3 年。

（三）已享受 3 年扶持政策的新型研发机构，连续 2 年实行财政经费退坡机制，在逐年递减 30%的额度内给予后补助。

以上后补助经费以技术开发、技术转让、技术服务、技术咨询和自主立项项目为测算依据，经费支持用于科研场地建设、人才引进、运行维护、研究开发以及公共服务平台建设等方面。

第十六条　支持新型研发机构承担省级各类科技计划项目，择优推荐争取中央引导地方科技发展专项资金。支持新型研发机构围绕全省现代化产业技术体系建设和发展需求，建立支撑全产业链创新的产业技术创新平台或专业化特色化科研检测公共服务平台建设。支持企业采用创新券等方式向新型研发机构购买创新服务。

第十七条　支持新型研发机构培养和引进的高端人才享受相应人才政策支持。与新型研发机构签订聘用合同的兼职科研人员，均视为长期在岗科研人员，享有与高等学校、科研院所科研人员申请省级科技计划项目同等的待遇。

第十八条　支持创新主体在国外和省外布局建设新型研发机构，经绩效评价对全省重点产业发挥重大支撑作用的机构，享受与省内新型研发机构同等的扶持政策。

第十九条　国内外知名高校、科研机构、医疗卫生机构、世界500强企业、中央企业等来滇新设立的研发总部、区域研发中心或高水平研究院等，纳入新型研发机构清单管理并评估为优秀的，给予一次性最高1000万元奖补。

第五章　管理服务

第二十条　省科技厅委托专业机构定期对纳入清单管理的新型研发机构进行绩效评价。绩效评价实行基于市场评价的科研和机构绩效“双评价”制，内容包括研究开发经费投入、研发条件、创新能力、人才团队、成果转化、运行管理、企业孵化情况以及相应的经费管理和使用等情况。

第二十一条　绩效评价结果是给予稳定经费后补助的重要依据。绩效评价结果连续2次为基本合格（或1次为不合格），或存在违反法律法规和政策规定行为、列入科研失信名单等情形的，将不予支持。

第二十二条　新型研发机构若发生名称变更、股权结构变更、重大人员变动等情况，应及时以书面形式报省科技厅；若涉及机构注销，应提前以书面形式报省科技厅，并配合就后补助经费进行核算和审计。

第六章　附　则

第二十三条　本办法由省科技厅负责解释。

第二十四条　本办法自2022年6月12日起施行，有效期至2025年6月11日。

陕西省

陕西省科学技术厅
关于印发《陕西省新型研发机构组建认定工作指引》的通知

陕科办发〔2021〕64号

各设区市、杨凌示范区、韩城市科技局，各高新区管委会，各有关单位：

为着力促进产业链、创新链深度融合，提升陕西创新体系整体效能，支持我省新型研发机构高质量发展，省科技厅制定了《陕西省新型研发机构组建认定工作指引》，现印发给你们，请结合实际推进实施。

陕西省科学技术厅

2021年8月6日

（此件主动公开）

陕西省新型研发机构组建认定工作指引

为贯彻落实《科技部关于促进新型研发机构发展的指导意见》（国科发政〔2019〕313号）和《中共陕西省委陕西省人民政府关于印发〈秦创原创新驱动平台建设三年行动计划（2021—2023年）〉的通知》（陕发〔2021〕12号），破解“科教优势转化不充分”难题，着力促进产业链、创新链深度融合，提升陕西创新体系整体效能，促进我省新型研发机构高质量发展，制定本工作指引。

一、功能定位

陕西省新型研发机构是围绕我省主导产业、战略性新兴产业、未来产业规划布局，以中试熟化研发、科技成果转化、中小企业孵化为主要任务，投资主体多元、市场机制运行、现代化管理的独立法人组织，与我省“1155工程”统筹推进，是构建陕西省产业技术创新体系的重要内容，是加快秦创原创新驱动平台建设的生力军。

陕西省新型研发机构主要依托一支技术团队组建，借助产业基金、创投基金、社会资本等各方资金力量，通过聘用培养高水平职业经理人，联合产业链上下游优质企业，着力促进科技成果转化，孵化科技型中小企业，服务所在园区基地产业发展，支撑秦创原创新驱动平台建设。

二、发展目标

深入挖掘、利用、滋养陕西科教资源，紧扣传统产业升级和未来产业培育发展，省、市、县（开发区）三级联动，共同支持新型研发机构发展壮大。到 2023 年，建设陕西省新型研发机构 100 家左右，在重点领域转化一批重大科研成果，培养引进一批高水平职业经理人队伍，孵化一批科技型中小企业，培育一批高成长性的高新技术企业、瞪羚企业，重点打造一批拟上市企业。

三、主要任务

（一）打通科技成果转化通道。坚持产品导向，开展以应用为导向的技术创新，建立成果转化中试熟化平台，着力打通基础研究—应用基础研究—技术创新—产业化通道，推动科技成果转移转化。鼓励聘用培养高水平的职业经理人，紧盯市场需求，帮助技术团队结合市场环境选择跑道、搭建场景、商务谈判，建立“科学家 + 企业家”的新型创新创业模式，把科技成果快速转化为现实生产力。

（二）孵化服务科技型中小企业。鼓励依托新型研发机构搭建专业化众创空间和各类孵化载体，加强产学研合作，为企业孵化、培育和发展提供技术支撑与科技服务，为科技型中小企业、高新技术企业（瞪羚企业）、上市企业（独角兽企业）提质赋能，引领带动重点产业和区域创新发展。

（三）创新体制机制。探索以满足市场需求为导向，以优化创新资源配置为核心的混合所有制组建模式，鼓励技术团队控股，着力激发创新主体活力，联合产业链上下游企业共同参与，开展产学研协同创新，鼓励产投基金、园区投资公司资本注入，与新型研发机构签署合作协议，在运营管理、研发投入、团队建设、项目合作、收益分配等方面改革创新，保障新型研发机构高水平运行发展。

四、认定条件

陕西省新型研发机构应具备以下条件：

（一）陕西省新型研发机构应以独立法人实体进行运营，并在我省（陕西省辖区内）注册成立，探索组建研发服务型企业、科技类民办非企业（社会服务机构）等不同类型的法人实体；

（二）法人实体应为多元投资的混合所有制，鼓励技术团队持有 50% 以上股份，支持产业链龙头企业、上下游配套企业、园区投资公司等入股参与，鼓励产业孵化基金、创业投资基金、天使基金和社会资本出资支持新型研发机构发展，形成市场驱动、利益共享、风险共担的有机整体，各投资方应主要以货币形式出资；

（三）原则上应与国内外高校、科研院所、大型企业的省级及以上科研平台建立合作关系，具有长期稳定的科研成果来源；

（四）具有行业知名科学家或高水平研发队伍，技术团队具有核心技术；

（五）具有开展技术应用、开发和实验所需要的仪器设备和固定场所等基础设施；

（六）主营业务收入应以合同开发、技术服务和股权投资收益为主；

（七）已孵化和引进2家以上科技型企业，或合同开发、科技服务收入达到200万元以上；

各地市、大型企业为促进当地产业发展，与国内外高校、科研院所签订合作协议，以成果转化、企业孵化为目标建立的具有独立法人资质的研究院（或其他类似法人实体），申报陕西省新型研发机构的，可适度放宽认定条件。

五、认定程序

陕西省新型研发机构采取常年申报、适时论证、集中认定的工作规程进行。

（一）机构申请。申请单位向省科技厅报送《陕西省新型研发机构组建认定申请书》，重点包含建设规划、发展定位、研究方向、阶段性目标及合理经费预算等内容，并提供认定条件中所需的相关资料。

（二）方案论证和现场考察。省科技厅组织技术专家、管理专家对拟认定的陕西省新型研发机构进行组建论证和现场考察，申请单位根据论证意见完善申请书。

（三）名单公示。拟认定的新型研发机构名单向全社会进行公示，听取科研工作者和人民群众有关意见，公示期5个工作日。

（四）准予认定。对公示期满无异议的申请单位，授予“陕西省新型研发机构”牌子，享受相应政策支持。

六、政策支持

（一）考核奖励。省科技厅委托第三方机构对已认定的新型研发机构进行动态管理，以创新质量为重点组织开展绩效评估，具体包括：成果转移转化、科技型企业孵化、体制机制创新等方面。评估优秀的，给予不超过100万元后补助奖励，对评估结果不合格的，予以1年期整改，整改后仍不合格的予以摘牌。鼓励各市、县（开发区）给予一定配套支持。

（二）项目支持。我省“百项科技成果转化行动”项目将新认定的陕西省新型研发机构作为依托单位列入申报指南范围，符合条件的技术团队优先纳入陕西省科技创新团队项目重点支持范畴。

（三）人才支撑。陕西省新型研发机构急需的海内外高层次科技人才、科技职业经理人、创新创业人才，根据《秦创原引用高层次创新创业人才项目方案》，优先给予支持。

（四）资本投资。技术团队可按其现金出资额度的20%申请省科技成果转化引导基金或其子基金出资支持，股权退出时，优先回购给技术团队。

（五）双向补贴。根据《陕西省中小企业研发服务平台促进科研服务实施细则》（陕科发〔2020〕6号）有关内容，陕西省新型研发机构通过中小企业研发服务平台注册，可作为委托方和受托方提供或购买技术服务，享受相应补贴。

（六）优先认定。符合条件的法人主体选择在西部创新港、西咸新区等秦创原创新驱动平台总窗口落地的，优先认定为陕西省新型研发机构。

七、责任保障

（一）省科技厅负责陕西省新型研发机构的统筹规划和绩效评估，制定相关扶持政策，组织开展陕西省新型研发机构的申报、论证、考察、公示、认定工作。

（二）鼓励各市、杨凌示范区、韩城市科技管理部门结合本地区资源禀赋特点和产业发展情况，制定支持本级新型研发机构发展的相关政策举措，积极吸引国内外高校、科研院所及其人才技术团队在本地建立新型研发机构，用科技创新赋能本地产业提速换挡，促进科技成果转化。

（三）西咸新区、国家级高新区、省级高新区等园区作为新型研发机构的主要承载主体，要紧密围绕秦创原创新驱动平台建设，支持技术团队在园区设立新型研发机构，运用投行思维，做好相关配套服务，鼓励园区对初创期的新型研发机构以投资入股、奖励激励等多种形式进行资金支持，形成利益共同体，并作为招商手段吸引创新主体落地落户，促进园区产业结构调整和转型升级。

甘肃省

关于印发《甘肃省新型研发机构认定管理办法》的通知

甘科计规〔2022〕4号

各市（州）科技局、兰州新区科技发展局，各有关单位：

现将《甘肃省新型研发机构认定管理办法》印发你们，请结合实际认真贯彻落实。

甘肃省科技厅

2022年8月23日

（此件主动公开）

甘肃省新型研发机构认定管理办法

第一章　总　则

第一条　为贯彻落实《甘肃省强科技行动实施方案（2022—2025年）》，支持我省新型研发机构健康有序发展，依据国家科技进步法和科技部有关文件精神，结合实际，制定本办法。

第二条　本办法所称新型研发机构是指在甘肃省内注册设立并运营，聚焦科技创新需求，主要从事科学研究、技术创新和研发服务，投资主体多元化、管理制度现代化、运行机制市场化、用人机制灵活化的独立法人机构，可依法注册为科技类民办非企业单位（社会服务机构）、事业单位和企业。其主要功能为：

（一）开展科学研究。聚焦国家和全省战略需求，围绕科学技术前沿、经济社会发展、国家安全重大需求和人民生命健康，开展基础研究和应用研究，提升科学技术的源头供给能力。

（二）开展技术创新。围绕全省重点产业和战略性新兴产业创新发展需求，开展面向市场和产业化应用的研究开发活动，强化产业技术供给，提高产品附加值和市场竞争力。

（三）开展成果转化。联合多元化投资主体，构建专业化转移体系，完善成果转化体制机制，积极开展科技型企业的孵化和育成，开展成果对接沙龙活动，促进高校院所与企业、园区、投资机构充分对接合作，加快推动科技成果向市场转化。

第三条　按照“谁举办、谁负责，谁设立、谁撤销”的原则，举办单位（业务主管单位、出资人）应当为新型研发机构管理运行、研发创新提供保障，引导新型研发机构聚焦科学研究、技术创新和研发服务，避免功能定位泛化，防止无序跨领域扩张。

第四条　省科学技术行政部门负责全省新型研发机构建设发展，组织申报、认定、评估和动态管理，制订并发布有关政策文件；支持省级行业主管部门和市（州）、县（区）积极引进、培育、推进辖区内新型研发机构建设，协调解决发展中遇到的问题，推动有优势、有条件的科研力量参与新型研发机构建设。

第二章　认定条件和程序

第五条　甘肃省新型研发机构应符合以下条件：

（一）具有独立法人资格，内控制度健全完善。主要办公和科研场所设在甘肃省，注册后运营 1 年以上。

（二）具有明确业务发展方向。以科技支撑重点产业发展为目标，围绕我省新兴产业集群和传统产业升级重点领域开展产业技术研发，在基础研究、应用基础研究，产业共性关键技术研发、科技成果转移转化以及研发服务等方面特色鲜明。

（三）具备一定研发条件。拥有开展研发、试验、服务等所必需的条件和设施，在甘办公和科研场所一般不少于 500 平方米，用于研究开发的仪器设备原值一般不低于 300 万元。

（四）具有稳定研发人员和投入。常驻研发人员占职工总数比例一般不低于 30% 且不少于 15 人，上年度研究开发经费支出占年收入总额比例一般不低于 30% 且不低于 200 万元。

（五）具有相对稳定的研发经费来源。主要包括出资方投入，技术开发、技术转让、技术服务、技术咨询收入，政府购买服务收入以及承接科研项目获得的经费等。

（六）具有灵活开放的体制机制。实行明确的人事、薪酬和经费等内部管理制度，多元化的投入机制、市场化的决策机制和高效率的成果转化机制，灵活的人才激励机制、开放的引人和用人机制。

（七）对特色鲜明的不受上述条件限制，可采取“一事一议”方式组织认定。

第六条　甘肃省新型研发机构申报认定程序如下：

（一）自评申报。省科技厅发布申报通知，对照本办法和申报通知，自评符合申报条件的单位登录甘肃省科技管理信息系统，在规定时间内完成申报表填报及有关证明材料上传。

（二）审核推荐。各市（州）科学技术行政部门及各国家级高新区为本辖区推荐单位，对申报单位的申报材料真实性完整性进行审查，并对符合要求的申报单位提出推荐意见，出具推荐函，与申报材料一并提交至省科技厅。

（三）评审论证。评审论证包括网络评审、会议评审、现场考察等多种形式。省科技厅按照有关规定，提出评审标准和要求，委托第三方机构根据实际情况组织专家进行评审论证，根据评审论证意见视实际情况选择部分申报单位进行现场考察。

（四）公示发布。省科技厅根据专家评审论证意见及现场考察情况提出认定意见，经厅务会研究并公示，对公示无异议的申报机构，由省科技厅发文公布。

第三章 绩效评价

第七条 组织开展绩效评价，根据评价结果给予新型研发机构相应支持，评价主要内容：

（一）主营业务收支情况，科技研发、成果转让转化等科技服务收入占营业收入的比重，自主或委托其他机构开展所属领域前瞻性技术项目所需的研发费用支出等情况。

（二）承担各类国家和省级科研项目、知识产权申请及授权、促成科技成果在甘转移转化等情况。

（三）孵化、引进企业数量，培育科技型企业、高新技术企业情况。

（四）利用已形成的基础研究成果或对外购买重大原创性基础研究成果，进行二次开发所需的研发费用支出情况（包括人员、设备、材料、试验及燃料动力等费用）。

（五）高层次人才引进与团队建设情况，包括引进专职的高层次人才所需科研启动资金、薪酬，以及机构独立法人单位市场聘用的专职人员薪酬支出等情况。

（六）中试研发平台建设、产业战略研究、技术转移能力提升、国际科技合作交流等产业技术研发能力建设产生的支出等情况。

（七）开展体制机制创新、日常管理运行、文化环境完善等方面情况。

第四章 支持措施

第八条 支持新型研发机构申报各类国家和省级科技项目、创新基地和人才计划，参与揭榜挂帅等科研项目招标。对上一年度以第一承担单位获得国家科技计划立项（国家科技计划体系的5类计划）在甘实施的项目（课题），且项目（课题）资金额度在300万元以上的新型研发机构，按10%给予项目承担单位奖励，奖励额度可达300万元。

第九条 支持世界企业500强、中国企业500强、民企500强、独角兽企业、国内外一流高校院所等，到甘肃设立独立法人的新型研发机构，按其新增研发仪器设备的10%，给予最高可达2000万元资助建设经费。

第十条 支持新型研发机构根据不同创新领域、环节智力劳动特点自主制定具体收入分配激励办法，建立与创新能力和创新绩效相匹配的收入分配激励机制，满足科技创新人才的个性化激励需要，使科研人员收入与实际贡献紧密联系。新型研发机构可根据实际需求自主确定研发选题，动态设立调整研发单元，灵活配置科研人员、组织研发团队、调配科研设备。

第十一条 支持新型研发机构构建多元投入体系，在举办单位投入的基础上，吸引企业、金融与社会资本、高校院所等共同投入，通过建立基金会、接受社会捐赠、设立联合基金、探索技术入股、开展成果交易等方式拓宽资金来源渠道，通过技术开发、技术转让、技术咨询、技术服务、承接科研项目等扩大收入来源。

第十二条 支持新型研发机构集聚一流人才团队，通过全职聘用、“双聘双挂”、合作研究等多种形式集聚科技领军人才和创新团队、优秀青年科技人才，支持与高水平高校院所、企业等建立长期稳定人才交流合作机制，丰富人才激励手段，柔性引进产业急需科技人才。鼓励高校院所与新型研发机构开展协同创新和研究生联合培养。

第十三条　支持新型研发机构开展“研发代工”新模式，针对特定企业的技术需求，组建专门研发团队，面向市场需求主动开展“定制化”技术研发，形成‘研发代工方’与‘企业方’在技术研发、成果转化等全过程利益捆绑，促进新型研发机构创新服务能力与企业竞争力有效结合。

第十四条　支持高校院所科研人员、创新团队在完成岗位任务的前提下到新型研发机构兼职开展研发和成果转化，并参与相应的收入分配，按规定带项目或成果离岗到新型研发机构工作，返回原单位时工龄连续计算，待遇和聘任岗位等级不降低。

第十五条　支持新型研发机构依法依规享受职务科技成果转化个人所得税、研发费用税前加计扣除等优惠政策，企业类新型研发机构可申请高新技术企业认定，享受相应税收优惠。

第十六条　每年对现有新型研发机构进行绩效评估，前 5 名的每家给予最高不超过 200 万元不等的奖励。鼓励各市、县（开发区）给予一定配套支持。

第五章　监督管理

第十七条　新型研发机构原则上实行理事会、董事会（简称理事会）决策制和院长、所长、总经理（简称院所长）负责制，根据法律法规和出资方协议制定章程，依照章程管理运行：

（一）章程应明确理事会的职责、组成、产生机制，理事长和理事的产生、任职资格，主要经费来源和业务范围，主营业务收益管理以及政府支持的资源类收益分配机制等。

（二）理事会成员原则上应包括出资方、产业界、行业领域专家以及本机构代表等。理事会负责选定院所长，制定修改章程、审定发展规划、年度工作计划、财务预决算、薪酬分配等重大事项。

（三）法定代表人一般由院所长担任。院所长全面负责科研业务和日常管理工作，推动内控管理和监督，执行理事会决议，对理事会负责。

第十八条　新型研发机构应在每年 12 月 31 日前向省科技厅报告机构发展、科技创新、成果转化、企业孵化等年度绩效报告和下一年度工作计划。

第十九条　有下列情况之一的，取消甘肃省新型研发机构资格：

（一）机构法人资格被依法终止的。

（二）绩效评价结果为连续 2 次不合格的。

（三）逾期未报送绩效评价材料的。

（四）提供虚假材料和数据经核实严重影响评价结果的。

（五）未按要求参加科技统计、严格财政资金管理的。

（六）因严重违法行为受到刑事、行政处罚的。

（七）因其他严重失信行为被纳入社会信用“黑名单”的。

被取消资格的，自取消之日起，两年内不得再次申请认定甘肃省新型研发机构。

第二十条　申报单位应加强科研诚信和科研伦理建设，对发生违反科技计划、资金等管理规定，违背科研伦理、学风作风、科研诚信等行为的新型研发机构，依法依规予以问责处理。

第二十一条　建立健全激励创新、允许失误、尽职免责的容错机制，有关单位和个人在新型研发机构发展中出现偏差失误，但未违反党纪法规，勤勉尽责、未谋私利并能够及时纠错改正的，视情况从轻、减轻或免于追究相关责任。在审计、检查中出现对相关政策理解不一致时，及时与政策制定部门沟通，调查澄清。

第六章　附　则

第二十二条　本办法自2022年8月23日起施行，有效期至2027年8月23日止。2020年1月17日发布的《甘肃省促进新型研发机构发展的指导办法（试行）》（甘科计规〔2020〕2号）同时废止。

青海省

关于印发《青海省促进新型研发机构发展的指导办法（试行）》的通知

青科发政〔2022〕32号

各有关单位：

根据《关于促进新型研发机构发展的指导意见》（国科发政〔2019〕313号）精神，为深入实施创新驱动发展战略，推动我省新型研发机构健康有序发展，制定《青海省促进新型研发机构发展的指导办法（试行）》，经2022年5月12日厅务会议通过，现予印发，请遵照执行。

2022年5月16日

青海省促进新型研发机构发展的指导办法（试行）

为贯彻落实《关于促进新型研发机构发展的指导意见》（国科发政〔2019〕313号）精神，深入实施创新驱动发展战略，推动我省新型研发机构发展，为青海高质量发展提供强有力的科技创新支撑，结合省情实际，制定本办法。

一、新型研发机构是聚焦科技创新需求，主要从事科学研究、技术创新和研发服务，投资主体多元化、管理制度现代化、运行机制市场化、用人机制灵活等特点的独立法人机构。

二、新型研发机构既可为独立事业、企业法人机构，也可依法注册为科技类民办非企业单位（社会服务机构），主要包括产业技术研究院、创新联合体、专业型研究所（公司）等组织形式，根据国家法律、法规和出资者的约定，实行章程管理。

三、省科技厅贯彻执行国家新型研发机构建设、管理的方针、政策和规章，促进新型研发机构的建设和发展；制定新型研发机构的总体发展规划、管理与评估办法，指导监督新型研发机构的建设和运行；负责新型研发机构申报受理、评审评估、考核验收，会同财政部门对专项经费的管理和使用情况开展监督检查；批准新型研发机构的认定、重组、调整与撤销。

四、发展新型研发机构应坚持“谁举办、谁负责，谁设立、谁撤销”的原则。举办单位（业务主管单位、出资人）应当为新型研发机构管理运行、研发创新提供保障，引导新型研发机构聚焦科学研究、技术创新和研发服务。

五、新型研发机构应全面加强党的建设。根据《中国共产党章程》规定，设立党的组织，充分发挥党组织在新型研发机构中的战斗堡垒作用，强化政治引领，切实保证党的领导贯彻落实到位。

六、新型研发机构的基本条件：

（一）在青海省辖区内注册满1年以上，主要开展基础研究、应用基础研究、产业共性关键技术研发、科技成果转移转化、以及研发服务等科技活动，具有独立法人资格的科研实体。

（二）具备进行研究、开发和试验所需要的仪器、装备和固定场地等基础设施，科研办公场所不少于800平方米，科研仪器设备原值不低于500万元（含与举办单位有明确协议约定可共用的仪器设备）。软件开发类研发机构科研办公场所500平方米（含），科研仪器设备原值不低于200万元（含）。科技服务类研发机构根据实际确定科研办公场所面积和科研仪器设备原值。

（三）具有稳定的研发队伍，在职研发人员占在职员工总数比例不低于30%（且不少于15人），年度科研经费投入占年收入总额比例不低于20%，原则上不少于200万元。

（四）机构应有健全的决策、经营和管理制度，成熟的技术转让许可和知识产权管理规范，并具有持续的盈利能力和纳税能力。

（五）拥有国内领先的科研成果，具备承担国家和省级重大科技项目，广泛开展国际、国内学术交流与合作的能力。

（六）其他应当具备的条件。

七、新型研发机构的认定程序：

新型研发机构采取常年申报、适时论证、集中认定的工作规程进行。

（一）机构申请。申请单位向省科技厅报送《新型研发机构组建认定申请书》，重点包含建设规划、发展定位、研究方向、阶段性目标及合理经费预算等内容，并提供认定条件中所需的相关资料。

（二）方案论证和现场考察。省科技厅组织专家对拟认定的新型研发机构进行组建论证和现场考察，出具论证意见。

（三）名单公示。拟认定的新型研发机构名单向全社会进行公示，征求有关意见建议，公示期5个工作日。

（四）准予认定。对公示期满无异议的申请单位，颁发证书和授牌，享受相应政策支持。

对省委、省政府重点扶持和产业发展急需的新型研发机构，采取“一事一议”的方式单独组织论证。

八、资金支持及科研支持。

（一）奖补支持。经评估认定为省级新型研发机构的，一次性给予100万元奖补。鼓励、引导和支持各类科技研发机构主动对接国内外高端创新资源、知名科学家、海外高层次人才创新创业团队等，建立布局合理、特色突出、形式多样、运作灵活的新型研发机构。

（二）研发支持。鼓励产学研协同开展科技创新和科技成果转移转化。支持承担省级各类科技计划项目，择优推荐争取中央引导地方科技发展专项资金。支持围绕全省现代化产业技术体系开展产业重大共性关键技术联合攻关，促进专利、标准、技术秘密等知识产权的形成，提升产业核心竞争力。

（三）平台建设。围绕全省现代化产业技术体系建设与发展需求，重点支持支撑全产业链创新，具有资源保障、检验检测、公共研发、成果转化、技术咨询、技术服务、产业（企业）孵化、科技融资、技术转移等功能的产业技术创新平台或专业化特色化科研检验检测公共服务平台建设。

（四）鼓励企业与新型研发机构、高等院校以多种形式建立长期稳定的合作关系，促进各类主体融通创新。深入实施科技创新券制度，扩大创新券规模，用于鼓励企业向新型研发机构、高等院校等创新载体购买技术创新服务。

九、新型研发机构认定有效期为 3 年，有效期满后由省科技厅委托第三方机构对已认定的新型研发机构进行动态管理，以创新质量为重点组织开展绩效评估，具体包括：成果转移转化、科技型企业孵化、体制机制创新等方面。绩效评估分合格和不合格两个等级。

（一）评估结果为合格的，继续获得新型研发机构资格，并给予相应支持。

（二）评估结果为不合格的，根据评估情况限期整改。整改后仍不合格的，取消其省新型研发机构资格。

十、激励科技人员开展科技成果转化，享受科技成果转化收入分配政策。积极参与国际科技和人才交流合作，鼓励新型研发机构引进高水平技术和管理人才，联合国内外知名大学、科研机构、跨国公司等开展研发，设立研发、科技服务等机构。

十一、新型研发机构应采用市场化用人机制、薪酬制度，充分发挥市场机制在配置创新资源中的决定性作用，自主面向社会公开招聘人员，对标市场化薪酬合理确定职工工资水平，建立与创新能力和创新绩效相匹配的收入分配机制。以项目合作等方式在新型研发机构兼职开展技术研发和服务的高校、科研机构人员按照双方签订的合同进行管理。

十二、对符合条件的新型研发机构从事技术开发、技术转让以及与之相关的技术咨询、技术服务所得的收入，享受税前加计扣除等税收优惠政策。

十三、鼓励让科技人员通过股权收益、期权确定等方式更多地享有对技术升级的收益，实现研发人员创新劳动同其利益收入对接。

十四、对于新型研发机构引进的人才（团队），在同等条件下，优先推荐申报国家科技计划和重点支持申报省级科技计划。

十五、新型研发机构的日常管理：

（一）新型研发机构应在每年 3 月底前，向省科技厅提交上一年度工作报告；内容包括上年度从事科学研究、技术创新、研发服务和成果转化等活动的基本信息，机构发展建设进展情况、主要数据指标及下年度重点计划等。

（二）新型研发机构发生名称变更、投资主体变更重大人员变动等重大事项变化的，应在 2 个月内以书面形式向省科技厅变更申请。如不提出申请、未按期提出申请，可取消其省新型研发机构资格。

（三）获得财政专项资金资助的新型研发机构须遵守财政、财务规章制度和财经纪律，自觉接受监督检查；确保相关经费规范使用，并将其纳入研发投入统计。

十六、新型研发机构要建立职责明确、高效协同的科研诚信管理体系，加强作风和学风建设，强化科研人员的科研诚信和科研伦理教育。生命科学、医学、人工智能等前沿领域和对社会、环境具有潜在威胁的科研活动，应当在实施前实行科研伦理承诺制。对发生违反科技计划、资金等管理规定，违背科研伦理、学风作风、科研诚信等行为的新型研发机构，依法依规予以问责处理。

十七、本办法自2022年6月20日起施行，有效期至2024年6月20日。

宁夏回族自治区

关于印发《宁夏回族自治区新型研发机构备案支持暂行办法》的通知

宁科规发〔2021〕7号

各市、县（区）科技局，有关单位：

新型研发机构是近年来蓬勃发展的一种功能定位、组建方式、运行机制等不同于传统科研机构的科技创新组织，成为创新主体的重要力量。为了大力培育新型研发机构，集聚创新资源，增强创新能力，根据科技部《关于促进新型研发机构发展的指导意见》（国科发政〔2019〕313号）和自治区党委关于实施科技强区行动的决策部署，科技厅制定了《宁夏回族自治区新型研发机构备案支持暂行办法》，现予印发，请结合实际抓好落实。

宁夏回族自治区科学技术厅

2021年7月7日

（此件公开发布）

宁夏回族自治区新型研发机构备案支持暂行办法

第一章　总　则

第一条　新型研发机构是创新体系的重要组成部分，是创新主体的生力军。为大力培育自治区新型研发机构（以下简称“新型研发机构”），提升创新资源市场化配置效能，支撑高质量发展，根据科技部《关于促进新型研发机构发展的指导意见》（国科发政〔2019〕313号）和自治区党委关于实施科技强区行动的决策部署，结合实际，制定本办法。

第二条　本办法所称新型研发机构是指在宁夏境内注册，具有独立法人资格，以开展产业技术研发为核心功能的科技类民办非企业单位（社会服务机构）、事业单位和企业。

第三条　鼓励引导各级政府、企业与区内外高等院校、科研机构、企业和社会团体以产学研合作形式创办新型研发机构，鼓励大型骨干企业组建企业研究院等新型研发机构。

第四条　新型研发机构举办单位（出资人）应当为机构管理运行、研发创新和可持续发展提供保障。多元投资成立的新型研发机构，原则上应制定章程，依照章程管理运行。

第五条　自治区科技管理部门负责研究制定新型研发机构扶持政策，组织开展新型研发机构备案工作。各市县（区）、宁东管委会、银川经济技术开发区科技管理部门负责本地区新型研发机构培育、指导工作。

第二章　备案条件和程序

第六条　拟备案单位以独立法人名义提出申请，各市县（区）、宁东管委会、银川经济技术开发区科技管理部门按照程序初审推荐，自治区科技管理部门审核确认，符合条件的予以备案。

第七条　备案条件。

（一）具有独立法人资格。拟备案单位须在宁夏境内注册运营两年以上，主要办公和科研场所设在宁夏，具有稳定的研发投入，无违规违纪违法和严重失信行为记录。

（二）具备基本研发条件。常驻研发人员占职工总数比例不低于30%，上年度研究开发经费支出占年收入总额比例不低于30%，具备开展研究、开发和试验所需的科研设施、仪器设备及固定场所。

（三）拥有明确发展方向。功能定位符合国家和自治区经济社会发展需求，具有清晰的发展目标和战略规划，在前沿技术研究、工程技术开发、科技成果转化、高端人才集聚、科技企业孵化、公共技术服务等方面有鲜明特色和显著优势。

（四）实行灵活开放体制。具有多元化的投资体制、现代化的管理体制、市场化的决策机制、企业化的分配机制和开放化的用人机制等。

第八条　备案程序。

（一）申请。新型研发机构备案实行长年受理、分批备案。申请备案的单位在宁夏科技管理信息系统填写《宁夏回族自治区新型研发机构备案申请表》。

（二）推荐。申请单位所在县（区）、市科技管理部门通过宁夏科技管理信息系统逐级对申请材料的完整性与规范性进行初审并提出推荐意见，上报自治区科技管理部门。

（三）备案。自治区科技管理部门对申请材料进行审核，并进行实地考察，符合条件的予以备案。

第九条　自治区科技管理部门每三年对备案新型研发机构进行一次复核，符合本办法相关条件的备案资格继续有效，不符合的取消备案资格。

第十条　新型研发机构在申请备案过程中存在弄虚作假行为的，列入失信名单，三年内不得再次申请备案。已备案的新型研发机构在备案期内发生失信或违规违纪违法行为的，取消其备案资格并予以惩戒和追责。

第三章　扶持政策

第十一条　坚持区、市、县三级联动，择优扶持新型研发机构建设和发展。自治区科技计划中统筹安排新型研发机构专项资金，备案的新型研发机构可享受相关扶持政策。鼓励市、县（区）政府设立专项资金扶持新型研发机构发展。

第十二条　首次备案的新型研发机构，自治区根据其建设投入一次性给予不超过 200 万元经费支持，用于机构开展研发相关活动。

第十三条　新型研发机构承担自治区科技计划项目，执行科研事业单位支持政策，财政资金给予全额资助。

第十四条　对新型研发机构上年度非财政支持的研发经费支出，自治区按照 20% 的比例给予补助，单个机构每年不超过 500 万元。

第十五条　新型研发机构上年度购置的科研仪器、设备和软件经费，自治区按 30% 的比例给予补助，单个机构每年不超过 500 万元，补助期限不超过三年。已享受国家和自治区其他专项补助的，不再重复补助。

第十六条　新型研发机构培养引进高层次人才和科技创新团队，自治区人才项目在同等条件下优先给予支持。

第十七条　新型研发机构使用国有科研院所、高校科技创新资源，或利用自有资源为企业等市场主体提供产品研发、设计、检测、设施共享等创新服务，可享受科技创新券支持政策。

第十八条　符合条件的科技类民办非企业单位和事业单位性质的新型研发机构，进口科研仪器设备免征进口关税和进口环节增值税、消费税。

第十九条　自治区重点支持的新型研发机构，以及国家级科研机构、高校、知名科学家、海外高层次人才团队等来宁建设新型研发机构的，采取“一事一议、一院一策”方式进行支持。

第四章　附　则

第二十条　本办法由自治区科技管理部门负责解释。

第二十一条　本办法自 2021 年 8 月 1 日施行，有效期至 2024 年 7 月 31 日。

新疆维吾尔自治区

关于印发《关于促进兵团新型研发机构发展的暂行办法》的通知

兵科发〔2022〕12号

各师市科技局、院（校）科研处，各有关单位：

为深入实施创新驱动发展战略，促进新型研发机构健康发展，规范新型研发机构管理，根据科技部《关于促进新型研发机构发展的指导意见》（国科发政〔2019〕313号），结合兵团实际，兵团科技局研究制定了《关于促进兵团新型研发机构发展的暂行办法》，现印发给你们，请认真贯彻执行。

兵团科技局

2022年6月2日

关于促进兵团新型研发机构发展的暂行办法

第一章　总　则

第一条　为深入实施创新驱动发展战略，促进新型研发机构健康发展，规范新型研发机构管理，根据科技部《关于促进新型研发机构发展的指导意见》（国科发政〔2019〕313号），结合兵团实际，制定本办法。

第二条　新型研发机构是聚焦兵团科技创新需求，从事科学研究、技术创新、研发服务和成果转化，投资主体多元化、管理制度现代化、运行机制市场化、产学研协同创新、用人机制灵活且具有可持续发展能力的独立法人机构，可依法注册为科技类民办非企业单位（社会服务机构）、事业单位和企业。

新型研发机构是兵团科技创新体系的重要组成部分，至少具备以下一项功能。

（一）开展基础研究或应用基础研究。聚焦国家和兵团战略需求，围绕兵团优势特色产业，开展基础研究和应用基础研究，提升兵团原始创新能力。

（二）开展产业共性技术研发与服务。围绕兵团重点发展领域产业需求、开展共性关键技术研发、提供公共技术服务，解决产业发展中的技术瓶颈，支撑重大产品研发和产业链创新。

（三）开展科技成果转移转化和科技企业孵化服务。完善中试条件，建立技术转移和转化合作机制，开展科技成果向产业应用的“二次开发”和技术服务。采用技术转让、技术入股等方式，孵化和培育科技型企业。

第三条　发展新型研发机构，坚持“谁举办、谁负责，谁设立、谁撤销”。举办单位（业务主管单位、出资人）应当为新型研发机构管理运行、研发创新提供保障，引导新型研发机构开展科学研究、技术创新和研发服务。

第四条　兵团科技局负责组织兵团新型研发机构备案、评价、监督等工作。各师市科技局负责辖区内新型研发机构的培育、指导和日常管理工作。

第二章　备案条件与程序

第五条　新型研发机构实行备案制管理。

第六条　新型研发机构申请备案应符合以下条件：

（一）具备独立法人资格。须在兵团内注册，可由政府部门、产业园区、高校、科研院所、企业及社会组织等主体自建或联合建设，注册或登记后运营 1 年及以上。

（二）具有明确的业务发展方向。以兵团经济社会发展需求为重点，具有清晰的发展战略和明确的主攻方向，主要开展基础研究、应用基础研究、产业共性关键技术研发、科技成果转移转化以及研发服务、科技企业孵化服务。

（三）拥有开展研发、实验、服务等所必需的条件和设施，具有一定的资产规模和相对稳定的资金来源。

（四）具有结构合理的科技研发队伍和相对稳定的收入来源。研发人员占员工总数比例达到 30% 以上，上年度研发经费支出占年收入总额的比例不低于 10%。

（五）多元投资设立的新型研发机构，原则上实行理事会、董事会决策制和院长、所长、总经理负责制。根据法律法规和出资方协议制定章程，依照章程管理运行。

第七条　备案程序：

（一）申请。新型研发机构实行常年受理、分批备案。申请备案的单位在兵团科技局、科协网站填写《兵团新型研发机构备案申请表》。

（二）推荐。申请单位所在师市科技管理部门对申请材料进行审核并提出推荐意见，报兵团科技局。兵团直属单位由上级主管部门审核并提出推荐意见，报兵团科技局。

（三）备案。兵团科技局委托第三方专业机构对申请材料进行审核并实地考察，符合条件的机构在兵团科技局、科协网站向社会公示，无异议的，经兵团科技局审定备案后发文公布。

第八条　新型研发机构备案须提交以下材料：

（一）兵团新型研发机构备案申请表；

（二）上一个年度的工作情况报告；

（三）申请单位的统一社会信用代码证；

（四）合作协议（合作共建单位需提供）；

（五）申请单位成立章程及管理制度（包括人才引培、薪酬激励、成果转化、科研项目管理、研发经费核算等）；

（六）上一年度财务报表及研究开发费用情况表；

（七）关于研发内容和技术水平先进性的说明及有关自主知识产权的证明材料；

（八）实施成果转化、产业化的有关证明材料；

（九）自用的单价20万元以上大型科研仪器设备清单；

（十）其他必要材料。

第三章　管理与评价

第九条　通过备案的新型研发机构，给予授牌，有效期为三年。有效期满后，兵团科技局委托第三方专业机构进行绩效评价，主要评价科技研发条件、科技创新能力、人才团队建设、研发投入和科技成果投入和产出、科技成果转化应用效益、运行管理能力、企业孵化培育等情况。

第十条　绩效评价分“合格”和“不合格”两个等级。

评价合格的，继续获得三年新型研发机构资格。评价不合格的，限期一年整改。整改后仍不合格的，取消其新型研发机构资格。

第十一条　兵团新型研发机构实行年度报告制度，年度报告作为评价的重要内容。新型研发机构应于每年3月底前报送上一年度工作总结报告、研发和经营活动基本信息情况，经所在地师市科技局审核后报送兵团科技局。

第十二条　新型研发机构发生名称变更、投资主体变更、重大人员变动等重大事项变化的，应在事后三个月内以书面形式向所在地师市科技局报告，报兵团科技局备案。

第十三条　对发生违反科技计划项目与资金等管理规定，违背科研伦理、学风作风、科研诚信等行为的新型研发机构，兵团科技局依据科研诚信和科技活动违规行为有关规定予以处理，对发生严重失信或违法违规行为的，取消其资格。

第四章　支持与激励

第十四条　兵团科技局会同相关部门加强对新型研发机构的指导与服务，及时帮助解决新型研发机构发展中的问题。鼓励各师市科技局出台优惠政策培育新型研发机构。

第十五条　兵团科技局面向新型研发机构征集兵团科技计划指南需求。新型研发机构可独立或联合申报国家和兵团创新平台、科研项目和人才团队。符合条件的，兵团科技局予以优先推荐或优先立项支持。

第十六条　对绩效评价合格，评价结果在排名前30%、且三年研究开发经费投入逐年递增的新型研发机构，可按照三年研发经费投入增量的10%一次性给予不超过200万元的研发经费奖励。

第十七条　支持新型研发机构加快科技成果转化和产业化，除涉及国家安全、国家利益和重大社会公共利益外，财政资金支持产生的科技成果及知识产权由新型研发机构依法取得、自主决定转化及推广应用。

第十八条　支持高校、科研机构科研人员到兵团新型研发机构兼职开展研发和成果转化，获得的职务科技成果转化现金奖励不计入本单位绩效工资总量。鼓励高校、科研院所在征得所在单位同意后，可携带科研项目和成果离岗创办新型研发机构，或到新型研发机构创新创业。

第十九条　支持各类创新平台载体向新型研发机构开放共享科研仪器设备、数据资料等科技资源。鼓励高校、科研机构与新型研发机构开展协同创新和研究生联合招生、培养。

第二十条　新型研发机构在承担兵团或师级财政科技计划、人才引进、创新载体建设、科技成果转化收入分配、进口科研仪器设备购置等方面，可同时享受面向兵团高校、科研院所、企业的资格待遇和扶持政策。

第二十一条　新型研发机构中符合国家、自治区和兵团有关规定的非营利科研机构，自用的房产、土地，按规定可享受有关免征房产税、城镇土地使用税政策。支持鼓励企业类新型研发机构申请高新技术企业认定，享受相应税收优惠政策。

第二十二条　探索实行负面清单管理，赋予新型研发机构更大经费使用自主权。对符合条件的新型研发机构，有序下放高级职称评审权，并按照规定开展职称自主评定。

第二十三条　对于兵团创新型产业集群发展支撑强的新型研发机构，以及从事战略性、前瞻性、颠覆性、交叉性领域研究的重点新型研发机构按“一所（院）一策”或“一事一议”原则，予以支持。

第五章　附　则

第二十四条　本办法由兵团科技局负责解释，自发布之日起30日后施行。

大连市

关于印发《大连市新型研发机构认定管理办法》的通知

大科发〔2021〕153号

各有关单位：

为支持新型研发机构健康有序发展，加快科技成果转化应用，提升我市创新体系整体效能，我们研究制定了《大连市新型研发机构认定管理办法》，现印发给你们，请认真贯彻落实。

大连市科学技术局

2021年7月13日

大连市新型研发机构认定管理办法

第一章　总　则

第一条　为贯彻落实《关于促进新型研发机构发展的指导意见》(国科发政〔2019〕313号)、《辽宁省新型创新主体建设工作指引》(辽科创办发〔2019〕3号）等文件精神，支持新型研发机构健康有序发展，加快科技成果转化应用，提升我市创新体系整体效能，制定本办法。

第二条　本办法所称的新型研发机构，是指聚焦科技创新需求，主要从事科学研究、技术创新和研发服务，投资主体多元化、管理制度现代化、运行机制市场化、用人机制灵活的独立法人机构，可依法注册为科技类民办非企业单位（社会服务机构)、事业单位和企业。

第三条　市科技局负责研究制定新型研发机构的发展规划和扶持政策，组织开展新型研发机构的申报、认定、评价和动态管理等工作。各区市县、先导区科技主管部门负责区域内新型研发机构的培育、指导和日常管理等工作。

第二章　申请和认定

第四条　新型研发机构申请应具备以下基础条件：

（一）具备独立法人资格。新型研发机构应为在大连市注册成立的独立法人机构，主要办公和科研场所设在大连。具有一定的资产规模和相对稳定的资金来源。

（二）具有明确的发展方向。聚焦国家、省市重大发展战略需求，服务大连传统优势产业转型升级，推动战略性新兴产业和未来型产业发展，在前瞻性基础研究、引领性原创成果重大突破、产业关键共性技术攻关、科技成果转移转化、科技企业孵化培育、高端人才培养集聚等方面具有鲜明特色与成效。

（三）具有灵活开放的体制机制。充分发挥市场机制在配置创新资源中的决定性作用，建立科学化的研发组织体系、决策机制和内控制度。具有人员招聘自主化、薪酬激励市场化、收益分配企业化的引人和用人机制。根据科学研究、技术创新和研发服务实际需求，自主确定研发选题，动态设立调整研发单元，灵活配置科研人员、组织研发团队、调配科研设备。

（四）拥有研发所必需的条件和设施。具备开展研发、试验、服务等所必需的科研设施、仪器设备以及固定场地。办公和科研场地面积不少于 1000 平方米，科研设施、仪器设备原值不低于 500 万元。

（五）具有稳定的研发人员和研发投入。具备承担国家和省市重大科研项目的能力，上年度研究开发经费支出占年收入总额比例不低于 30%，研发人员占职工总数比例不低于 50%，不少于 10 人，具有硕士、博士学位或高级职称的比例不低于研发人员总数的 60%。

（六）近两年未出现违法违规行为或严重失信行为。

第五条　新型研发机构认定程序：

（一）发布通知。市科技局发布年度新型研发机构认定申报通知，申请单位登录大连市科技项目管理平台，填写《大连市新型研发机构认定申请表》，并提交相关证明材料。

（二）区市县、先导区推荐。各区市县、先导区科技主管部门对申请表进行初审，对材料的完整性与规范性进行审核，并对符合要求的申报单位出具推荐函，提交至市科技局。

（三）评审论证。市科技局组织专家或委托第三方机构对申报材料进行评审论证，并结合实地考察情况提出评审意见。

（四）结果公示。市科技局根据评审意见，提出认定意见，对通过认定的新型研发机构进行公示。无异议后，市科技局发布新型研发机构认定名单。

第六条　申报单位应对申报材料和相关佐证材料的真实性、科学性负责。如在申报过程中存在弄虚作假行为的，一经查实，取消申报资格。

第三章　支持措施

第七条　认定新型研发机构在承担市级财政科技计划项目、科技人才项目、创新载体建设、科技成果转化项目等方面，享受面向高校科研院所、企业的资格待遇和扶持政策。鼓励天使基金等社会资本投入新型研发机构建设。

第八条　鼓励新型研发机构建设重点实验室、技术创新中心、科技企业孵化器、众创空间等，并享受相应的扶持政策。支持鼓励企业类新型研发机构申请高新技术企业认定，享受相应税收优惠政策。

第九条　对我市产业发展有重大支撑作用的新型研发机构，可单独组织论证，采取“一事一议”方式给予支持。

第四章　运行要求

第十条　多元投资设立的新型研发机构，原则上应实行理事会、董事会(以下简称“理事会”)决策制和院长、所长、总经理（以下简称“院所长”）负责制，根据法律法规和出资方协议制定章程，依照章程管理运行。

（一）章程应明确理事会的职责、组成、产生机制，理事长和理事的产生、任职资格，主要经费来源和业务范围，主营业务收益管理以及政府支持的资源类收益分配机制等；

（二）理事会成员应包括出资方、产业界、行业领域专家以及本机构代表等。理事会负责选定院所长，制定修改章程、审定发展规划、年度工作计划、财务预决算、薪酬分配等重大事项；

（三）法定代表人一般由院所长担任。院所长全面负责科研业务和日常管理工作，推动内控管理和监督，执行理事会决议，对理事会负责；

（四）建立咨询委员会，就机构发展战略、重大科学技术问题、科研诚信和科研伦理等开展咨询。

第十一条　新型研发机构应结合大连经济社会发展需求和科技创新发展趋势，开展科技研发活动。围绕大连发展主导产业的前瞻性技术、关键共性技术和战略新兴产业核心技术等开展研发活动，强化原始创新供给和引领，取得重大开创性原始创新成果，突破关键共性技术，支撑重大产品研发，推动我市产业迈向全球价值链中高端。

第十二条　新型研发机构应积极贯彻落实国家、省、市的科技成果转移转化政策，促进科技成果转移转化。完善体制机制，建立符合科技创新规律和市场经济规律的科技成果转移转化体系，开展科技成果转移转化服务，促进科技成果资本化、产业化。

第十三条　新型研发机构应打造高水平科技创新策源地，孵化培育科技型企业。发挥高层次人才集聚、金融资本密集优势，开放共享科研设施与仪器资源，完善科技企业孵化培育功能，辐射带动一批科技型企业共同发展。

第五章　监督管理

第十四条　新型研发机构实施年度报告制度。经认定的新型研发机构，应在每年 1 月 31 日前向市科技局报告上一年度工作总结报告及本年度工作计划。

第十五条　新型研发机构应按国家统计法及相关规定要求参加科技统计，如实填报 R&D 经费支出等情况。

第十六条　对认定的新型研发机构，自认定之日起运行 3 年后，由市科技局组织对其运行情况进行绩效评价。评价结论分为优秀、良好、合格和不合格，评价结论为合格以上的保留大连市新型研发机构资格；评价结论不合格的，给予 1 年整改期，整改期后再次评价不合格的，撤销大连市新型研发机构资格。绩效考核内容主要围绕机构管理运行情况、科研活动组织情况、成果产出效益情况等方面进行评价，具体评价研发组织体系建立、新型体制机制创新、研发投入产出、关键核心技术研究、产业发展能力带动、科技成果转化、科研人才培养和人才团队引进、孵化科技型企业情况等内容。

第十七条　新型研发机构发生包括但不限于名称变更、股权结构变更、重大人员变动等重大事项的，应在发生后3个月内以书面形式向市科技局报告，进行资格核实。如不进行报告或资格核实不通过的，撤销其新型研发机构资格。

第十八条　建立新型研发机构动态管理机制，促进全市新型研发机构优胜劣汰、高质量发展。有下列情况之一的，撤销市级新型研发机构资格：

（一）机构法人资格被依法终止的；

（二）重大事项变更导致资格失效的；

（三）逾期不报送年度报告的；

（四）不按规定参加科技统计的；

（五）逾期不报送绩效评价材料的；

（六）绩效评价整改期后再次评价不合格的；

（七）提供虚假材料和数据经核实严重影响评价结果的；

（八）因严重违法行为受到刑事、行政处罚的；

（九）因其他严重失信行为被纳入科研失信名单的。

第十九条　被撤销市级新型研发机构资格的，自撤销之日起，3年内不得再次申请新型研发机构备案认定。对发生违反科技计划、资金等管理规定，违背科研伦理、学风作风、科研诚信等行为的，一经查实，不再列入新型研发机构序列。对违反法律法规构成犯罪的，移交有关部门依法处理。

第六章　附　则

第二十条　本办法由市科技局负责解释。

第二十一条　《大连市新型研发机构认定管理办法》本办法自2021年8月12日起施行。

宁波市

关于印发《宁波市产业技术研究院认定管理办法》的通知

甬科合〔2022〕18号

各区（县、市）科技局、财政局，各功能区管委会科技管理部门、财政管理部门，各有关单位：

为认真贯彻落实市委、市政府决策部署，加快推进宁波市产业技术研究院建设，依据《关于加快产业技术研究院发展改革的若干意见》（甬党改〔2019〕6号）等文件，市科技局会同市财政局研究制定了《宁波市产业技术研究院认定管理办法》，现印发给你们，请结合实际贯彻执行。

宁波市科学技术局 宁波市财政局

2022年3月17日

（此件公开发布）

宁波市产业技术研究院认定管理办法

第一章 总 则

第一条 为集聚高端创新资源，高质量推动宁波市产业技术研究院建设，规范产业技术研究院的认定和管理，根据《关于促进新型研发机构发展的指导意见》（国科发政〔2019〕313号）、《中共宁波市委关于深入实施人才和创新“栽树工程”，加快建设高水平创新型城市的决定》（甬党发〔2020〕26号）、《关于加快产业技术研究院发展改革的若干意见》（甬党改〔2019〕6号）等文件精神，特制定本办法。

第二条 宁波市产业技术研究院（以下简称“研究院”）是指围绕我市重点产业创新发展需求，以关键技术研发与产业化应用为目的，主要从事技术研发、科技成果转化、孵化科技企业和集聚高端人才的独立法人机构。

第三条 研究院的认定管理由市科技局、市财政局和属地科技、财政管理部门根据本办法共同负责。市科技局负责组织开展研究院认定的申报受理、形式审查、专项审核、评审论证，组织实施研究院绩效评价，并做好资金使用和研究院监督管理；市财政局负责研究院的专项补助资金预算安排、资金拨付，会同市科技局开展绩效评价和专项监督检查。属地科技管理部门负责辖区内研究院的形式审查、推荐申报、日常管理和保障服务等工作；属地财政部门负责资金拨付和使用监管。

第四条　研究院的认定管理遵循自愿申报、公平公正、绩效优先原则。

第二章　认定条件

第五条　申请研究院认定应同时具备以下基本条件：

（一）组织形式。在宁波市内登记注册且运营 1 年以上，具有独立法人资格的企事业单位或民办非企业单位。

（二）安全诚信。申请单位认定前五年至申请之日期间未发生重大的安全、质量事故，无环境违法、知识产权违法、税务违法、科研失信、招投标违法违规等行为。

（三）业务范围。主要面向新材料、工业互联网、关键核心基础件三大科创高地，符合我市“246”万千亿级产业集群及五大新兴产业发展导向的领域，开展技术研发、成果转化、产业孵化等方面工作。

（四）管理机制。建立了科研项目管理、财务管理、人事管理、成果转化等内部管理制度。

（五）基础条件。研发场所面积不少于 2000 平方米（以软件开发为主的研究院可放宽至不少于 1000 平方米）；用于研究开发的仪器设备（含软件开发工具）原值不少于 2000 万元。

（六）研发人员。研发人员不少于 50 人，具有硕士、博士学历或高级职称的比例不低于 50%；研发人员占职工总人数的比例不低于 50%；全职研发人员占研发人员的比例不低于 50%。

（七）研发投入。上年度研发投入不少于 1000 万元，且占年收入总额比例不低于 30%。

（八）运营成效。符合下列条件之一即可：

1. 上年度孵化和引进科技企业不少于 3 家；

2. 已孵化和引进科技企业上年度获批高新技术企业不少于 1 家；

3. 已孵化和引进科技企业上年度获批宁波市科技型中小企业不少于 3 家；

4. 上年度技术性收入占年收入总额比例不低于 30%；

5. 确认上年度技术性收入合计不少于 200 万元。

上年度孵化和引进科技企业 10 家以上，或确认上年度技术性收入合计不少于 500 万元的，本条（六）（七）款的指标可减半。

第六条　与宁波市政府签订《战略协议》或《合作协议》、或宁波市政府认可的与区（县、市）政府及开发园区管委会签订《合作协议》共建（或落户）的研究院，在建设期内且符合第二条规定经申请可直接认定为宁波市产业技术研究院。

第三章　认定程序

第七条　发布通知。市科技局会同市财政局于每年 1 月份发布研究院申报通知，组织开展认定工作。

第八条　申报上传。申报单位根据通知要求在规定期限内，通过“宁波市科技管理信息系统”官网（https://program.kjj.ningbo.gov.cn）申报，无需提交纸质材料。申报单位使用政务服务网账号通过“法人登录”进入系统，点击“申报新项目”，在“创新基地和科技人才建设项目”栏目里选择“宁波市产业技术研究院”进行填报。按照系统要求上传宁波市产业技术研究院申报书和相关支撑材料。

第九条　形式审查。属地科技管理部门线上对申报材料的完整性、真实性和有效性进行审查，经确认申报材料符合申报条件后，对申报材料加盖公章上传系统推荐至市科技局。

第十条　专项审核。市科技局会同市财政局委托第三方服务机构对申报材料进行专项审核，符合要求的进入评审论证环节。

第十一条　评审论证。市科技局委托专家组对申报单位进行现场考察，并针对研究领域和方向内容等方面进行论证，形成专家评审意见。评审过程中可要求申报单位就有关问题进行说明，同时由属地科技管理部门提出推荐意见。

第十二条　结果公示。市科技局根据专项审核结果和专家评审意见研究提出当年度研究院认定建议名单，在市科技局门户网站公示 7 个工作日。

第十三条　发文认定。对公示期满无异议的研究院，市科技局会同市财政局发文认定并授牌“宁波市产业技术研究院”。

第四章　绩效评价

第十四条　评价要求。自认定次年起，市科技局会同市财政局按年度对研究院整体运行状况进行绩效评价。共建期内研究院的绩效评价按《宁波市共建产业技术研究院目标评估办法》（甬科合〔2022〕19 号）执行，共建期满后按本办法执行。

第十五条　评价时间。研究院于每年 2 月份登陆“宁波市科技管理信息系统”官网（https://program.kjj.ningbo.gov.cn），通过“法人登录”进入系统，点击“绩效管理”，选择“宁波市产业技术研究院绩效评价”进行填报，按照系统要求上传宁波市产业技术研究院自评价报告和相关佐证材料。

第十六条　形式审查。属地科技管理部门线上对研究院提交的自评价报告及绩效评价支撑材料进行形式审查。经属地科技管理部门确认后，对自评价报告及绩效评价支撑材料盖章上传系统推荐至市科技局。

第十七条　专项审核。市科技局委托第三方服务机构对绩效评价材料进行专项审核，符合要求的进入评价打分环节。

第十八条　评价打分。市科技局委托专家组对申报单位进行现场考察，按照本办法的绩效评价指标及评分标准进行打分。

第十九条　确定评级。市科技局根据专项审核结果和专家组打分结果确定绩效评价结果。绩效评价将研究院分为“一级至三级”，一级：85 分（含）以上；二级：75 分（含）—85 分；三级：60 分（含）—75 分。

符合下列条件之一可直接评定为一级：

（一）上年度获批国家级科研平台 1 个及以上，或省级平台 2 个及以上。

（二）上年度获得国家级奖项 1 项及以上，或省级奖项 2 项及以上。

（三）上年度引进甬江人才工程 A 类人才 1 个及以上，或 B 类人才 2 个及以上。

（四）研究院引进或孵化的科技企业上年度有 1 家及以上上市，或 2 家获批国家高新技术企业，或 3 家认定为规上企业。

研究院基本条件不符合本办法第五条的不得参加绩效评价。

第二十条　公示发文。市科技局根据专项审核结果和专家评审意见研究提出绩效评价结果，在市科技局门户网站公示 7 个工作日。对公示期满无异议的研究院，市科技局会同市财政局发文公布绩效评价结果。

第五章　政策支持

第二十一条　对首次获批“宁波市产业技术研究院”的申报单位给予 100 万元经费资助。支持我市科研院所申报省级新型研发机构，被认定为省级新型研发机构的，一次性给予 100 万元经费资助。共建期内研究院或建设资金已有市级财政经费支持的研究院除外。

第二十二条　当年绩效评价为“一级”“二级”的研究院，给予经审核后的上年度研发投入（减除市级财政经费）分别不超过 30%、20% 的补助，且最高分别不超过 500 万元、300 万元，补助资金的使用按照《宁波市科技发展专项资金管理办法》（甬科资〔2021〕18 号）执行。

第二十三条　对绩效评价结果为“一级”“二级”的研究院，优先推荐申报国家、省级新型研发机构；其中近两年评估为“一级”的研究院，每年可择优推荐不超过两个本单位引进的个人（团队）项目直接进入甬江引才工程终评环节。

第二十四条　本办法政策支持年限按本办法有效期执行，即研究院取得“宁波市产业技术研究院”资格之日起至本办法到期日，本办法到期后“宁波市产业技术研究院”资格自动取消。

第六章　监督管理

第二十五条　研究院应如实填报申报材料，主动配合科技、财政、审计、统计等部门的监督检查。

第二十六条　研究院应严格遵守本办法，按要求参加绩效评价、有关科技统计，如实填报研究与试验发展（R&D）经费支出情况。同时将研究院符合条件的科研仪器设备纳入“宁波市大型科学仪器设施管理与共享服务平台”，对外提供服务。

第二十七条　研究院发生名称变更、投资主体变更、重大人事变动等重大事项，应在事后 1 个月内以书面形式向市科技局报告，进行资格核实后，维持有效期不变。

第二十八条　研究院存在下列情形之一，将被摘牌“宁波市产业技术研究院”：

（一）不参加绩效评价。

（二）研究院基本条件不符合本办法第五条的。

（三）研究院发生名称变更、投资主体变更、重大人事变动等重大事项不提出申请或资格核实未通过的。

（四）不配合参与有关科技统计和未将相关仪器设备进行共享的。

（五）提供虚假材料和数据，或不接受科技、财政、审计、统计等部门的监督检查。

（六）发生重大的安全、质量事故，存在环境违法、知识产权违法、税务违法、科研失信、招投标违法违规等行为。

（七）连续两年绩效评价结果低于60分的（第一年绩效评价结果低于60分按要求进行整改，第二年绩效评价结果仍低于60分）。

对摘牌的研究院，三年内不再受理“宁波市产业技术研究院”认定申请。

第二十九条　研究院未按规定使用、骗取财政资金的，按照《中华人民共和国预算法》、《中华人民共和国监察法》、《财政违法行为处罚处分条例》等有关规定追究责任。

第七章　附　则

第三十条　本办法由市科技局和市财政局负责解释。

第三十一条　本办法自2022年3月起施行，有效期3年。《宁波市产业技术研究院绩效管理办法（试行）》（甬科合〔2019〕105号）同时废止。

关于印发《宁波市共建产业技术研究院目标评估办法》的通知

甬科合〔2022〕19 号

各区（县、市）科技局、财政局，各功能区管委会科技管理部门、财政管理部门，各有关单位：

为规范宁波市共建产业技术研究院合作双方履约行为，科学评价合作共建建设成果，提高财政资金使用绩效，促进产业技术研究院健康可持续发展，市科技局会同市财政局研究制定了《宁波市共建产业技术研究院目标评估办法》，现印发给你们，请结合实际贯彻执行。

宁波市科学技术局　宁波市财政局

2022 年 3 月 17 日

（此件公开发布）

宁波市共建产业技术研究院目标评估办法

第一章　总　则

第一条　为规范宁波市共建产业技术研究院合作双方履约行为，科学评价合作共建建设成果，提高财政资金使用绩效，促进产业技术研究院健康可持续发展，根据《中共宁波市委关于深入实施人才和创新“栽树工程”，加快建设高水平创新型城市的决定》（甬党发〔2020〕26 号）、《关于加快产业技术研究院发展改革的若干意见》（甬党改〔2019〕6 号）等文件精神，特制定本办法。

第二条　宁波市共建产业技术研究院（以下简称“研究院”）是指共建单位与宁波市人民政府签订合作协议（包括战略框架协议和补充协议，以下简称“协议”），或宁波市政府认可的与区（县、市）政府及开发园区管委会签订《合作协议》共建（或落户）的研究院，还处于协议约定建设周期内的独立法人机构。

第三条　市科技局根据协议约定的建设内容，分年确定研究院建设目标和评估细则，在协议约定的建设周期内，每年度对研究院评估一次。

第四条　市科技局负责组织实施目标评估，编制研究院财政资金拨付方案，负责全过程资金绩效管理，对资金使用情况组织监督检查，并指导区（县、市）做好相关工作。市财政局负责研究院财政资金预算安排，审核研究院资金拨付方案，会同市科技局开展专项监督检查，视情开展重点绩效评价。

第五条　评估工作按照“诚实信用、科学合理、促进发展”的原则组织开展，督促双方按期完成协议内容，提高履约效率。

第二章　评估内容

第六条　评估内容依据协议以及经市科技局、属地科技管理部门和研究院三方确认的年度目标任务书，评估内容具体口径明确如下：

（一）体制机制，主要是指研究院财务管理、人事管理、招标采购、科研管理等内部管理方面建设情况；

（二）科研平台，是指场地设施、实验室（创新中心、研究中心）、中试场地等建设进展，科研仪器、测试设备等到位情况，获批的国家级、省部级、市级科研平台等情况；

（三）人才团队，是指引进的国家和省级人才工程专家、博士学历或高级职称以上等高端人才引进情况，全职研发人员占比、研究生培养规模等情况；

（四）科研项目，是指研究院承担的国家、省部、市级以上的纵向科研项目，以及同企事业单位联合开展的横向项目；研究院按照协议约定的研究方向，在研究院内部组织实施的相关科研项目；

（五）成果产出，是指以研究院为主体在科学研究、技术开发和应用中取得的新技术、新工艺、新产品、新材料、新设备，已发表论文或专著、授权专利、开发的新软件、推广应用的用户数量等方面；获得国家、省部、市级各类科技奖励、奖项；

（六）孵化引进，是指研究院利用自主研发成果在宁波落地转化或成立高科技企业，或将共建单位科研成果、共建单位关联单位、校友等各类资源从宁波市外引入宁波落地转化或成立高科技企业；

（七）产学研合作，是指以协议约定方式，研究院同企业联合开展技术攻关、技术服务、技术转让、建立实验室等；

（八）资金使用，研究院按照协议中约定的建设内容进行使用，包括资金使用主体、使用范围、使用程序、使用效率等。

第三章　评估程序

第七条　发布通知。市科技局于每年 2 月份发布评估通知，明确评估时间、评估流程、数据采集规范、材料报送要求等事项，组织开展评估工作。

第八条　提交资料。研究院按照通知要求准备评估材料，盖章确认后将评估材料电子版提交至属地科技管理部门。

第九条　形式审查。各地科技管理部门对研究院上报的相关材料进行形式审查，经确认后盖章上报市科技局。

第十条　专项审核。市科技局会同市财政局委托第三方机构对研究院提交的评估资料进行专项审核，主要针对研究院经费管理、经费使用范围、预算执行、材料真实性等方面进行审核。

第十一条　评审论证。市科技局委托专家组根据年度目标任务实施细则对研究院上年度目标任务完成情况进行打分评估。

第十二条　评估结果。市科技局根据专项审核结果和专家打分结果研究提出评估结果。评估结果分为“完成、基本完成、未完成”三个等级。总评分在90分（含）以上的，评估结果为“完成”；总评分为75分（含）—90分的，评估结果为“基本完成”；总评分75分以下的，评估结果为“未完成”。

第四章　资金拨付

第十三条　市科技局根据当年度研究院专项资金预算，按照研究院当年度经费预算、上年度经费使用及属地配套经费到位情况，编制研究院当年度市财政资金拨付方案，经市财政局复核后，联合发文下达资金：

（一）评估结果为完成的研究院，市财政资金一次性拨付100%；

（二）评估结果为基本完成的研究院，市财政资金拨付不高于80%；

（三）评估结果为未完成的研究院，市财政资金当年度暂缓拨付。如因客观原因（例如受疫情、台风、场地等影响）造成，研究院需提交情况说明，经属地科技管理部门审核提出拨付意见，确认盖章后提交至市科技局。市科技局委托专家组评估，确定为由客观原因造成，市财政资金拨付不高于80%。其中，首批拨付50%，剩余部分根据研究院的建设进展情况，经专家评估为完成的，拨付余款（原则上每年9月份启动第二批经费申请拨付工作）；评估为未完成的，当年度不再拨付。

第十四条　协议期满，研究院协议约定的全部建设内容经评估验收通过后，若协议约定的财政资金尚有结余，可继续用于研究院的后续建设研发支出。

第十五条　区（县、市）政府、开发园区管委会资金拨付进度是市级财政资金拨付的重要依据。年度目标任务评估完成后，区（县、市）政府、开发园区管委会应按其承担的资金比例及时拨付资金；区（县、市）政府、开发园区管委会资金拨付到位后，拨付市级财政资金。

第五章　监督管理

第十六条　研究院应对提交的总结报告及相关证明材料的真实性、准确性负责，承担材料和数据失实的主体责任。研究院属地科技管理部门负责审核研究院评估材料，督促研究院按时上报自评总结报告和参加评估。

第十七条　研究院应参照依托单位或者宁波当地有关政策，结合自身实际，制定财政资金使用管理办法，明确经费列支的使用方向、范围、标准以及内部审核报销流程，经内部决策通过后报市科技局备案。

第十八条　区（县、市）政府、开发园区管委会做好支撑服务和日常监管，负责要素保障、统筹协调、日常管理、经费配套等工作。

第十九条　研究院应主动配合人大、审计、财政等部门的监督检查，配合提供相关材料。

第二十条　研究院未按规定使用、骗取财政资金的，按照《中华人民共和国预算法》、《中华人民共和国监察法》、《财政违法行为处罚处分条例》等有关规定追究责任。

第六章　附　则

第二十一条　本办法由市科技局、市财政局负责解释，自 2022 年 3 月起施行。

厦门市

厦门市科学技术局 厦门市财政局关于修订印发厦门市新型研发机构管理办法的通知

厦科规〔2020〕5号

各相关单位：

为进一步加快新型研发机构建设和发展，推动我市产学研用合作和优秀科研成果在我市转化，市科学技术局、市财政局对《厦门市新型研发机构管理办法》进行了修订完善，现印发给你们，请遵照执行。

厦门市科学技术局　厦门市财政局

2020年9月14日

（此件主动公开）

厦门市新型研发机构管理办法

第一章　总　则

第一条　为贯彻落实《福建省人民政府关于鼓励社会资本建设和发展新型研发机构若干措施的通知》《厦门市人民政府关于印发加快创新驱动发展的若干措施》等文件精神，进一步加快新型研发机构建设和发展，推动我市产学研用合作和优秀科研成果在我市转化，特制定本办法。

第二条　国内外知名高校、科研院所、企事业单位和社会团体等各类主体在厦设立新型研发机构适用本办法。

第三条　新型研发机构是指发起主体多元化、建设模式国际化、运行机制市场化、管理制度现代化，具有可持续发展能力，产学研协同创新的组织。

第四条　新型研发机构应符合厦门市“双千亿”工作方向，围绕生物医药、物联网、大数据、集成电路、人工智能、新材料、新能源和新基建等未来产业重点领域，开展技术研发、成果转化、技术服务、科技企业孵化等活动的科研实体，主要功能包括：

（一）开展技术研发。开展前沿技术工程化开发、关键共性技术、支柱产业核心技术的研发，解决产业发展中的技术瓶颈。

（二）孵化科技企业。以技术成果为纽带，联合产业基金和社会资本，积极开展科技型企业的孵化和育成。

（三）转化科技成果。构建专业化技术转移体系，完善成果转化体制机制，开展技术服务，加快推动科技成果向市场转化。

（四）集聚高端人才。吸引高端人才和团队在我市创新创业，培养和造就高层次的科学家、科技领军人才和创新创业人才。

第五条 新型研发机构不包括主要从事生产制造、计算机编程、教学教育、检验检测、园区管理等活动的机构或单位。

第六条 市科技部门负责我市新型研发机构的认定、政策兑现、服务和管理。

第二章 申报条件

第七条 新型研发机构应同时具备以下条件：

（一）在厦取得营业执照或法人证书的独立法人机构，并稳定运营 1 年以上。

（二）拥有进行研究、开发和试验所需要的仪器、装备和固定场地等基础设施，在厦办公和科研场所不少于 200 平方米。拥有必要的测试、分析手段和工艺设备，且用于研究开发的仪器设备原值不低于 200 万元。

（三）能够正常运营，具有稳定的研发经费来源，年度研究开发经费（经第三方中介机构按照会计准则审计）投入占年收入总额的 30% 以上，且年度研究开发经费（不含厦门市、区级财政扶持资金）投入达 200 万元以上。

（四）具有稳定的研发队伍，常驻研发人员不少于 10 人，研发人员占职工总人数比例达到 40% 以上。

（五）年度合同研发、科技服务和股权投资收益占年收入总额的 30% 以上。

第八条 进一步满足以下条件的新型研发机构，可申请认定为厦门市重大研发机构：

（一）在厦办公和科研场所面积不少于 1000 平方米，用于研究开发的仪器设备（含软件开发工具）原值不少于 1000 万元。

（二）年度研究开发经费（经第三方中介机构按照会计准则审计）投入占年收入总额的 30% 以上，且年度研究开发经费（不含厦门市、区级财政扶持资金）投入达 500 万元以上。

（三）常驻研发人员不少于 20 人，研发人员占职工总人数比例达到 40% 以上。

（四）具有核心研发团队和核心技术，已孵化和引进 2 家以上科技型企业，或合同研发、科技服务收入达到 200 万元以上。

第九条 投资主体为央企、国内行业龙头企业、知名跨国公司等大型企业，或国家级科研机构、国家“双一流”建设高校，且与厦门市人民政府或市科技部门签定合作协议的重大研发机构，可将申报条件适当放宽至非独立法人机构。

第三章 扶持政策

第十条 经认定的新型研发机构，可享受以下扶持措施：

（一）初创期建设经费补助。首次认定的新型研发机构，给予一次性100万元建设经费补助。

（二）新购科研仪器设备补助。给予首次认定的新型研发机构，以非市、区级财政扶持资金购入的科研仪器、设备和软件购置经费50%的后补助，补助总额最高3000万元。新型研发机构可申请认定前购置仪器设备一次性补助，或选择认定后，按年度连续补助，但总补助期限不超过5年。

（三）创办企业补助。对新型研发机构利用自身科研成果在厦创办或参股的企业被认定为国家级高新技术企业的，每认定1家给予研发机构20万元奖励。

第十一条 经认定为重大研发机构的，进一步享受以下政策：

（一）增加初创期建设经费补助。新型研发机构自认定起5年内升级为重大研发机构的，建设经费可予以补足至500万元。

（二）提升新购科研仪器设备补助。给予非独立法人的研发机构5年内补助总额最高2000万元，独立法人的最高补助额提升至5000万元，仪器设备补助超出3000万元部分，按市、区财政体制分担。

我市主动策划布局的新型研发机构，登记注册后经市政府批准，可先行给予非市、区级财政扶持资金购入的科研仪器、设备和软件购置经费25%的补助，最高不超过2500万元，自申请之日起2年内未通过重大研发机构认定的，被扶持机构应按通知全额退还补助资金，不予退还的，市科技部门应依法追回补助资金。

（三）绩效考核奖励。对重大研发机构、“一事一议”方式扶持的特别重大研发机构，每2年开展1次绩效考核，根据考核结果给予最高500万元（含研发机构创办企业补助）的绩效奖励，每家机构至多可获2次奖励。

（四）科技项目支持。鼓励其牵头组织联合攻关、搭建公共科技平台、实施重大产业化项目、申报高校院所产学研项目等。

第十二条 “一事一议”方式引进的重大研发机构，已享受落地经费补助的，不再享受初创期建设经费补助。

第十三条 同一研发机构已享受省级新型研发机构科研仪器设备补助和我市企业研发经费补助的，按“就高不重复”原则，享受本办法的新购科研仪器设备补助。

第四章 认定管理

第十四条 新型研发机构认定需提交以下材料：

（一）厦门市新型研发机构申请书；

（二）申报单位成立章程及管理制度；

（三）研发场所证明；

（四）非厦门本地财政资金购置的研发仪器设备清单；

（五）年度财务报表，企业所得税年度纳税申报表，年度合同研发收入、科技服务收入和股权投资收益清单，并附研究开发活动明细表；

（六）研发机构人员清单；

（七）引进和孵化企业的资料。

第十五条　市科技部门负责开展新型研发机构认定和政策兑现工作，按以下程序进行：

（一）发布申报通知，明确申报条件、提交材料、受理时间、受理地址、联系方式。

（二）受理申报和形式审查，确认申报材料完整性，对符合受理条件的，出具收件清单。

（三）专家考评，自受理之日起 40 个工作日内，市科技部门委托有资质的中介机构审计，并出具专项审计报告作为专家考评意见，或组织专家进行现场核查，提出明确考评意见。

（四）结果公示，根据专家考评意见，对符合条件的研发机构在市科技部门官网上予以公示，公示期不少于 5 个工作日，对公示期内有异议的研发机构，市科技部门应调查核实。

（五）发文公布当年度我市新型研发机构名单。

（六）政策兑现，新型研发机构填写兑现政策申请表，经核实后按规定予以补助。

第十六条　新型研发机构实行动态管理，通过认定的新型研发机构自发文之日起有效期 5 年，有效期满前应申请重新认定，有效期内方可享受相关扶持政策。

第五章　绩效考核

第十七条　市科技部门将委托专业机构对重大、特别重大研发机构每 2 年考核 1 次，主要考核其研发条件、创新能力、人才团队建设、成果转化效益、运行管理能力、孵化高新技术企业情况等方面，考核办法由市科技部门另行制定。

第十八条　考核结果分为优秀、合格和不合格 3 个等级：

（一）考核优秀的研发机构，按其评估期内的扣除科研仪器设备购置费后的研发经费投入额，按 50% 比例给予奖励，最高不超过 500 万元。

（二）考核合格的研发机构，按其评估期内的扣除科研仪器设备购置费后的研发经费投入额，按 30% 比例给予奖励，最高不超过 200 万元。

（三）考核不合格的研发机构，取消其新型研发机构资格，2 年内不得重新申请认定。重新认定的新型研发机构不再享受初创期建设经费补助和新购仪器设备补助。

第六章　监督管理

第十九条　申报单位应如实填写申请材料，对于弄虚作假的行为，一经查实列入失信名单，3 年内不得重新申请认定。已通过认定的机构在有效期内如有失信或违法行为，将撤销其资格，并依法追回全部补助资金。

第二十条　新型研发机构发生名称变更、股权结构变更、重大人员变动等事项的，应在变更后 1 个月内以书面形式向市科技部门报告，进行资格核实，有效期不变，如未在期限内以书面形式报告或变更后资格核实不通过的，取消其新型研发机构资格。

第二十一条　新型研发机构未按规定参与考核的，取消其新型研发机构资格。

第二十二条　对违规出具专项审计报告或鉴证报告的事务所，限制其3年内不得参与厦门市新型研发机构认定相关事务。

第七章　附　则

第二十三条　本办法由市科技部门负责解释，本办法自发布之日起施行，有效期5年。《厦门市新型研发机构管理办法》（厦科联〔2019〕15号）同时废止。

青岛市

关于印发《青岛市新型研发机构管理暂行办法》的通知

青科规〔2020〕6号

各区（市、功能区）、西海岸新区科技主管部门、市直有关部门，驻青高校、科研院所，各有关单位：

为加强新型研发机构建设，进一步完善全市科技创新体系，根据科技部《关于促进新型研发机构发展的指导意见》（国科发政〔2019〕313号）、山东省科技厅《山东省新型研发机构管理暂行办法》（鲁科字〔2019〕7号）、《青岛市科技引领城建设攻势作战方案（2019—2022）》（青厅字〔2019〕83号）、《关于强化科技引领加快推进国际化创新型城市建设若干政策措施的通知》（青政办发〔2020〕18号）等文件精神，市科技局制定了《青岛市新型研发机构管理暂行办法》，现予以印发，请遵照执行。

青岛市科学技术局

2020年11月16日

（此件主动公开）

青岛市新型研发机构管理暂行办法

第一章　总　则

第一条　为贯彻落实科技部《关于促进新型研发机构发展的指导意见》（国科发政〔2019〕313号）、山东省科技厅《山东省新型研发机构管理暂行办法》（鲁科字〔2019〕7号）、《青岛市科技引领城建设攻势作战方案（2019—2022）》（青厅字〔2019〕83号）、《关于强化科技引领加快推进国际化创新型城市建设若干政策措施的通知》（青政办发〔2020〕18号），汇聚国内外科技创新资源，推动我市新兴研发机构健康有序发展，完善我市区域创新体系，补齐我市战略性新兴产业研发机构服务能力不足的短板，推动产学研合作和技术转移转化，特制定本办法。

第二条　本办法所称新型研发机构主要是指聚焦青岛市主导产业发展领域的科技创新需求，主要从事科学研究、技术创新和研发服务等活动，投资主体多元化、管理制度现代化、运行机制市场化、用人机制灵活化，实施产学研协同创新的独立法人组织，可依法注册为科技类民办非企业单位（社会服务机构）、事业单位和企业。

第三条　市科技局负责青岛市新型研发机构的申报、备案、培育、指导和动态管理等工作。各区（市）科技主管部门负责本地区新型研发机构的备案、培育、指导和日常管理等工作。

第二章　备案条件和程序

第四条　新型研发机构实行备案制管理。以独立法人名义提出备案申请，各区（市）科技局按照程序推荐，市科技局审核确认。符合备案条件的，予以备案。

第五条　新型研发机构备案应具备以下条件：

（一）新型研发机构应在我市注册成立，具有独立法人资格。

可由政府部门、产业园区、高校、科研院所、企业及社会组织等主体自建或联合建设，主要办公和科研场所设在青岛市。具有一定的资产规模和相对稳定的资金来源，注册后运营1年以上。

（二）符合青岛战略发展布局和支柱产业发展需要，有详细的建设方案，包括功能定位、建设目标、建设内容、科研优势、人才团队、组织架构、管理体制、运营机制、产业化发展、分配机制、投入预算及资金筹措等内容。

（三）具有灵活开放的体制机制。具有灵活的人才激励机制、开放的引人和用人机制。具有现代化的管理体制，拥有明确的人事、薪酬和经费管理等内部管理制度。建立市场化的决策机制和高效率的科技成果转化机制等。

（四）具有明确业务发展方向。围绕我市经济社会发展需求，具有明确的发展方向和战略规划，在前沿技术研究、产业关键共性技术研究、科技成果转化、科技企业孵化培育、高端人才集聚等方面具有鲜明特色与成效。

（五）具有高水平领军人才或创新团队，具备解决制约产业发展的关键核心技术能力，对地方产业发展有较大促进作用，并保证核心团队成员有足够的时间在研究机构工作。

（六）具有稳定的研发人员和研发投入。常驻研发人员占职工总数比例不低于30%，上年度研究开发经费支出占年收入总额比例不低于30%，具备开展研究、开发和试验所需的科研设施、科研仪器以及固定场地。

（七）近两年未出现违法违规行为或严重失信行为。

第六条　备案程序：

（一）市科技局每年组织市新型研发机构备案申报。

（二）各区（市）科技局对备案申报材料进行初审并向市科技局提出推荐意见。

（三）市科技局组织专家或委托第三方机构对申报材料进行审查，并结合实地考察论证提出综合评估意见，重点评价科技研发服务成效、技术转移成交量、科技型企业和高新技术企业孵化培育情况等。

（四）市科技局根据综合评估意见，提出备案意见，对通过备案的新型研发机构进行公示。公示期满无异议后，发布新型研发机构备案名单。

第三章　运营管理要求

第七条　新型研发机构应采用市场化用人机制、薪酬制度，充分发挥市场机制在配置创新资源中的决定性作用，自主面向社会公开招聘人员，对标市场化薪酬合理确定职工工资水平，建立与创新能力和创新绩效相匹配的收入分配机制。以项目合作等方式在新型研发机构兼职开展技术研发和服务的高校、科研机构人员按照双方签订的合同进行管理。

第八条　多元投资设立的新型研发机构，原则上应实行理事会、董事会(以下简称“理事会”)决策制和院长、所长、总经理（以下简称“院所长”）负责制，根据法律法规和出资方协议制定章程，依照章程管理运行。

（一）章程应明确理事会的职责、组成、产生机制，理事长和理事的产生、任职资格，主要经费来源和业务范围，主营业务收益管理以及政府支持的资源类收益分配机制等；

（二）理事会成员应包括出资方、产业界、行业领域专家以及本机构代表等。理事会负责选定院所长，制定修改章程、审定发展规划、年度工作计划、财务预决算、薪酬分配等重大事项；

（三）法定代表人一般由院所长担任。院所长全面负责科研业务和日常管理工作，推动内控管理和监督，执行理事会决议，对理事会负责；

（四）建立咨询委员会，就机构发展战略、重大科学技术问题、科研诚信和科研伦理等开展咨询。

第九条　新型研发机构应结合青岛市经济社会发展需求和科技发展趋势，开展科技研发活动。围绕青岛市发展主导产业的前瞻性技术、关键共性技术和战略新兴产业核心技术等开展科技研发活动，增强源头创新供给能力。

第十条　新型研发机构应积极贯彻落实国家、省、市的科技成果转移转化政策，促进科技成果转移转化。完善体制机制，建立符合科技创新规律和市场经济规律的科技成果转移转化体系，开展科技成果转移转化服务，促进科技成果资本化、产业化。

第十一条　新型研发机构应打造高水平科技创新策源地，孵化培育科技型企业。发挥高层次人才集聚、金融资本密集优势，开放共享科研设施与仪器资源，完善科技企业孵化培育功能，辐射带动一批科技型企业共同发展。

第四章　管理和评估

第十二条　通过备案的新型研发机构，自颁发资格之日起有效期为 3 年。从获得新型研发机构备案资格年度起的 3 个自然年内，可享受与新型研发机构有关的政策。

第十三条　对新型研发机构实行动态管理，在 3 年资格期满前，市科技局委托第三方机构对备案的新型研发机构进行综合评估。评估通过的继续获得 3 年新型研发机构备案资格；评估不通过的，资格到期自动失效。

第十四条　申报单位应当如实填写申请材料，对于弄虚作假的行为，一经查实，3 年内不得申请备案，并列入科研诚信异常名录，并按有关规定追究相应责任。已通过备案的机构有效期内如有失信或违法行为，将撤销资格，并追缴其自发生上述行为起已享受的资金支持和政策优惠。

第十五条　新型研发机构如发生名称变更、投资主体变更、重大人事变动等重大事项，应在事后 3 个月内以书面形式向市科技局报告，进行资格核实后，维持有效期不变。如资格核实不通过的，取消其新型研发机构资格。

第十六条　支持国内外知名高校院所、企业在青设立以产业技术研发为主的新型研发机构，对我市产业发展有重大支撑作用的，符合青岛市新型研发机构管理暂行办法备案的新型研发机构重大项目“一事一议”。

第十七条　符合青岛市新型研发机构管理暂行办法备案的新型研发机构，在职称评审等方面享受市属科研机构相关政策。市属新型研发机构进口仪器设备，可按相关进口税收政策规定享受免税。

第五章　附　则

第十八条　本办法由市科技局负责解释。

第十九条　本办法自 2021 年 1 月 1 日起施行，有效期至 2022 年 12 月 31 日。

深圳市

深圳市财政委员会　深圳市科技创新委员会 关于印发《关于加强新型科研机构使用市科技研发资金人员相关经费管理的意见（试行）》的通知

各有关单位：

为促进我市新型科研机构发展，规范市科技研发资金管理，提高财政科研投入资金绩效，根据深圳市财政委员会、深圳市科技创新委员会联合印发的《深圳市科技研发资金管理办法》（深财科〔2012〕168号）和《关于规范市财政科技研发资金管理的通知》（深财科〔2013〕87号），结合我市科技创新活动的实际情况，我们制定了《关于加强新型科研机构使用市科技研发资金人员相关经费管理的意见（试行）》，并已经市政府审批同意。现予以印发，请遵照执行。

深圳市财政委员会

深圳市科技创新委员会

2014年5月8日

关于加强新型科研机构使用市科技研发资金人员相关经费管理的意见（试行）

为促进我市新型科研机构发展，规范市科技研发资金管理，提高财政科研投入资金绩效，根据深圳市财政委员会、深圳市科技创新委员会联合印发的《深圳市科技研发资金管理办法》（深财科〔2012〕168号）和《关于规范市财政科技研发资金管理的通知》（深财科〔2013〕87号），结合我市科技创新活动的实际情况，现就加强新型科研机构市科技研发资金中人员相关经费管理提出以下意见：

一、新型科研机构定义

本意见所称新型科研机构，是指在深圳市合法注册登记，以承担科学研究、技术开发等公益社会服务为主要业务或职责的科技类民办非企业单位或除国家机关外的其他组织利用国有资产举办的，不实行编制或员额管理，不纳入财政预算管理的事业单位。

二、人员相关经费开支范围

新型科研机构获得的市科技研发资金，可开支以下人员相关经费：

（一）人员绩效支出。

是指在项目单位承担科研人员工资性支出的基础上，对于建立了较完善的科研绩效评价和激励机制的单位，根据科研人员在立项项目上的绩效考核实绩给予的资助。

（二）劳务费。

是指在项目研究开发过程中支付给项目组成员中没有工资性收入的相关人员（如在校研究生）和项目组临时聘用人员等的劳务性费用。

（三）专家咨询费。

是指在项目研究开发过程中支付给临时聘请的咨询专家的费用。专家咨询费不得支付给参与本项目、与项目管理有关的工作人员。专家咨询费资助标准应按国家和我市有关规定执行。

（四）差旅费和国际合作交流费中的个人补助部分。

是指在项目人员因项目任务需要出差或参加国际合作交流活动时，项目单位属事业单位的，按照我市事业单位有关财务规定给予个人的出差补助或因公临时出国（出境）补助；项目单位属科技类民办非企业单位的新型科研机构的，应参照我市事业单位有关财务规定给予个人的出差补助或因公临时出国（出境）补助。

（五）其它经市政府批准开支的人员相关经费。

三、人员相关经费管理要求

（一）保障科研人员合理待遇。

科研人员是单位科技创新能力的核心，市科技研发资金鼓励新型科研机构加大人力投入，完善科研人员管理制度，保障科研人员的工资福利，建立基于绩效目标的科研激励机制。对无法保障科研人员合理工资福利待遇的新型科研机构不予资助。

新型科研机构可在市科技研发资金资助金额上使用自筹资金叠加支出人员相关经费。

（二）完善科研经费管理制度。

新型科研机构应专设科研项目管理机构，配备固定科研项目和经费管理人员。制定和完善科研经费财务管理制度和科研人员相关经费管理制度。

新型科研机构科研项目和经费管理制度报市科技部门审核、财政部门备案后，可放宽间接费用及其中人员绩效支出的支持比例。

新型科研机构支付给在职直接从事研发活动人员的货币化工资（薪金），以及按规定为在职直接从事研发活动人员缴纳的基本养老保险费、基本医疗保险费、失业保险费、工伤保险费、生育保险费和住房公积金，确需列入项目经费预算的，应作为单位自筹人员费编入预算。

（三）加强科研资金执行监管。

相关经费应严格执行专项资金银行监管制度。相关经费应按国家有关规定独立核算、建立台账。市财政部门、科技部门不定期抽查。

（四）建立诚信档案。

对新型科研机构建立诚信档案。经抽查发现有违反经费管理规定的机构，根据情节取消放宽绩效支出比例，并严格按《深圳市科技研发资金管理办法》（深财科〔2012〕168 号）严肃处理。

四、人员相关经费支出标准

（一）加强对新型科研机构人员的稳定支持。

为加强对新型科研机构人员的稳定支持，对符合第三条第（二）项的新型科研机构，其承担的市科技研发资金基础研究类项目可按 40% 的比例在市科技研发资金资助金额中开支人员绩效支出，其它项目可按 30% 的比例开支人员绩效支出，并可相应调整项目间接经费预算。

（二）规范绩效支出和劳务费开支标准。

新型科研机构获得的市科技研发资金用于人员绩效支出、劳务费的，每月资助标准最高不超过上年度全市在岗职工月平均工资的 3 倍。根据《关于鼓励科研项目单位吸纳和稳定高校毕业生就业的若干意见》（国科发财〔2009〕97 号），市科技研发资金项目单位聘用应届高校毕业生、在校研究生参与研究，其劳务性费用和有关社会保险费补助可按规定从项目经费预算中的“劳务费”科目列支。

（三）规范专家咨询费开支标准。

新型科研机构使用市科技研发资金开支专家咨询费的，资助标准最高额参照下表：

<table>
<tr><th>咨询专家</th><th>咨询方式</th><th colspan="2">标准（元）</th></tr>
<tr><td rowspan="2">具有或相当于高级专业技术职称的人员</td><td>会议咨询</td><td>1200（人 / 天）（第 1、2 天）</td><td>800（人 / 天）（第 3 天以后）</td></tr>
<tr><td>通讯咨询
（网上单独评审）</td><td colspan="2">100（人 / 个项目或课题）</td></tr>
<tr><td rowspan="2">其他人员</td><td>会议咨询
（网上单独评审）</td><td>800（人 / 天）（第 1、2 天）</td><td>600（人 / 天）（第 3 天以后）</td></tr>
<tr><td>通讯咨询</td><td colspan="2">80（人 / 个项目或课题）</td></tr>
</table>

五、效力

本《意见》自发布之日起实施，有效期两年。

对于符合条件的新型科研机构，其市科技研发资金人员相关经费管理与《深圳市科技研发资金管理办法》（深财科〔2012〕168 号）、《关于规范市财政科技研发资金管理的通知》（深财科〔2013〕87 号）有不一致之处，以本《意见》为准。